国家知识产权局专利战略推进工程项目资助

现代农业装备产业专利研究

以新疆兵团为典型区域代表

张若宇　坎　杂　李江波　陈彩凤◎著

知识产权出版社

全国百佳图书出版单位

图书在版编目（CIP）数据

现代农业装备产业专利研究：以新疆兵团为典型区域代表/张若宇等著. —北京：知识产权出版社，2017. 6

ISBN 978 - 7 - 5130 - 4981 - 8

Ⅰ. ①现… Ⅱ. ①张… Ⅲ. ①农业机械—专利—研究—中国 Ⅳ. ①D923. 424②S22

中国版本图书馆 CIP 数据核字（2017）第 129130 号

内容提要

本书前期通过中国国家知识产权局、中国专利信息网、世界知识产权组织网站数据库等进行精准种子加工、精量播种、田间管理、节水灌溉、收获、特色经济作物深加工等国内外相关专利进行检索，然后对收集的数据进行统计分析。主要分析不同类型专利逐年总体变化趋势，了解该种专利近年发展状况，以便相关研究人员在科研过程中准确掌握该种专利的发展趋势，避免盲目进行科学研究；分析专利种类趋势，锁定重点领域竞争对手，帮助读者锁定重点领域重点申请人，可以达到很好的借鉴作用；分析区域专利量，了解区域专利技术特征。通过本书的分析，发现专利的区域特性，了解区域的专利发展现状，因地制宜地开展专利研究。

由于我国相当多的企业缺乏知识产权保护意识，导致缺乏竞争优势，通过本书提高研究者对相关领域的专利保护意识。

责任编辑：冯 彤 责任校对：潘凤越

装帧设计：刘 伟 责任出版：孙婷婷

现代农业装备产业专利研究

——以新疆兵团为典型区域代表

张若宇 坎 杂 李江波 等著

出版发行：知识产权出版社有限责任公司		网 址：http：//www. ipph. cn	
社 址：北京市海淀区气象路 50 号院		邮 编：100081	
发行电话：010 - 82000860 转 8101/8102		发行传真：010 - 82000893/82005070/82000270	
责编电话：010 - 82000860 转 8386		责编邮箱：fengtong@ cnipr. com	
印 刷：北京中献拓方科技发展有限公司		经 销：各大网上书店、新华书店及相关专业书店	
开 本：787mm×1092mm 1/16		印 张：17	
版 次：2017 年 6 月第 1 版		印 次：2017 年 6 月第 1 次印刷	
字 数：360 千字		定 价：68. 00 元	

ISBN 978 -7 -5130 -4981 -8

序　言

当前全球处于知识经济时代，科技和知识产权在市场经济中的竞争作用日益凸显。技术专利作为技术创新的重要标志，代表一个企业乃至国家的科技创新能力和潜在技术市场竞争力。据统计，世界上 90% 以上的发明成果都体现为专利。一个优秀的专利产品所带来的不仅仅是丰厚的利润，有时能改变产业和市场格局。专利战略的研究在一个国家或地区的发展中占据越来越重要的地位，越来越多的国家将专利列入国家发展战略之中。

但是，当前我国一些企业尤其是农业装备行业相关企业，知识产权意识薄弱，缺少对发明技术的及时保护。当企业产品投产以后，发现产品被模仿，因此丧失应用的市场竞争优势。

本书是由农业部西北农业装备重点实验室学者在国家知识产权局专利战略推进工程项目"新疆兵团现代农业装备产业专利战略研究"的研究基础上，修改完善后形成的。全书共分为五章，主要内容包括我国现代农业装备产业发展概述、专利分析资料准备、现代农业装备产业关键技术国内专利分析、现代农业装备产业关键技术国外专利分析和现代农业装备产业专利分析研究结论与战略。全书通过国家知识产权局、中国专利信息网、世界知识产权组织网站数据库等，对国内外精准种子加工、精量播种、田间管理、节水灌溉、收获、特色经济作物深加工等相关专利进行检索，然后重点对收集的数据从专利逐年变化趋势、专利区域分布、专利技术特征、重点申请人等方面进行统计分析，最后以新疆生产建设兵团（以下简称新疆兵团）为典型区域代表提出相应的专利策略。

由于编者水平有限，书中难免有遗漏和错误，恳请广大读者、专家不吝赐教。

目 录
CONTENTS

第1章　我国现代农业装备产业发展概述

1.1　我国现代农业装备产业发展背景

2015 年 5 月 18 日，国务院正式发布了《中国制造 2025》规划，这是中国版"工业 4.0 计划"，也是我国实施制造强国战略第一个十年行动纲领。《中国制造 2025》规划中的第 8 点对农机装备提出了要求，重点发展粮、棉、油、糖等大宗粮食和战略性经济作物的育、耕、种、管、收、运、贮等主要生产过程中使用的先进农机装备；加快发展大型拖拉机及其复式作业机具、大型高效联合收割机等高端农业装备及关键核心零部件；提高农机装备信息收集、智能决策和精准作业能力，推进形成面向农业生产的信息化整体解决方案。

农业机械装备是提高农业生产效率、实现资源有效利用、推动农业可持续发展的不可或缺的工具，对保障国家粮食安全、促进农业增产增效、改变农民增收方式和推动农村发展起非常重要的作用。

作为装备制造业当中与农业密切相关的行业，国家为农机工业提供了持续走强的政策体系，并实施稳定的财税支持。这一切使我国农机工业的综合实力得以快速提升，农机工业生产总值、销售收入、利润总额、进出口贸易额连续多年增幅均在 20% 以上，目前经济总量已居世界前列。拖拉机、联合收割机、植保机械等产品产量居世界第一位。当前，我国正处在工业化、城镇化和农业现代化加快发展的重要阶段，农机产品的国内需求仍处于快速增长期。农业现代化和农业产业化进程的加快，为农机产业提供了广阔的发展空间。但我国农业机械装备领域与发达工业国家相比还有较大的提升空间。我国农业机械装备制造业要以国家实施的《中国制造 2025》"一带一路"战略为契机，培育核心竞争力，通过创新实现突破，通过产业结构优化实现适应经济新常态的战略性调整，为行业注入新的能量，实现由制造大国到制造强国的跨跃。未来 20 年内，农业机械装备的发展作为促进农业产业结构调整、农业增效、农民增收和农业国际竞争力的重要基础和技术保障，作为农业高新技术得以有效实施和推广的关键载体，面临前所未有的重大需求增长，农业机械装备的技术研究和开发面临重大的机遇和挑战。

新疆耕地面积为 2747.7 千公顷，其中新疆兵团耕地面积为 1247.08 千公顷，占总耕地面积的 45.39%。由此可见，新疆兵团在新疆的各项建设中有不可替代的重要地位。新疆兵团是机械化大农业，农业机械化综合水平处于全国领先，每年有大量先进适用农牧机具更新换代，农业装备市场潜力巨大。如果仅依靠进口，除了不能很好适应新疆兵团农业特点外，由于存在技术垄断，购买和维护费用非常高。以大型番茄收获机为例，国产化前 1 台番茄收获机购买价格一般在 300 多万元（国产后仅 100 多万元），并且其中一个色选部分每年的维护费用是 5500 欧元/次（返回国外，不含运费）。更为重要的是，仅依靠进口，与国务院所发布的《中国制造 2025》实现由制造大国到制造强国的跨跃相差甚远。

新疆兵团现有农业装备制造企业 390 余家，主要围绕棉花、加工番茄等特色农业，形成了包括农业机械制造、植保机械制造、种子加工设备制造、各类节水器材生产、农副产品加工专用设备制造等在内的农业装备产业群，生产的大批农机具供新疆兵团农牧团场和自治区各地使用，其中有多家企业发展势头良好。凭借良好的区位优势，新疆科神农业装备科技开发有限公司生产的气吸式精量铺膜播种机以及石河子开发区天佐种子机械有限公司成套种子加工设备已经走出国门，迈向中亚市场。

时任总理温家宝在新疆兵团视察期间作出了"兵团要发挥现代农业优势和资源优势，建设全国节水灌溉示范基地、农业机械化推广基地、现代农业示范基地三大基地，同时要大力发展农业机械、食品饮料、纺织服装、新型建材、盐化工、煤化工六大产业"的重要指示。为贯彻落实国务院专门针对新疆兵团的 32 号文件精神和温家宝的重要指示，贯彻落实《新疆生产建设兵团国民经济和社会发展第十一个五年规划纲要》和《新疆生产建设兵团中长期科学和技术发展规划纲要》精神，认真实施《新疆生产建设兵团科学技术发展第十一个五年规划》，全面提升新疆兵团农业装备制造业科技创新能力。作为新疆兵团主要的研发单位，石河子大学和新疆农垦科学院针对兵团精准农业装备方面的技术需求，重点开展了一些相关农业装备的研究，先后研制了精量铺膜播种机、自走式采棉机、番茄收获机、加工番茄自动分选线、远程控制节水自动控制系统等先进的农业技术装备。

1.2 新疆兵团现代农业装备产业现状

2015 年，新疆兵团机耕、机播和机收水平分别达到 100%、99.8% 和 76.7%。种植业主要作物综合机械化水平达到 77.62%，名列全国第二位。农业机械化对农业生产的贡献率已超过 20%。粮食、棉花生产过程基本实现了机械化；精整地、精少量播种、化肥深施、棉花高密度种植、植保、节水灌溉、牧草种植及收获、青贮饲料收获等机械化技术的示范推广加快；马铃薯、玉米、亚麻、牧草收获机械化技术的试验示范也取得新进展。2015 年年底，完成机械覆膜面积 783.60 千公顷，机械秸秆还田面积 842.37 千公顷，机械化除草 1256.60 千公顷，机收小麦 174.50 千公顷，机收玉米

112.60 千公顷，机收棉花 433.30 千公顷，机收饲料 109.30 千公顷，牧草机械收获量 498.48 吨；种植业综合机械化水平达到 93%；覆膜面积 783.60 千公顷，覆膜回收机械化程度 100%；机械植保面积 13.11 千公顷，植保机械化程度 99%；机械种植面积 788.4 千公顷，中耕机械化程度 100%。农业机械化在全疆的发展也带动了新疆兵团机械化的发展。新疆兵团现有农业装备制造企业 390 余家，这些农机制造企业大多数集中在八师石河子市，其中有多家企业发展势头良好。但是，新疆兵团现有农业装备制造业还主要以农机具和零配件制造为主，规模小，生产率低，产品单一，区域发展不平衡，自主创新能力薄弱，生产成本高。

为了较快发展新疆兵团农业装备产业，兵团目前大部分高端的相关农业机械装备均引自国外，特别是园艺业机械。譬如，2007 年，二师二十二团引进了美国 4600 牵引式甜菜收获机；四师六十四团引进了白俄罗斯甜菜全自动收获机；四师七十六团引进了比利时大型马铃薯收获机；九师一六四团了引进德国大型自走式甜菜收获机；新疆农垦科学院农机所引进了意大利果品采收机（振动型）；天业集团和屯河集团引进了美国 12 台番茄采摘机，在六师军户农场和七师一二四团采收了近 5000 亩。尽管这些经济作物大型收获机械的引进和应用减轻了劳动强度，降低了生产成本，增加了职工收入，但是，高额的购买及维修成本制约大面积机械化的推广。

1.3　新疆兵团现代农业装备产业关键技术分析

1.3.1　精准种子加工技术装备关键技术

精准种子加工技术是精准农业技术体系的重要组成部分，是指能够满足精准播种要求的精准种子加工技术体系。精准种子加工技术包括从种子脱粒、预清、精选、干燥到精选分级、药物处理、包装贮藏的系列作业过程。精准种子加工的目的是提高种子质量、方便播种、减少用种量和增加产量，是种子工程的重要内容。由于需要加工物料种子的种类不同，技术水平、生产设备的差异等一系列因素的影响，种子的加工工艺在实际加工过程中存在着一定的差异，种子的主要加工程序包括：种子脱粒、预清、精选、分离分级、散装贮放处理和包装。

棉花是新疆兵团的主要经济作物，棉种的加工工艺与设备在棉花种植生产中可以降低投入成本，提高棉农的收益，是棉花生产整个环节的重点。而减低成本提高棉农收益，最主要的还是要降低棉种的成本，提高棉种的质量，达到精量播种的要求。我国棉种生产技术与一些发达的主产棉国家相比，在品种培育和种子质量等方面还存有较大差距。因此，要在研究如何提高种子质量的基础上，加大研究棉种加工技术与设备的力度，提高棉种的质量。然而，只是积极开发棉种加工技术与设备，而忽略对相应技术和设备的保护是远远不够的。

1. 种子精选分级关键技术

原始种子批为——混合群体，包括各类型种子和杂质，精选分级就是利用不同种子和杂质的物理性差异，将各种子和杂质进行分离，从而达到对种子精选分级的目的。种子精选分级的技术主要有以下几种。

（1）形状筛选技术——根据种子尺寸特性分离装备。

形状筛选技术的原理：根据种子长、宽、厚的不同，利用不同形状和规格的筛孔，可将种子分离分级：

按种子长度分离——用窝眼筒筛

按种子宽度分离——用圆孔筛

按种子厚度分离——用长孔筛

（2）风筛分选技术——根据空气动力学原理进行分离——风选机依据气流对种子和杂质产生的阻力不同进行分离。

（3）重力筛选技术——根据种子比重分离。

种子比重因种子种类、饱满度、含水量及受病虫危害的程度不同而有差异，种子与杂质间的比重差异更大，故可用比重差异进行选种。比重差异越大则分离效果越好。依比重分离又分为：液体分离如盐水选种、泥水选种和重力精选。

（4）介电分选技术——可按种子的活性进行分级分选。

介电式种子分选原理：通过电磁振动器和导种滑板将种子散落在表面排缠导线的介电滚筒上，导线通过电刷与交流调压器相接，通以1000～5000伏的交流电，滚筒表面对活性不同的种子按其介电性能大小进行分选，这种以介电滚筒为分选部件的种子分选机具有分选净度高，种子损伤率低，耗能少，且能在分选过程中提高种子发芽率的优点。

（5）颜色分选技术——根据物料颜色的差异，利用光电技术将颗粒物料中的异色颗粒自动分拣出来的设备。

色选机的工作原理：被选物从顶部的料斗进入机器，通过振动器装置的振动，被选物料沿通道下滑，加速下落进入分选室内的观察区，并从传感器和背景板间穿过。在光源的作用下，根据光的强弱及颜色变化，使系统产生输出信号驱动电磁阀工作吹出异色颗粒并吹至接料斗的废料腔内，而好的被选物料继续下落至接料斗成品腔内，从而达到分选的目的。色选机的用途：用于农业粮食、油料、化工、医药等行业，特别适合于大米、茶叶、芝麻、豆类、瓜子仁、葡萄干、小黄米、乔麦、玻璃、塑料、煤渣、矿石、花生、棉籽、枸杞、花椒等色选。

2. 种子处理

种子处理的内容很广，包括物理因素处理、化学物质处理和生物因素处理。处理的目的：防治病虫，刺激种子萌发、打破休眠，方便播种，提高活力、苗全苗壮。此处仅介绍加工过程中几种较新的技术。

（1）种子包衣与丸化技术

包衣（coatingseed 或 encrustingseed）：将某些物质包被在种子表面，不明显改变种子原有形状和大小——用于大粒、规则的种子。

丸化（coatedseed 或 encrustedseed）：将某些物质包被在种子表面，使之成为大小一致的球形种子——用于小粒、不规则种子。

种衣剂（seedcoatingagen）：用于种子包衣的具有成膜特性的某些物质，种衣剂成分里包括活性成分和非活性成分。活性成分的作用是使种子有较好的成膜性、稳定性、缓施性，非活性成分的作用是改善种子发芽所需要的营养，提高发芽率。

目前，国际上种子包衣的剂型大致包括 3 类：①药膜型种子包衣剂；②丸衣造粒型种子包衣剂；③粉尘型种子包衣剂。

种衣剂成分：

①活性成分：有农药（呋喃丹、甲拌磷、辛硫磷、多菌灵、五氯硝基苯、福美双、萎锈灵）、肥料、激素等；

②非活性成分：配套助剂，以保证种衣剂的物理性状，如成膜剂、悬浮剂、抗冻剂、稳定剂、消泡剂、着色剂等；

③丸化剂：除以上物质外，另加某些惰性物质如黏土、硅藻土、泥炭、炉灰、膨润土等。

种子包衣和丸化的作用：

①有效防控苗期病虫害；

②促进幼苗生长；

③减少环境污染；

④省种省药，降低成本；

⑤利于种子质量标准化，防止假劣种子。

（2）种子脱绒技术

在兵团众多农业作物种子加工技术当中，种子脱绒技术主要适用于棉花种子的加工，经锯齿轧花机轧花后的棉籽表面残留一层短绒，这给棉花种子精选分级、包衣消毒处理和机械化精量播种带来很大不便。试验表明，脱绒后的棉花光籽播种比带绒棉籽播种死苗率低 1.6%，病苗率低 3.7%，蚜株率低 20%，播种发芽率高 11%～25%，平均早出苗 2～3 天。同时，脱绒后的棉花光籽采用精量播种比带绒棉籽播种每公顷节省种子 82.5～105kg，若将我国 460 万公顷植棉田全部用棉花光籽精量播种，每年可节约种子 38 万～48 万吨。可见，棉花种子脱绒技术与设备的运用是棉花种子工程中的基础环节和棉花机械化精量播种、节本增效的关键技术，在棉花生产中应引起足够的重视。

目前国内外常用的棉籽脱绒技术主要有化学脱绒和机械脱绒两种。化学脱绒方法有盐酸蒸气、浓硫酸、稀硫酸、泡沫酸等，而稀硫酸脱绒又分为计量式稀硫酸脱绒和过量式稀硫酸脱绒。机械脱绒按采用磨料的不同，分为砂瓦脱绒和钢刷脱绒两种。各种脱绒主要工艺过程如下。

① 盐酸蒸气脱绒：火焰烧绒器将棉籽上的短绒灼烧→棉籽与一定浓度的盐酸蒸气在处理罐中混合搅拌→烘干、摩擦脱去短绒→中和消毒。

② 浓硫酸脱绒：棉籽与浓度85%左右的工业硫酸按比例在反应罐中混合→在温度为85℃条件下搅拌3～4分钟将短绒腐蚀脱去→依次进入第一、二、三清洗罐清洗。

③ 泡沫酸脱绒：将浓度为75%左右的浓硫酸中加入一定量的发泡剂和水经搅拌混合发泡→将混合泡沫液与棉籽混合经机械搅拌→烘干脱水→机械搅拌摩擦脱去短绒→中和消毒。

④ 计量式稀硫酸脱绒：5%～20%的稀硫酸、棉籽和水按比例在酸处理罐中混合渗透→在烘干滚筒中进一步搅拌渗透、烘干→进入摩擦滚筒中相互摩擦脱去短绒→中和消毒。

⑤ 过量式稀硫酸脱绒：棉籽在5%～20%的稀硫酸中浸泡湿透→用离心式甩干机甩干→进入烘干滚筒烘干→进入摩擦滚筒搅拌脱去短绒→中和消毒。

⑥ 机械脱绒：棉籽经过清理去杂→进入滚筒并与砂瓦磨料或钢刷经搅拌摩擦脱去短绒。

1.3.2 精量播种技术装备关键技术

1. 精量播种技术介绍

精量播种是指降低播种量并且提高播种，其工作原理是，按照当地土地作业工艺的要求，以一定的行距、株距、深度等将种子播种到土壤里，并且使其能够正常地生长。

精量播种技术能达到苗全、苗齐、苗壮的功效，具有省种、省工、提高化肥利用率、节本增效的作用，是当今播种作业的发展方向，备受国内外农业工作者关注，早在20世纪40年代国外就开始对精量排种器的研究工作，至今已经取得了可观的成果。

目前生产和使用的精量排种器按工作原理有气力式排种、机械式排种、电磁振荡式排种、液力排种和集排式排种等。如日本提出的静电排种、英国提出的液体排种原理，荷兰VISSER公司、美国BLACKMORE公司的针式（又称吸嘴式）精量排种、美国文图尔公司的齿盘式精量排种、美国的John－Deere7000型精播机上采用的指夹式排种器等，其中只有气力式排种器在生产中有广泛的应用。气力式排种主要是利用气流清种（气吹式）或利用气压差携种（气吸式、气压式）。其中气吹式排种器因排种盘加工要求高和工作气压范围窄而应用不多；气吸式排种器因能够实现精量取种、清种和投种而被广泛应用。近几年的国外研究注意到了种子群之间的影响，如B. M. Yceb的研究表明CYCLO－500型气压式排种器滚筒内种子层厚度对充种性能有很大影响，种子层太厚，增加了种子间的摩擦和碰撞，种子间易堵塞，不易充填或把已压附种子碰掉，出现空穴。B. M. Kabakob对气吸式排种器的研究也发现，充种室种子群状态不合理影响排种性能。

我国的排种器主要是气吸式和机械式两大类，属于我国自主研制的精量排种器主要有：吉林工业大学李成华博士后研制成功的倾斜圆盘勺式排种器、于建群博士的直播式玉米播种机、内侧囊种垂直圆盘式排种器、黑龙江八一农垦大学新研制的 XGJP 多用型孔式精密排种器、黑龙江省农机所研制的勺轮式排种器。另外，中国农业大学封俊、梁素钰提出的新型组合吸孔式小麦精密排种器，大大提高了小麦单粒播种精度；华南农业大学邵耀坚、李志伟研制的电磁振动式水稻穴盘精密排种器，1～3 粒的排种合格率达到了 90% 以上。

一直以来，新疆精密播种技术主要集中于棉花的精密播种，并取得了一定成果，如新疆农垦科学院研制的气吸式棉花穴播器、新疆兵团 125 团农机厂研制的气吸式棉花穴播器。石河子大学机械电气工程学院研制的夹持式、钳夹式精量排种器目前也得到了广泛的推广应用。精密播种可以保证种子在田间合理分布、播种量精确、株距均匀、播深一致，为种子的生长发育创造最佳条件，可以大量节省种子，减少田间间苗用工，保证作物稳产高产。因此，现代农业对精密播种机械的要求越来越迫切。

2. 精量播种技术的发展趋势

（1）单粒精密播种机迅速发展

在国外，中耕作物如甜菜、玉米、棉花和某些蔬菜、豆类都已大量采用精密播种，主要采用机械式和气吸式两种精密播种机。由于气吸式精密播种机投种点低、种床平整、籽粒分布均匀、种深一致以及出苗整齐等符合农艺要求的特点，越来越受到人们的欢迎。在该机气吸体上更换不同的排种盘和不同传动比的链轮，即可精密播种玉米、大豆、高粱、小豆以及甜菜等多种作物。

为了达到单粒精播，提高株距均匀性，大多采用可精调的刮种器，将多余的种子清除掉；为了降低投种高度，减小种子下抛速度与前进速度之间的相对速差，而设置导种轮或导种管。

（2）播种机的通用性和适应性不断提高

大多数精密播种机都可以播多种作物，通过更换不同孔径的排种盘（轮）或排种滚筒，使排种器能适应多种作物种子的播种要求。改变型孔大小或增加成穴机构，使之达到穴播的要求，改变排种器工作转速以达到不同株距的要求。所有这些均提高播种机的通用性。

为了适应不同地区、不同土壤、不同整地条件的要求，大多数播种机上配有多种类型的开沟器（双圆盘式、滑刀式等）和镇压轮（橡胶轮、钢板冲压轮、铸铁轮、宽轮、窄轮等）供选用。同一型号的精密播种机又成系列，有多种行距和行数的变型。

（3）播种机向高速宽幅发展

为了在最适合的农业技术条件下，用最短的时间做到适时播种，以及随着拖拉机功率不断增大，为了充分利用其功率，因此，要求提高播种机作业的生产率。

影响提高播种机组生产率的因素很多。除了提高机组的工作可靠性、减少故障、简化操作以减少辅助作业时间、提高纯工作时间的利用率外，提高生产率的最主要途径是增大播种机的工作幅宽和提高作业速度。增大播种机工作幅宽虽能直接有效地提高生产率，但加大工作幅宽使机体庞大，消耗金属多，成本高。同时，庞大的机体将受到田块大小、地头转弯以及道路运输的限制，使用不方便。因此，国外很重视提高作业速度的研究。

但是，播种机高速作业带来一些问题，如排种性能下降，开沟深度变浅，种子在沟里弹跳、滚动加剧，以及驾驶条件恶化，等等。因此，目前作业速度不能太高。

中耕作物播种机的工作幅宽，一般单机都由 3~4 米增大到 5~6 米。有的工作幅宽更大，如 CYCLO 气压式播种机系列中的 16 行播种机，其幅宽达 11.68 米。加大幅宽使播种机结构庞大笨重，使悬挂式播种机组纵向稳定性变坏，还受到地块大小、道路运输的限制。

（4）广泛采用联合作业

播种同时进行联合作业的方式发展很快，形式也比较多，主要有两种：一是在大多数中耕作物精密播种机上都配置排肥器、施肥开沟器以及施撒农药和除莠剂的装置。如德国、法国和美国的几种精密播种机都可以在播种同时施化肥、撒农药和除莠剂。二是播前整地和播种联合作业，如旋耕播种机、犁播机以及有的在开沟器前方加波形圆盘或锄铲进行灭茬播种或少耕法播种，以减少耕作次数，提高生产率，降低作业成本，还可以减少土壤风蚀，起到保墒的作用。

（5）新技术的应用不断普及

为了提高播种机作业性能和工作可靠性，简化操作、减轻劳动强度、减少辅助作业时间、提高生产率，播种机上越来越多地采用新技术。如用液压油缸来升降和调节开沟器、划行器、折叠机架；采用液压马达驱动风机或装肥搅龙；采用信号装置、电子监视装置或监控装置来及时报警故障的发生，显示播量或自控调节排种量大小；开沟器装备一次润滑的滚动轴承；行走轮采用无内胎充气轮；快速挂接装置；宽幅播种机加装横向运输轮等。

1.3.3　田间管理、节水灌溉关键技术

1. 田间管理装备技术

作物在田间生长过程中，需要进行间苗、除草、松土、培土、灌溉、施肥和防治病虫害等作业，统称为田间管理作业。田间管理的作用是按照农业技术的要求，通过间苗控制作物单位面积的苗数，并保证禾苗在田间的合理分布；通过松土防止土壤板结和返碱，减少水分蒸发，提高地温，促使微生物活动，加速肥料分解；通过向作物根部培土，为促进作物根系生长、防止倒伏创造良好的土壤环境；通过化学和生物等植物保护措施，防止病、虫、草害发生；通过灌溉，为作物生长提供适量的水分。必要的田间管理是保证作物高产、高效和优质的有效措施。田间管理机械主要有中耕机械和植物保护机械等。

（1）中耕机械

中耕机主要有旱作中耕机和水田中耕机两种。旱作中耕机上可装配多种工作部分，主要的类型有除草铲、通用铲、松土铲和垄作铧子等，分别满足作物苗期生长的不同要求。新疆兵团地处干旱、半干旱地区，年降水量小于 200 毫米，90% 以上的农田地处极度干旱地区，兵团使用的旱作中耕机根据作物的行距大小和中耕要求，一般将几种工作部件配置成中耕单组，每个单组由几个工作部分组成，在两行作物的行间作业。各个中耕单组通过一个能够随地面起伏而上下运动的仿形机构和机架横梁链接，以保证工作深度的一致。

中耕机组一般由一台拖拉机、一个通用机架、若干组仿行机构和工作部件组成。根据农业技术的要求中耕机上可以安装多种工作部件，工作部件主要有：除草铲、松土铲、培土铲等，分别满足作物苗期生长的不同要求。

（2）植物保护机械装备

随着农用化学药剂的发展，喷施化学制剂的机械已日益普遍。这类机械的用途包括：喷施杀菌剂，消灭莠草；喷洒药剂对土壤消毒、灭菌；喷施生长激素以促进植物的生长或成熟抗倒伏。目前，国内外植物保护机械化总的趋势是向着高效、经济、安全方向发展。在提高劳动生产率方面，加大喷雾剂的工作幅度、提高作业速度、发展一机多用、联合作业机组，同时还广泛采用液压操纵、电子自动控制，以降低操作者劳动强度；在提高经济性方面，提高科学施药，适时适量地将农药均匀地喷洒在作物上，并以最少的药量达到最好的防治效果。要求施药精确，机具上广泛采用施药量自动控制和随动控制装置，使用药液回收装置及间断喷雾装置，同时还积极进行静电喷雾应用技术的研究等。此外，更注意安全保护，减少污染，随着农业生产向深度和广度发展，开辟了植物保护综合防治手段的新领域，如超声波技术、微波技术、激光技术、电光源在植物保护中的应用及生物防治机械和设备。喷施化学药剂的机械有喷雾机、喷粉机、喷烟机及喷洒固体颗粒制剂的喷洒机等。

2. 节水灌溉技术

新疆兵团地处干旱、半干旱地区，年降水量小于 200 毫米，90% 以上的农田地处极度干旱地区。世界上排名第二的塔克拉玛干大沙漠就在新疆的南疆，北疆还有我国著名的古尔班通古特大沙漠。新疆全年的平均降水量仅有 147 毫米，而年平均蒸发量却高达 2000 毫米左右，属典型的荒漠绿洲，农业用水占总用水量的 97%，农业生产主要依赖于灌溉，没有灌溉就没有新疆的农业。新疆还是我国最主要的商品棉花生产基地和石油化工基地，随西部大开发战略的实施、经济的发展、人口的增加，城市用水、工农业用水激增，用水供需矛盾日趋尖锐，给脆弱的生态环境造成极大的威胁。为此，大力发展、推广先进的节水灌溉技术已成为新疆实现水资源可持续利用的关键所在。

目前我国农业节水技术存在的问题有：

① 管理技术不健全；

② 节水灌溉设备落后，没有达到规范化和标准；

③ 节水灌溉技术发展缓慢，满足不了生产需求；

④ 缺乏节约用水的规划；

⑤ 没有统一的农业节水标准；

⑥ 节水设备发展缓慢，产品单一，质量差，价格高。

发展节水型农业成为新疆兵团水利建设的一项长期战略任务。为了贯彻实施国家"西部大开发"战略，兵团把大幅度提高水的利用率和水资源的综合效益作为新疆兵团水利、灌溉事业的主攻方向。

（1）膜下滴灌技术

新疆兵团八师结合新疆干旱地区的气候特点，从 1995 年开始经过几年实验研究，形成大田膜下滴灌这一新的技术体系，自 1996 年到 1998 年，对不同土壤条件下的不同作物进行试验，获得成功。1999 年，开始以农八师为中心在全兵团大面积推广，到 2000 年，新疆兵团试验和示范面积达 1.33 公顷；2015 年，新疆兵团膜下滴灌技术已经推广到 13 公顷，使我国成为农田膜下滴灌应用面积最大的国家。目前，膜下滴灌技术在棉花种植中大面积应用，并已经推广应用到酱用番茄、色素菊、色素辣椒、玉米、蔬菜、瓜类、园艺花卉、果树、烤烟、保护地瓜菜等。可以说，膜下滴灌技术是新疆兵团在节水灌溉和农业技术方面的一大成果。其后，新疆天业集团公司积极参与该技术的开发、研究与推广，该公司开发了一次性薄壁型滴灌带等膜下滴灌器材和配套产品。

在膜下滴灌节水装备的技术研发方面，新疆天业地膜下滴灌技术器材的生产与研究开发取得了较为先进的成果。在引进德国设备的基础上，通过消化吸收、创新和开发，目前滴灌器材生产设备已全部实现了国产化，并拥有自主知识产权。现新疆天业集团年生产能力可以满足 20 公顷土地的需要。另外，新疆天业集团还针对不同地区的水源情况，先后成功研究出适合于机井和渠系的管网系统，针对农户所承包耕地的面积大小及有无电源情况，先后推出了大田固定式滴灌系统、小农户移动式大田膜下滴灌系统和重力滴灌系统，在膜下滴灌系统的优化设计和管理等方面也进行了初步探讨。综合了农机、农学、水利等多项科学技术，新疆兵团研制成功了适合不同膜宽和播种方式的膜下滴灌铺膜布管播种机，应用最多的是使用 120～145 厘米幅宽地膜同时进行 6 管 12 行的点播机和使用 180 厘米幅宽地膜同时进行 3 膜 6 管 18 行的点播机。

（2）自动化控制灌溉技术

所谓的自动化控制灌溉即利用田间布设的相关设备采集或监测土壤信息、田间信息和作物生长信息，并将监测数据传到首部控制中心，在相应系统软件分析决策下，对终端发出相应灌溉管理指令。

自动化控制系统的工作原理为：通过土壤、气象、作物等类传感器及监测设备将土壤、作物、气象状况等监测数据通过商情信息采集站，传到计算机中央控制系统，中央控制系统中的各类软件将汇集的数值进行分析。比如，将含水量与灌溉饱和点和补偿点比较后确定是否应该灌溉或停止灌水，然后将开启或关闭阀门的信号通过中央控制系统传输到阀门控制系统，再由阀门控制系统实施某轮灌区的阀门开启或关闭，以此来实现农业的自动化控制。与国际水平相比，我国的农业传感器生产水平相对落后，而土壤水分传感器生产水平已达到了国际同类水平。

自动化控制灌溉系统的建立可以进一步提高新疆兵团现有节水灌溉农业的管理水平。原有的节水灌溉系统虽然在降低作物灌溉制度、提高作物产量上有明显的作用，但由于人工操作的可变性过大，致使灌溉的合理性无法得到进一步的提高。而自动化控制灌溉是通过对土壤、作物、气象等各类因素的采集、分析后由操作系统发送相关信息指令对田间各类控制阀门进行控制，以此来实现降低人工分析决策的不合理性因素对农业灌溉的影响。作为现代化农业发展的趋势，在新疆兵团现状农业灌溉已大面积实施节水工程的前提下，进一步推广自动化控制灌溉在节水工程中的使用对促进新疆兵团农业经济发展具有极大的意义。在此基础上，本书通过对自动化控制系统的工作原理、设备组成以及实际应用中在设计方案的选取上做一简单分析。

几种节水灌溉技术在新疆农业的发展前景如下。

新疆目前主要应用的节水技术有膜下滴灌、喷灌、地下渗灌、软管灌、膜上滴灌。单就技术适用性来分析：①喷灌无效的蒸发量大、抑盐作用小、投入成本高，但是节水率较高。②地下渗灌加重次生盐渍化作用，容易使灌水器堵塞，导致后期维护困难，但是节水效果明显。③软管灌节水 30% 左右，但是对地表平整度要求高，管理运行复杂，劳动强度大。④膜上滴灌灌水不均匀，地表有积水，田间蒸发强烈，造成的损失大。⑤膜下滴灌不仅有节水、抑盐作用，作物增产效果最高，水量是沟灌的 50%左右。

节水灌溉工程在新疆兵团已经大面积得到了推广，应用及管理技术较为成熟。在此基础上发展自动化灌溉技术是精准农业发展的必然趋势，此项技术虽已提出多年，但由于当前农业劳动力较富裕的原因，致使该项技术的优势无法充分体现，近年来新疆也仅是分散试点运行，且大多工程位于新疆北部，新疆南部的落后地区对此项技术仍然无法得到积极响应。

1.3.4　收获技术装备关键技术

目前，新疆兵团主要通过机械采收的作物包括：水稻、小麦、玉米、油料作物、棉花、甜菜、打瓜籽、青贮玉米。表 1－1 为 2015 年新疆兵团统计年鉴中作物种植面积。新疆兵团的机械采收几年来一直位于国内农作物机械采收的前列。收获机械技术与发展趋势主要包括以下几个方面。

表1-1　2015年新疆兵团主要作物种植面积（千公顷）

主要作物	种植面积
棉花	629.49
小麦	174.53
玉米	112.60
油料作物	57.46
青贮玉米	49.69
打瓜籽	22.62
甜菜	20.99
水稻	17.24

1. 向宽割幅大喂入量发展

国外联合收割机喂入量已由一般的 $4 \sim 5 kg/s$ 发展到 $9 \sim 10 kg/s$，小麦割台最大割幅已超过9米，谷物联合收割机的玉米割台由收割 $4 \sim 6$ 行发展到收割8行，意大利 Capello 公司生产的可折叠式玉米割台最宽收割16行。

2. 趋向于采用大功率发动机

国外的大型联合收割机大多采用涡轮增压发动机，如约翰迪尔最大机型 9860STS 所配发动机的功率为276kW，凯斯 AFX8010 达到了303kW，最近纽荷兰 CR9090 型联合收割机创造了一项新的吉尼斯世界纪录，发动机功率达434kW，10.7米的全新割幅，最高收获效率达到了78t/h，是目前世界上最大的联合收割机。

3. 向通用性联合收割机发展

一是发展多种专用割台，如大豆、玉米、油菜、水稻及捋穗型割台。二是同一台收割机可以配不同割幅的割台，以适应不同作物和不同单产的需要。三是配置收割台仿形机构及清粮室自动调平装置，适应低矮秆作物和坡地收获的需要。四是行走装置配置标准轮胎、水田高花轮胎或半履带，适应泥田水稻收获。

4. 向多功能、多用途的联合收割机发展

如大型专用玉米联合收获机、大型采棉机、大中型青饲收获机、多行块根类作物收获机以及水果和蔬菜收获机等。

5. 向提高生产率、减少谷粒损失的方向发展

一是采用WTS技术，在传统的纹杆切流滚筒及键式逐镐器脱粒分离装置的基础上，加装横向杆齿分离滚筒辅助分离装置。二是采用双切流滚筒加强脱粒功能适应大喂入量的脱粒要求。三是将采用STS技术研制的单纵置轴流滚筒和CTS技术研制的双纵置轴流滚筒应用到现代收割机上。

6. 广泛应用新材料和先进制造技术，提高可靠性

一是在联合收割机易堵塞的部件上设置各种快速安全离合装置或反转装置，切割

器锯齿采用热压成型工艺。二是键箱曲轴采用高频电加热一次成型工艺。三是脱粒纹杆表面和茎秆切碎器刀口采用耐磨涂层，重要工作部件装机前做磨合检验或运转试验，提升整机的可靠性，使联合收割机的平均故障间隔时间在 1000 小时以上。

7. 向舒适性、操作方便性方向发展

联合收割机无一例外地采用了电子传感控制技术，驾驶室的电子监控数字显示设备对工作部件的转速、作业速度、割茬高低、分离和清选损失及粮仓充满情况等进行监控。利用电液控制技术，对凹版间隙、滚筒、风机、拨禾轮转速，作业速度进行自动调整。采用符合人机工程学的驾驶环境和控制组合，密闭驾驶室隔热、隔噪声并减震，向舒适性、操作方便性方向发展。

8. 向智能化收获发展

集全球卫星定位系统 GPS、地理信息系统 GIS 和遥感系统 RS 于一身的"精准农业"技术在智能化联合收割机上的应用是当今收获机械化最新、最重要的技术发展。国外一些先进的联合收割机上都装有 GPS 接收系统，用于获取农田小区作物产量和影响作物生长环境因素的信息，监测谷物的水分和产量，从而控制联合收割机的前进速度、割幅和割茬，使联合收割机处于最佳喂入量状态，发挥联合收割机最高生产功效和最佳作业质量。通过信息传递对收割机出现的故障进行诊断，指导排除，确定收割机所处的位置，指导其行驶路线。

1.3.5　特色经济作物（特色林果、果蔬等）深加工关键技术

新疆兵团特色果蔬资源丰富，这些特色果蔬资源包括葡萄、哈密瓜、蟠桃、香梨、杏、枣、番茄及核桃等。2015 年新疆兵团特色果蔬的种植面积如表 1 - 2 和表1 - 3 所示。2015 年新疆出台了《关于加快特色林果业发展的意见》，提出到 2015 年新疆优质林果种植面积达 1500 万亩，产量达 1500 万吨。新疆兵团在《兵团农业产业化"十三五"规划纲要》中也提出，以规模化、集约化、标准化为目标，建成棉花、粮油、糖料、番茄、葡萄、香梨、干果、牛羊肉、奶牛和饲草料 10 大优质农产品基地；基地提供的原料达到龙头企业所需原料的 80% 以上；70% 的农产品加工流通企业及 80% 的农户生产经营纳入产业化经营体系。

我国农产品"十三五"规划提出，到"十三五"末，果蔬采后商品化率提高到60% 以上，采后损失率降低到 10% ~ 15%，果蔬深加工转化率分别达到 10% ~ 15%和3% ~ 5%。重点发展运用国际先进技术进行果蔬汁、果蔬罐头、脱水果蔬和果蔬速冻的生产；确定了原料产区建立浓缩加工厂发展浓缩果蔬汁、果蔬浆等半成品及果蔬罐头、脱水蔬菜、果蔬速冻等产品，大中城市等消费市场建立灌装加工厂，发展终端产品。新疆具有丰富区域特色和优势的农产品资源，发展食品工业资源优势突出。

表1-2　2015年新疆兵团蔬菜种植面积分布（千公顷）

蔬菜种类	种植面积	蔬菜种类	种植面积
叶菜类	4.29	工业用西红柿	34.50
大白菜	3.84	辣子	23.85
瓜菜类	3.09	工业用辣子	19.44
黄瓜	1.59	葱蒜类	1.32
块根、块茎类	5.33	大葱	0.71
萝卜	1.37	菜用豆类	1.66
胡萝卜	2.10	四季豆	0.76
茄果菜类	64.59	豇豆	0.75
西红柿	39.16	其他蔬菜	3.53

表1-3　2015年新疆兵团水果种植面积分布（千公顷）

水果种类	种植面积	水果种类	种植面积
苹果	1.7492	杏	0.5420
梨	1.8309	红枣	11.0247
葡萄	4.8658	石榴	0.00016
桃	0.3360	其他	0.1513
蟠桃	0.1722		

1. 果蔬汁加工技术

果蔬汁加工技术主要包括：高效榨汁、高温短时杀菌、无菌包装、酶液化与澄清、膜生产、果蔬罐头等技术。

2. 果蔬精深加工工艺技术、装备的发展趋势

（1）国际上果蔬加工技术、装备发展趋势

① 产业化经营水平越来越高

发达国家已实现了果蔬产、加、销一体化经营。同时，发展中国家果蔬加工业近年来也得到长足发展。

② 加工技术与设备高新化

近年来，生物技术、膜分离技术、高温瞬时杀菌技术、真空浓缩技术等技术在果蔬加工领域得到普遍应用。先进的无菌冷罐装技术与设备、冷打浆技术与设备等在美国、法国等发达国家果蔬深加工领域被迅速应用，并得到不断提升。

③ 深加工产品多样化

发达国家各种果蔬在质量、档次、品种、功能以及包装等各方面已能满足各种消

费群体和不同消费层次的需求。多样化的果蔬深加工产品不但丰富了人们的日常生活，也拓展了果蔬深加工空间。

④ 资源利用合理化

在果蔬加工过程中，往往产生大量废弃物，如风落果、不合格果以及大量的果皮、果核、种子、叶等下脚料。无废弃开发，已成为国际果蔬加工业新热点。如日本、美国及欧洲等发达国家利用米糠生产米糠营养素、米糠蛋白等高附加值产品，其增值60倍以上。资源的合理利用将会带来不可估量的收益。

⑤ 产品标准和质量控制体系完善化

发达国家果蔬加工企业均有科学的产品标准体系和全程质量控制体系，极其重视生产过程中食品安全体系的建立。

针对特色果蔬特性，研究酶技术、膜技术、冷冻干燥技术、微波技术、冷冻浓缩技术、无菌冷灌装技术、真空多效浓缩技术、超临界流体萃取技术、分子蒸馏技术、微胶囊技术、生物工程技术等高新技术作为提高加工质量的途径得到广泛应用。通过高新技术改造传统工艺和开发新产品，形成多层次、多品种的产品，降低成本，对加工过程中产生的副产品和下脚料进行深度的开发和利用。

另外，加工装备智能化，采用纳米—微波技术及太阳能技术实现特色果蔬加工的节能减耗均发展迅速。质量控制体系标准化成为控制食品安全的重要手段。

（2）国内果蔬加工技术装备发展趋势

十一五期间，依据国际国内市场需要，我国食品规划确定的果蔬加工技术装备重点开发领域，如超临界萃取技术用于生产纯天然植物色素、香料及食品添加剂等方面发展前景广阔；大力推广应用气调、钴60辐射、速冻、冷冻或真空干燥、脱水保鲜及果蔬汁等加工技术与设备，以及分离、提取果蔬资源中功能性成分的技术与设备果蔬分级技术与设备；另外，利用果品加工副产品提取果胶的加工成套设备；利用果汁加工过程中香气的回收，返添入果汁，使果汁保持原味及天然果香的果汁香味回收装置，提高资源利用率等技术。以上已成为我国果蔬加工技术装备发展趋势。

1.4　小　结

新疆兵团精准种子加工技术装备、精量播种技术装备、田间管理、节水灌溉技术装备，收获技术装备和特色经济作物（特色林果、果蔬等）深加工技术装备等的发展程度直接影响兵团的整体机械化发展水平。目前虽然新疆兵团一些农业装备制造企业在研制上、人才上都有一定的区位优势，但调查发现总体还缺乏创新意识和对知识产权的保护和认识。一些企业缺乏战略眼光，研制一种农业装备只考虑一时的销售利润，没有从长期战略角度考虑，很少申请专利保护。同时一些更小的企业只会采取"拿来主义"，看到市场好的产品，如果技术不太复杂，直接进行仿制，根本不考虑侵权问题，所以导致一些有一定规模和研发能力的企业不能健康持久发展，最后只能导致恶性竞争。因此，随着新疆兵团产业结构的调整，必须加紧对农业生产各个环节的机械化关键技术研究和技术集成，同时加强知识产权保护意识，最终形成具有自主知识产权的农业技术装备产业。

第2章 专利分析资料准备

2.1 确立研究主题范围及目的

2.1.1 拟定研究主题及目的

本书通过分析国内外相关专利，关注新疆兵团精准种子加工技术装备，精量播种技术装备，田间管理、节水灌溉技术装备，新疆兵团收获技术装备和特色经济作物（特色林果、果蔬等）深加工技术装备等五类农业机械装备专利信息，通过数据处理、专利分析后达到如下目的：(1) 了解国内外与新疆兵团相关的主要现代农业装备的过去、现在和未来的技术状态。(2) 从专利分析的角度分析这些装备的技术热点，判断新疆兵团现代农业装备技术的研发动向及发展趋势，为决策提供依据和帮助。(3) 从专利战略的角度为将来可能采取的技术路线提供决策思路并制定相应专利战略。另外，本书也为我国从事农业机械装备开发的相关科研院校、企业及研究所等单位提供一定的研究基础。

2.1.2 资料收集与确立

1. 非专利文献检索范围

(1) 国内外及兵团现代农业装备技术综述性文献

(2) 国内外及兵团现代农业装备技术学术文献

2. 专利数据库选择范围

(1) 数据范围：八国两组织（中国、美国、日本、英国、德国、法国、韩国、俄罗斯、欧洲专利局、世界知识产权专利局）

(2) 数据年代：2001～2015年

2.1.3 确立研究主题专利 IPC 分析范围

1. 精准种子加工技术装备专利战略研究

重点围绕棉花种子和番茄种子加工中的关键技术（种子脱绒、重力式选种、抛光、风筛选、色选、介电分选、种子丸粒化、种子包衣等技术），完成相关专利检索和文献调研。

关于精准种子加工技术装备专利的 IPC 位置

（1）A01C1/00 在播种或种植前测试或处理种子、根茎或类似物的设备或方法

（2）A01C1/06 种子的包衣或拌种

（3）B03 用液体或用风力摇床或风力跳汰机分离固体物料；从固体物料或流体中分离固体物料的磁或静电分离；高压电场分离

（4）B07B 用细筛、粗筛、筛分或用气流将固体从固体中分离；适用于散装物料的其他干式分离法

（5）F26B 从固体材料或制品中消除液体的干燥

关系式：A01C1/00 or A01C1/06 or B03 or B07B or F26B

2. 精量播种技术装备专利战略研究

重点对新疆兵团精准农业中精量播种机械（包括气吸式精量播种机、机械式精量播种机、铺膜播种机、铺膜滴管播种机、育苗播种机等）完成专利检索和文献的调研。

关于精量播种技术装备专利的 IPC 位置

（1）A01C17/00 带离心轮的施肥机或播种机

（2）A01C19/00 施肥机或播种机工作部件的驱动装置

（3）A01C5/00 用于播种、种植或施厩肥的开挖沟穴或覆盖沟穴

（4）A01C7/00 播种

（5）A01B49/00 联合作业机械

关系式：A01C17/00 or A01C19/00 or A01C5/00 or A01C7/00 or A01B49/00

3. 田间管理、节水灌溉技术设备专利战略研究

重点对新疆兵团现代农业中田间管理机械（包括棉花打顶机、精量喷雾机、制种玉米抽雄机、自动节水灌溉技术设备等）完成专利检索和文献的调研。

关于田间管理、节水灌溉技术设备专利的 IPC 位置

（1）A01B 农业或林业的整地；一般农业机械或农具的部件、零件或附件

（2）A01C 种植；播种；施肥

（3）A01G 园艺；蔬菜、花卉、稻、果树、葡萄、啤酒花或海菜的栽培；林业；浇水

（4）A01M13/00 熏蒸器；散布气体的设备

（5）A01M17/00 消灭土壤或粮食虫害的设备

（6）A01M21/00 消灭无用植物，如杂草的设备

（7）B05B 喷射装置；雾化装置；喷嘴

关系式：A01B or A01C or A01G or A01M13/00 or A01M17/00 or A01M21/00 or B05B

4. 收获技术装备专利战略研究

重点对新疆兵团现代农业中田间收获机械（包括棉花收获机、番茄收获机、甜菜

收获机、辣椒收获机、打瓜收获机等）完成专利检索和文献的调研。

关于收获技术装备专利的 IPC 位置

（1）A01D 收获；割草

（2）A01F 脱粒；禾秆、干草或类似物的打捆；将禾秆或干草形成捆或打捆的固定装置或手动工具；干草、禾秆或类似物的切碎；农业或园艺产品的储藏

（3）B03B 用液体或用风力摇床或风力跳汰机分离固体物料

（4）B07B 用细筛、粗筛、筛分或用气流将固体从固体中分离；适用于散装物料的其他干式分离法

关系式：A01D or A01F or B03B or B07B

5. 特色经济作物（特色林果、果蔬等）深加工技术专利战略研究

围绕番茄、葡萄、红枣等特色果蔬，针对自动分选技术、籽皮分离机、烘干制干技术等，完成相关专利检索和文献的调研。

关于特色经济作物（特色林果、果蔬等）深加工技术专利的 IPC 位置

（1）B01D 分离

（2）B03B 用液体或用风力摇床或风力跳汰机分离固体物料

（3）B07 将固体从固体中分离；分选

（4）F26B 从固体材料或制品中消除液体的干燥

关系式：B01D or B03B or B07 or F26B

2.2 确立研究主题专利分析关键词及检索策略表

2.2.1 发明及实用新型专利

表 2 - 1 精准种子加工技术装备专利检索策略

检索主题		精准种子加工技术装备专利
分类号（IPC）		A01C1/00 or A01C1/06 or B07B or B03 or F26B
关键词	中文	棉，番茄，西红柿，甜菜，辣椒，辣子，种子，种，籽，籽棉，树脂棉，方法，栽培法，工艺，处理技术，剂，技术
	英文	cotton, tomato, sugarbeet or beet, capsicum or pimiento or pepper, seed, seed - wool, method or heory or technology or technique, growth or plant or planting, re-agentor herbicide or weedicide or additive

续表

检索策略（分类号＋关键词）		
分类检索		A01C1/00 or A01C1/06 or B07B or B03 or F26B
二次检索 专利名称	中文	（棉 or 番茄 or 西红柿 or 甜菜 or 辣椒 or 辣子）and（种子 or 种 or 籽）
	英文	（cotton or tomato or sugarbeet or beet or capsicum or pimiento or pepper）and seed
排除专利	中文	籽棉 or 子棉 or 棉签 or 棉板 or 棉浆 or 落棉 or 选棉 or 隔音棉 or 棉网 or 集棉 or 挡棉 or 棉花废料 or 吸水棉 or 化纤棉 or 海棉 or 粮棉 or 无胶棉 or 棉棒 or 丝棉 or 棉纱 or 棉线 or 精制棉 or 机采棉 or 棉花干燥 or 棉花烘干 or 棉花除杂 or 棉杆 or 棉桃 or 绒棉 or 石棉 or 棉籽粕 or 棉粕 or 纤维 or 岩棉 or 树脂棉 or 蛋白 or 方法 or 栽培法 or 工艺 or 处理技术 or 剂 or 技术
	英文	seed－wool or method or theory or technology or technique or growth or plant or planting or reagent or herbicide or weedicide or additive

表2-2 精量播种技术装备专利检索策略

检索主题		精量播种技术装备专利
分类号（IPC）		A01C
关键词	中文	精，播，移栽，育苗，方法，艺，装置，剂，技术，半精，免耕，手，阀，玉米，稻，马铃薯，土豆，蒜，胡萝卜，油菜，大豆，谷，花生，麦，烟草
	英文	precision, planter or sower or sowing or seeder or seeding, transplanter, transplanting, method or theory or technology or technique, device or equipment, reagent or herbicide or weedicide or additive, hand, valve, corn or maize or mealie, rice, murphy orpotato, garlic, carrot, cole, soja or soya or soybean, millet, earthpea or peanut, wheat, tobacco
检索策略（分类号＋关键词）		
分类检索		A01C
二次检索 专利名称	中文	精 and（播 or 排 or 移栽 or 育苗）
	英文	precision and（planter or sower or sowing or seeder or seeding or transplanter or transplanting）
排除检索 专利名称	中文	方法 or 艺 or 装置 or 剂 or 技术 or 半精 or 免耕 or 手 or 阀 or 玉米 or 稻 or 马铃薯 or 土豆 or 蒜 or 胡萝卜 or 油菜 or 大豆 or 谷 or 花生 麦 or 烟草
排除检索 专利摘要	英文	method or theory or technology or technique or device or equipment or reagent or herbicide or weedicide or additive or hand or valve or corn or maize or mealie or rice or murphy or potato or garlic or carrot or cole or soja or soya or soybean or millet or earthpea or peanut or wheat or tobacco

表 2-3　田间管理、节水灌溉技术设备专利检索策略

检索主题		田间管理、节水灌溉技术设备专利
分类号（IPC）		A01B or A01C or A01G or A01M13/00 or B05B or A01M21/00 or A01M17/00
关键词	中文	棉花，番茄，西红柿，甜菜，辣椒，葡萄，打顶，剪，喷雾，喷药，节水，灌溉，滴灌，施肥，套袋，温室，设施，方法，工艺，系统，照明装置，包体
	英文	cotton, tomato, sugarbeet or beet, grape or vitisvinifera, capsicum or pimiento or pepper, topping, cut or cutting or shear, spraying, saving irrigation, drip irrigation, trickle irrigation, irrigation, fertilization or fertilizing, bagorsack, greenhouse, facility, method, theory, or technology or technique, system
检索策略（分类号＋关键词）		
分类检索		A01B or A01C or A01G or A01M13/00 or B05B or A01M21/00 or A01M17/00
二次专利检索名称	中文	（打顶 or（葡萄 and 剪）or 喷雾 or 喷药 or 节水 or 灌溉 or 滴灌 or 施肥 or 套袋 or 过滤器）not（温室 or 设施 or 方法 or 工艺 or 系统 or 照明装置 or 包体）
	英文	（agricultural spraying machine or agricultural spraying devices or agricultural spraying apparatus）or（fertilization machine or fertilization devices or fertilization apparatus or fertilizing machine or fertilizing devices or fertilizing apparatus）or（drip irrigation or trickle irrigation）not（greenhouse or facility or method or theory or technology or technique or system）
三次检索所有字段	中文	棉花 or 番茄 or 西红柿 or 甜菜 or 辣椒 or 葡萄

表 2-4　收获技术装备专利检索策略

检索主题		收获技术装备专利
分类（IPC）		A01D
关键词	中文	棉，番茄，西红柿，甜菜，辣椒，辣子，打瓜，秸秆，棉秸，棉条，秸杆，棉杆，秆，杆，麦，柴，棉蒜，技术，方法，打顶，堆垛机，剪刀，切削，切顶，去皮，削头，削顶，清理机，削缨，削缨挖掘，脱籽机，收获脱籽机，取籽机
	英文	cotton, tomato, sugarbeet or beet, capsicum or pimiento or pepper, watermelon, straw, pole, wheat, bavin or brushwood, method or theory or technology or technique, topping machine, stowing, cut or cutting or shear, peel, clear or clean, threshing, seed

续表

检索策略（分类号＋关键词）		
分类检索		A01D
二次专利检索名称	中文	棉 or 番茄 or 西红柿 or 甜菜 or 辣椒 or 辣子 or 打瓜
	英文	cotton or tomato or sugarbeet or beet or capsicum or pimiento or pepper or watermelon
排除专利检索名称	中文	秸秆 or 棉秸 or 棉条 or 秸杆 or 棉杆 or 秆 or 杆 or 麦 or 柴 or 棉蒜 or 技术 or 方法 or 打顶 or 堆垛机 or 剪刀 or 切削 or 切顶 or 去皮 or 削头 or 削顶 or 清理机 or（削缨 not 削缨挖掘）or（脱籽机 not 收获脱籽机）or 取籽机
	英文	straw or pole or wheat or bavin or brushwood or method or theory or technology or technique or topping machine or stowing or cut or cutting or shear or peel or clear or clean or threshing or seed

表 2-5 特色经济作物（特色林果、果蔬等）深加工技术装备专利检索策略

检索主题		特色经济作物（特色林果、果蔬等）深加工技术装备专利
分类号（IPC）		F26B or B03B or B07 or B01D
关键词	中文	番茄，西红柿，葡萄，枣，香梨，哈密瓜，打瓜，甜菜，选，分，取籽，皮，核，分离，籽皮分离，烘干，制干，干，切，除杂，方法，技术，工艺，葡萄酒，葡萄糖，包装，核糖，核酸
	英文	tomato, grape or vitis vinifera, jujube or Chinese date, bergamotpear or fragrant-pear, cantaloup or cantaloupe, watermelon, sugarbeet or beet, sorter or grader or separator, peel, drier or dryer or dehydrator, cut or cutting or chip, method or theory or technology or technique, wine, dextrose or glucose or grapesugar, packing or packaging, ribotide or ribose or nucleicacid
检索策略（分类号＋关键词）		
分类检索		F26B or B03B or B07 or B01D
二次专利检索名称	中文	（选 or 分 or 取籽 or 皮 or 核 or 分离 or 籽皮分离 or 烘干 or 制干 or 干 or 切 or 除杂）not（方法 or 技术 or 工艺 or 葡萄酒 or 葡萄糖 or 包装 or 核糖 or 核酸 or 菌 or 蛋白 or 净化器）
	英文	(sorter or grader or separator or peel or drier or dryer or dehydrator or cut or cutting or chip) not (method or theory or technology or technique or wine or dextrose or glucose or grape sugar or packing or packaging or ribotide or ribose or nucleic acid)
三次检索摘要	中文	番茄 or 西红柿 or 葡萄 or 枣 or 香梨 or 哈密瓜 or 打瓜 or 甜菜
	英文	tomato or grape or vitis vinifera or jujube or Chinese date or bergamot pear or fragrant pear or cantaloup or cantaloupe or watermelon or sugarbeet or beet

2.2.2　外观设计专利

表 2-6　精准种子加工技术装备外观设计专利检索策略

检索主题		精准种子加工技术装备外观设计专利
分类号		1503
关键词	中文	种子，种，籽，播，排，输种，布种，接种，种植，穴种，种植，一种，盖种，种子带，种箱，开沟装置
	英文	seed，planter or sower or sowing or seeder or seeding
检索策略（分类号＋关键词）		
分类检索		1503
二次检索专利名称	中文	种子 or 种 or 籽
	英文	seed
排除检索专利名称	中文	播 or 排 or 输种 or 布种 or 接种 or 种植 or 穴种 or 种植 or 一种 or 盖种 or 种子带 or 种箱 or 开沟装置 or 栽种 or 菌种
	英文	planter or sower or sowing or seeder or seeding

表 2-7　精量播种技术装备外观设计专利检索策略

检索主题		精量播种技术装备外观设计专利
分类号		1503
关键词	中文	精，播，排，移栽，育苗
	英文	precision，planter or sower or sowing or seeder or seeding，transplanter，transplanting
检索策略（分类号＋关键词）		
分类检索		1503
二次专利检索名称	中文	精 and（播 or 排 or 移栽 or 育苗）
	英文	planter or sower or sowing or seeder or seeding or transplanter or transplanting

表 2-8　田间管理、节水灌溉技术设备外观设计专利检索策略

检索主题		田间管理、节水灌溉技术设备专利
分类号		1503
关键词	中文	打顶，葡萄，剪，喷雾，喷药，节水，灌溉，滴灌，施肥，套袋，手，药箱，药水桶，背负式，播种，犁
	英文	topping，grape or vitis vinifera，cut or cutting or shear，spraying，saving irrigation，drip irrigation，trickle irrigation，irrigation，fertilizationor fertilizing，bagorsack，hand，medicine-chest or pyxides，barrel or bucket or cask or pail or runlet or tub，back，planter or sower or sowing or seeder or seeding，plough

检索策略（分类号＋关键词）		
分类检索		1503
二次专利检索名称	中文	打顶 or（葡萄 and 剪）or 喷雾 or 喷药 or 节水 or 灌溉 or 滴灌 or 施肥 or 套袋
	英文	topping or（（grape or vitis vinifera）and（cut or cutting or shear））or spraying or saving irrigation or drip irrigation or trickle irrigation or irrigation or fertilization or fertilizing or bag or sack
排除专利检索名称	中文	手 or 药箱 or 药水桶 or 背负式 or 播种 or 犁
	英文	hand or medicine – chest or pyxides or barrel or bucket or cask or pail or runlet or tub or back or planter or sower or sowing or seeder or seeding or plough

表2-9 收获技术装备外观设计专利检索策略

检索主题		收获技术装备专利
分类号		1503
关键词	中文	棉，番茄，西红柿，甜菜，辣椒，辣子，打瓜，松棉机，护苗器，埋土机，手持式，棉杆，棉苗，播，轧，棉朵清理装置
	英文	cotton, tomato, sugarbeet or beet, capsicum or pimiento or pepper, watermelon, looseor looseness or relax, seedling, hand or handing, straw, pole, bavin or brushwood, planter or sower or sowing or seeder or seeding, roller orrolling, clear or clean

检索策略（分类号＋关键词）		
分类检索		1503
二次专利检索名称	中文	棉 or 番茄 or 西红柿 or 甜菜 or 辣椒 or 辣子 or 打瓜
	英文	cotton or tomato or sugarbeet or beet or capsicum or pimiento or pepper or watermelon
排除专利检索名称	中文	松棉机 or 护苗器 or 埋土机 or 手持式 or 棉杆 or 棉苗 or 播 or 轧 or 棉朵清理装置 or 珍珠棉 or 棉头
	英文	loose or looseness or relax or seedling or hand or handing or straw or pole or bavin or brushwood or planter or sower or sowing or seeder or seeding or roller or rolling or clear or clean

表2-10 特色经济作物（特色林果、果蔬等）深加工技术装备外观设计专利检索策略

检索主题		特色经济作物（特色林果、果蔬等）深加工技术装备专利
分类号		1503
关键词	中文	番茄，西红柿，葡萄，枣，香梨，哈密瓜，打瓜，甜菜，选，分，取籽，皮，核，分离，籽皮分离，烘干，制干，干，切，除杂
	英文	tomato, grape or vitis vinifera, jujube or Chinese date, bergamotpear or fragrantpear, cantaloup or cantaloupe, watermelon, sugarbeet or beet, sorter or grader or separator, peel, drier or dryer or dehydrator, cut or cutting or chip

检索策略（分类号 + 关键词）		
分类检索		1503
二次专利 检索名称	中文	选 or 分 or 取籽 or 皮 or 核 or 分离 or 籽皮分离 or 烘干 or 制干 or 干 or 除杂
	英文	sorter or grader or separator or peel or drier or dryer or dehydrator or cut or cutting or chip
三次专利 检索名称	中文	番茄 or 西红柿 or 葡萄 or 枣 or 香梨 or 哈密瓜 or 打瓜 or 甜菜 or 果 not 花生
	英文	tomato or grape or vitis vinifera or jujube or Chinese date or bergamot pear or fragrant pear or cantaloup or cantaloupe or watermelon or sugarbeet

2.3　专利资料检索结果

　　基于以上检索关键词及检索策略，利用从中国国家知识产权局、中国知识产权网、美国专利商标局、欧洲专利局和世界知识产权组织等专利检索网站上进行专利检索并下载专利数据。这些专利数据包括中国、韩国、德国、法国、英国、日本、美国、欧洲专利局、世界知识产权组织。共检索 2450 件核心专利，其中包括国内专利 2203 件，国外专利 247 件。详细数据见表 2 - 11 所示，以下将以这些专利作为本次专利战略研究分析的基础。

表 2 - 11　基于 5 个检索主题国内外专利分布

主题名称	国内专利数			国外专利数		专利 总数
	发明	实用新型	外观	非外观	外观	
精准种子加工技术装备	24	82	20	2	9	137
精量播种技术装备	180	513	20	17	18	748
田间管理、节水灌溉技术设备	46	101	124	52	4	327
收获技术装备	283	625	35	134	2	1079
特色经济作物（特色林果、果蔬等）深加工技术装备	44	102	4	9	0	159
总计	577	1423	203	214	33	2450

第3章 现代农业装备产业
关键技术国内专利分析

3.1 精准种子加工技术装备关键技术专利分析

3.1.1 专利量总体趋势分析

专利量总体趋势分析是研究专利申请量或授权量随时间逐年变化情况，从而分析相关领域总体的技术发展态势。

图3-1表示国内精准种子加工技术装备关键技术专利量逐年变化，从图中可以看出，2001~2008年，国内精准种子加工技术装备关键技术的申请量每年均没有超过5件；2009年专利申请量呈快速上升趋势，达到了11件；2010年，专利申请量略有下降，但是与2004以前相比有了缓慢提高；2011~2014年，专利申请量一直呈现上升趋

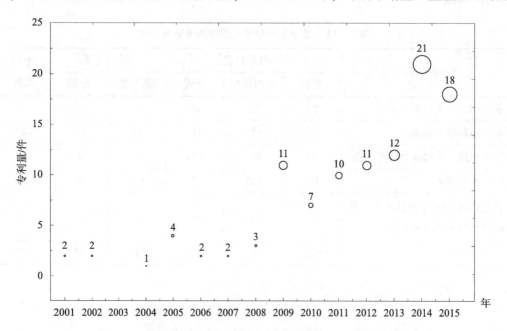

图3-1 国内精准种子加工技术装备关键技术专利量逐年变化

势，最多达到 21 件；2015 年，专利申请量略有下降，但总的趋势还是呈增长趋势，这反映出国内精准种子加工技术装备关键技术处于技术发展期的特征。

3.1.2　专利种类趋势对比（非外观专利）

专利种类趋势对比是研究不同专利，包括发明、实用新型和外观专利，申请量或授权量随时间逐年变化情况，从而分析相关领域总体的技术发展态势。

尽管图 3-1 解释了国内精准种子加工技术装备关键技术专利量逐年变化情况，但是其并不能反映出发明专利和实用新型专利逐年变化情况，然而发明专利的多少能较好地评价一项技术的竞争力和关注度。图 3-2 表明了 2001~2015 年国内精准种子加工技术装备关键技术发明和实用新型专利量逐年情况。从图中可以看出，发明和实用新型专利的申请量近几年有所增加，但是，实用新型的申请量远远多于发明专利。从这些分析反映出相关技术近年来依然被重视，但是由于发明专利较少，可能不具有较大的竞争力。

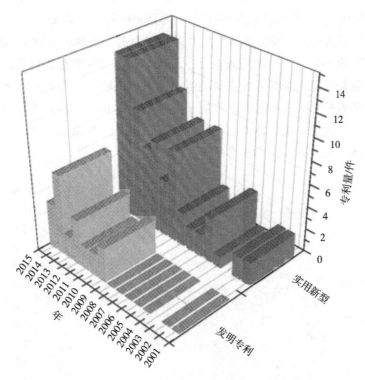

图 3-2　国内精准种子加工技术装备关键技术发明和实用新型专利量逐年变化

3.1.3 区域专利量分析

区域专利量分析是指在专利分析样本中按照专利申请人国家或专利优先权国家、或一定区域（如国内省市代码等）对专利数量（申请量或授权量）或占总量的比例进行统计和排序，了解不同国家或地区对专利技术的拥有量，从而研判国家或地区间的整体技术实力。区域专利总量分析包括：世界范围内国家或地区专利数量对比分析，国内省市专利数量对比分析，国外公司来华专利国家分布研究等。其中世界范围内国家或地区专利数量对比分析主要用来研究世界范围内国家或地区的技术实力，国内省市专利数量对比分析主要用来研究国内地区间的技术实力、国外公司来华专利国家分布研究主要用来研究国外在我国的专利布局。

在专利数据库中采集中国国内有关精准种子加工技术装备关键技术的专利共106件。专利数量分布如图3-3所示。数据表明：中国精准种子加工技术装备关键技术的申请主要分布在新疆（46件）、江苏（13件）和甘肃（10件）。其次是安徽（8件）、河北（7件）、湖南（6件）、山东（5件）、北京（3件）、湖北（3件）和江西（2件）。前3名的地区，其专利总量为69件，占总数106件专利的65.1%。其中，新疆、江苏和甘肃是最活跃和最主要的地区，尤其以新疆为主，其专利申请量达到46件，几乎占到总专利量的50%。这些分析反映出，新疆、江苏和甘肃是国内各地区有关精准种子加工技术装备关键技术申请的主要地区，同时也说明它们在此项技术领域投入较大，掌握了大量的专利申请，基本上控制了此项技术的市场，也是此项技术或装备产品的必争之地，其次是安徽、河北、湖南和山东。此外，北京、湖北和江西也在国内精准种子加工技术装备关键技术领域占有一席之地。

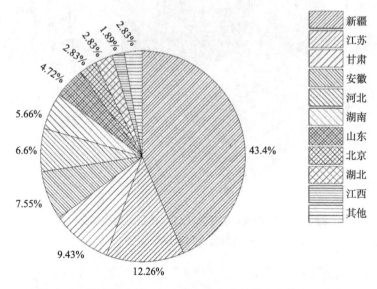

图3-3　国内精准种子加工技术装备关键技术各省专利分布

3.1.4 区域专利技术特征分析

3.1.4.1 重点技术领域分析

区域专利技术特征分析是指在分析样本数据中，按照国家或地区（如国内省市等）专利涉及的技术内容进行统计和分析，了解不同国家或地区的技术特征，从而研判国家或地区优势技术领域或技术重点，并以此推断不同区域市场竞争的态势。其中技术内容可以用专利涉及的分类号、主题词来表征，也可以利用人工标引主题的方式确定技术内容。

图 3 - 4 表示国内精准种子加工技术装备关键技术技术分类排行，从图中可以看出国内相关专利主要集中在 3 个领域，即 A 类：人类生活用品；B 类：作业、运输；F 类：机械工程、照明、加热、武器、爆破。其中，A 和 B 两个领域占据绝大部分专利，达到申请专利的 92.45%。这说明这两个领域是在加工技术装备关键技术专利中占据主导地位。然而，我们并不能从图中看出国内不同地区的专利领域的重点分布。

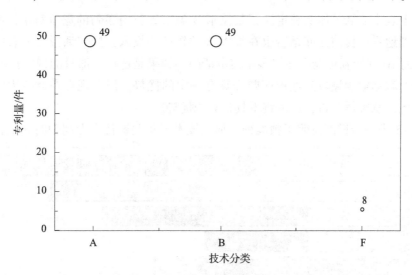

图 3 - 4 国内精准种子加工技术装备关键技术技术分类排行

3.1.4.2 重点领域竞争对手分析

主要竞争对手分析是指在分析样本数据库中，按专利申请人或专利权利人的申请量或授权量进行统计和排序，以此研究相关技术领域中活跃的企业和个人，他们是相关领域的主要竞争者，通常不在专利申请人和权利人统计排序中，要根据分析目标，进一步对重点竞争对手的专利活动做深入研究。

表 3 - 1 表明中国各地区 2001 ~ 2015 年专利统计表，从表中可以看到：对于新疆，其专利涉及 A、B 和 F 三个类别，其中 A 和 B 类别为专利主要申请领域，占据 105 件中的 98 件。从整体上看，新疆在精准种子加工技术装备关键技术方面具有较大优势，但是值

得注意的是江苏省的13件专利有10件分布在B类，接近新疆的13件，这表明江苏省在精准种子加工技术装备关键技术作业和运输方面具有较大的优势，并且主要在作业和运输方面进行相关投入。因此，江苏省是新疆在精准种子加工技术装备关键技术作业和运输领域强劲的竞争对手，其次是安徽及甘肃。下表也表明所有地区在F类区域投出较少，除新疆外，甘肃和湖南也占有一席之地，如果新疆想在F类区域有所成就，甘肃和湖南是其竞争对手或者合作对象。

表3-1 国内各地区2001~2015年专利分布统计

领　　域	新疆	山东	河北	甘肃	江苏	安徽	湖北	北京	湖南	江西	宁夏	浙江
A：人类生活用品	29	5	4	4	3	2	2	0	0	0	0	0
B：作业、运输	13	0	3	5	10	6	1	3	3	2	1	1
F：机械工程、照明、加热、武器、爆破	4	0	0	1	0	0	0	0	3	0	0	0

尽管上表中能从整体上锁定江苏是技术B类领域新疆强劲的竞争对手，但是，上表不能详细地看出目前江苏是否也在加大B类领域的投入，换句话说，上表中江苏在B类领域的10件专利可能是在很多年前申请的。如果是这样，那只能说明江苏在B类领域即作业和运输领域较其他地区曾经具有一定的优势，但是现在在此技术领域投入较少。因此，从整体上讲，江苏将不具备竞争优势。

图3-5进一步详细说明了精准种子加工技术装备关键技术专利随时间变化趋势情

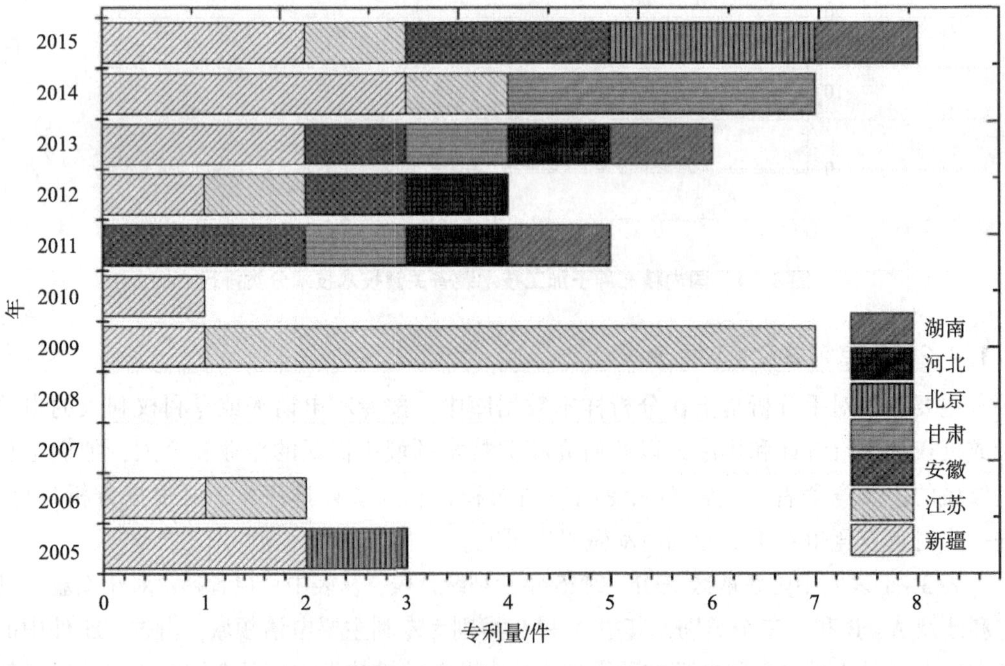

图3-5 B类技术专利量随时间变化趋势区域对比分析

况。从图中可以看出近年来其专利申请量较以前有较大增长，重点在新疆、安徽和甘肃三地区。江苏在 2009 年共申请相关专利 6 件，从表 3 - 1 中可以看出 2001 ~ 2015 年江苏共申请 B 领域专利 10 件，2009 年江苏申请的 6 件专利全部为 B 领域。2012 ~ 2015 年江苏、安徽和甘肃等都加大了 B 领域的专利申请。就此而言，在近几年，江苏、安徽和甘肃在精准种子加工技术装备关键技术方面投入逐渐增大，意图占领此领域相关专利市场，从而成为新疆兵团在此方面强劲的竞争对手，应该引起重视。从表中也能看出河北、湖北和北京等也涉足 B 领域专利的申请，这些专利都是 2011 年后的专利，新疆兵团也应该引起重视。综上分析，就精准种子加工技术装备关键技术而言，新疆尽管在 A、B 和 F 领域均具有较大的优势，但是 B 领域新疆并不具备明显的优势，江苏是新疆较大的竞争对手，在制定相关政策方面应重视此方面的投入。

3.1.5　重点技术锁定分析

专利重点技术锁定分析是利用时序分析法，研究申请量或授权量排名靠前的专利分类号，如 IPC 随时间逐年变化情况，从而分析相关技术领域重点专利技术的发展区域。即通过专利分类号表征技术内容，通过专利分类号对应的专利量逐年变化情况表征重点技术发展趋势，或技术热点变化。

图 3 - 6 表示国内精准种子加工技术装备关键技术所属不同领域专利量随年变化情况。从图中可以看到 2001 ~ 2015 年，几乎每年都有关于 A 类领域的专利申请；B 类领域专利申请表明 2005 年后的申请强度大于 2005 年以前，尤其是 2015 年达到最高，但是有些年份申请量却为零，比如 2007 年和 2008 年，因此，专利申请的持续性不够；F

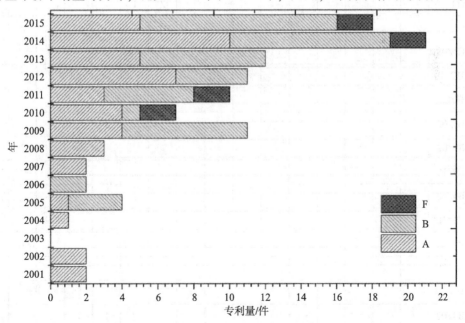

图 3 - 6　国内精准种子加工技术装备关键技术所属不同领域专利量随年变化情况

类领域专利的申请仅在 2010 年、2011 年、2014 年和 2015 年才有所涉及，表明此类技术相关专利的申请近年来有所重视。对在专利数据库中所采集的 106 件专利进行细分，共涉及 28 个 IPC 分类小组，对分类小组依据专利数量从多到少依次排序，参见表 3-2。从中可以解读国内精准种子加工技术装备关键技术专利技术活动动向，从而可以对重点技术进行锁定分析。

表 3-2　精准种子加工技术装备关键技术专利申请 IPC 排名

IPC	2001	2002	2003	2004	2005	2006	2007	2008	2009	2010	2011	2012	2013	2014	2015	总计
A01C1/00	2	2		1	1		2	1	4	4	3	7	5	8	2	42
B07B1/28													1	1	5	7
B03B7/00						1				1		1		1		4
B07B1/22													3	1		4
B07B13/00									3		1					4
B07B7/01											2	1	1			4
A01C1/06								2						1		3
B07B1/00					1						1			1		3
B07B1/04					1									1	1	3
B07B13/14									3							3
B07B9/00					1	1								1		3
F26B11/06										2	1					3
A01C1/02														2		2
A01C1/08														2		2
B07B13/10														2		2
B07B7/083														2		2
B07B9/02												1	1			2
F26B9/02														2		2
F26B9/10														2		2
B03B5/48											1					1
B03C1/18														1		1
B07B1/46														1		1
B07B13/04														1		1
B07B13/11									1							1
B07B4/02												1				1

IPC	2001	2002	2003	2004	2005	2006	2007	2008	2009	2010	2011	2012	2013	2014	2015	总计
B07B4/04														1		1
B07B7/08													1			1
F26B5/00											1					1

注：A01C1/00：在播种或种植前测试或处理种子、根茎或类似物的设备或方法；A01C1/02：自动化控制辣椒种子发芽所需的温度、湿度以及光照强度，发芽率高、催芽时间明显缩短、降低工人劳动强度以及生产成本；A01C1/06：种子的包衣或拌种；A01C1/08：番茄种子消毒机；B03B5/48：适合垂直安装的管式筛网组件以及垂直安装有管式筛网组件的适用于片状粉体浆料的筛分装置；B03B7/00：湿处理方法或装置与其他处理方法或装置的结合，例如，选矿或处理垃圾用的；B03C1/18：磁分选机；B07B1/00：用网，滤筛，格栅或其他类似的工具细筛、粗筛、筛分或分选固体物料；B07B1/04：固定平筛；B07B1/22：粉状物料的分级筛选装置；B07B1/28：自动番茄去籽机；B07B1/46：辣椒分选装置，包括筛选架和进料箱；B07B13/00：其他类目中不包含的用干法对固体物料分级或分选；除用间接控制装置以外的物品的分选；B07B13/04：三层番茄原料挑选台；B07B13/10：番茄渣籽皮分离器；B07B13/11：包括颗粒在表面上的移动，其分离作用是利用离心力或利用颗粒与表面之间的相对摩擦力，如螺旋分选器；B07B13/14：零件或附件；B07B4/02：棉籽清理机，由抽风口、异纤清理操作平台、下送风器、挡杂板、上送风器、上平绞龙、供籽换向板、供籽调节板、淌籽道、直升绞龙进口、棒条轴、竖隔板、托板、上进风口、下进风口、风门调节装置、重杂物排出口、地下出籽绞龙和外壳组成；B07B4/04：辣椒去石机；B07B7/01：剥壳前棉籽清理装置；B07B7/08：棉籽分离装置；B07B7/083：棉籽的棉仁和棉壳分离装置；B07B9/00：用于筛选或筛分，或使用气流将固体从固体中分离装置组合；设备的总布置，例如，流程布置；B07B9/02：风力棉籽壳仁分离机；F26B11/06：对无渐进运动的材料或制品进行干燥的机器或设备；F26B5/00：棉籽脱酚处理沥干机；F26B9/02：棉种脱绒太阳能烘干厂房；F26B9/10：晒辣椒的装置。

表 3-2 数据表明，国内关于精准种子加工技术装备关键技术领域拥有的专利技术相对全面。A01C1/00（在播种或种植前测试或处理种子、根茎或类似物的设备或方法）是主要的研究重点。在 B 类研究领域，关于 B03B5/48、B03B7/00、B03C1/18、B07B1/00、B07B1/04、B07B1/22、B07B1/28、B07B1/46、B07B13/00、B07B13/04、B07B13/10、B07B13/11、B07B13/14、B07B4/02、B07B4/04、B07B7/01、B07B7/08、B07B7/083、B07B9/00 和 B07B9/02 相关专利是 2005 年以后申请的（包括 2005 年），2005 年以前在这类中并没有相关专利申请，这表明这是它们现在的研究重点。就 F 领域而言，有 4 个小类涉及，依次为 F26B11/06、F26B9/02、F26B9/10 和 F26B5/00，其专利申请都发生在 2005 年后，尤其是后 3 个小类，专利申请都发生在 2011 年以后，也值得关注。由于整体涉及的专利比较少，每个小类中大部分仅仅涉及一两件专利，因此不足以更深入地分析。

3.1.6 重点申请人锁定分析

从以上的分析中，我们可以知道新疆、江苏、甘肃等地在精准种子加工技术装备关键技术专利申请方面具有较大优势。如何锁定这些地区重点申请人（包括单位及个人）是这一部分分析的目的。

图3-7表示与精准种子加工技术装备关键技术专利国内重点申请人相关的专利排名。由图中可以看出排在前4位的分别是石河子市华农种子机械制造有限公司（10件）、吕忠浩（6件）、石河子开发区天佐种子机械有限责任公司（6件）和石河子大学（3件），其余的单位及个人如丹阳市陵口镇郑店土地股份专业合作社、冯锦祥、北京中唐瑞德生物科技有限公司、安徽金丰粮油股份有限公司、张家界灵洁绿色食品有限公司、彭智雷、新疆农垦科学院、晨光生物科技集团股份有限公司、江西龙津实业有限公司、池州市秋江油脂蛋白科技有限公司、河北省农林科学院旱作农业研究所、济南中棉生物科技有限公司、王强、甘肃东方农业开发有限公司、石河子市一正阳光新能源科技开发有限公司、酒泉奥凯种子机械股份有限公司和石河子开发区石大惠农科技开发有限公司等专利申请量都是2件，剩余的其他申请人或单位专利分别为1件，由于太少，相对不具有普遍性，因此在此不做分析。这里仅对排在前4位的申请人或单位进行锁定分析。

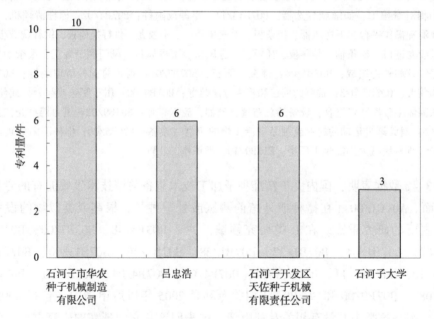

图3-7　与精准种子加工技术装备关键技术专利重点申请人相关的专利排名

3.1.7　重点申请人技术路线分析

对在国内精准种子加工技术装备关键技术专利申请量较多的重点专利申请人（或机构）进行分析，从他们的技术路线走向分析目前有关精准种子加工技术装备关键技术专利的研究热点以及研发空间较大的技术方向。根据专利检索得知，表3-3中列出排前4位的单位与个人，其中属于新疆兵团的单位及个人有石河子市华农种子机械制

造有限公司、石河子开发区天佐种子机械有限责任公司和石河子大学，共有专利 19
件，共占据 106 件专利的 17.92%，涉及 A、B 和 F 三个领域。就整体而言，专利申请
量及申请面都占据了较大优势。通过仔细分析我们发现，石河子市华农种子机械制造
有限公司在 2001 年就从事精准种子加工技术装备关键技术方面的研究，其主要关注的
是 A01C1/00 领域，随后 2001～2014 年一直继续精准种子加工技术装备关键技术方面
的研究，从而可以获知，此企业在精准种子加工技术装备关键技术方面一直在加大投
入，并且研究热点主要集中在 A01C1/00 领域。石河子开发区天佐种子机械有限责任公
司从 2008 年才开始关注相关技术的知识产权，并且在 2001～2014 年共申请 6 件专利，
从而可知其在精准种子加工技术装备关键技术方面也进行了一定投入，并且逐渐重视
此方面技术的研究，其主要关注的领域是 A01C1/00 和 F26B11/06，尤其是 A01C1/00
领域，可能是下一步研究的重点。石河子大学 2006～2012 年共申请 3 件专利，主要关
注的领域是 B03B7/00 和 A01C1/00。但是，从表中可以看出，这 3 件专利申请时间是
2006 年和 2012 年，在最近几年，他们并没有申请与精准种子加工技术装备关键技术方
面的专利。

表 3-3 精准种子加工技术装备关键技术专利重点申请人技术路线

年 申请人	石河子市华农种子机械制造有限公司	吕忠浩	石河子开发区天佐种子机械有限责任公司	石河子大学
2001	A01C1/00 （1件）			
2002	A01C1/00 （1件）			
2006				B03B7/00 （1件）
2008			A01C1/00 （1件）	
2009	A01C1/00 （3件）	B07B13/00 （3件） B07B13/14 （3件）		
2010	A01C1/00 （2件）		F26B11/06 （2件） A01C1/00 （1件）	

续表

年 \ 申请人	石河子市华农种子机械制造有限公司	吕忠浩	石河子开发区天佐种子机械有限责任公司	石河子大学
2012				A01C1/00 （2 件）
2013	A01C1/00 （1 件）			
2014	A01C1/00 （2 件）		A01C1/00 （2 件）	

除新疆兵团以外的单位或个人是吕忠浩，主要涉及的领域是 B07B13/00 和 B07B13/14。吕忠浩申请的 6 件专利申请时间在 2009 年，但是，最近几年没有相关专利的申请。另外值得注意的是 B07B13/00 和 B07B13/14 研究领域正好是新疆兵团就目前而言投入较少或者技术欠缺的一个领域。因此，如果新疆兵团想在此相关领域进行人才引入，可以考虑类似于吕忠浩这样的人才。当然，如果新疆兵团从事精准种子加工技术装备关键技术的相关企业想在其他类（领域）投入，也可以采取合作的方式。

以上仅仅是对从事精准种子加工技术装备关键技术的专利排名前四的相关企业及个人进行了分析，除了这些，就新疆兵团而言，从事精准种子加工技术装备关键技术的单位还包括石河子市一正阳光新能源科技开发有限公司和石河子开发区石大惠农科技开发有限公司等，这些单位分别涉及专利少于 3 件（专利信息见附表 1），尽管少，但是也表明它们在此领域做了一定的工作，也可以成为新疆兵团相关技术开发优先考虑的合作单位。对于其他一些申请者而言也可以采用以上的方法进行分析，从而制定相关人才引进或合作策略。

3.2 精量播种技术装备关键技术

3.2.1 专利量总体趋势分析

图 3-8 表示国内精量播种技术装备关键技术专利量逐年变化，从图中可以看出：2001～2005 年，国内精量播种技术装备关键技术的申请量一般维持在 20 件以下，2003 年最多达到 19 件；2006～2011 年专利申请量呈缓慢上升趋势，最多达到 72 件；2012～2013 年，专利申请量略有下降；2014～2015 年，专利申请量快速增长，最多达到 108 件。图 3-8 反映国内精准种子加工技术装备关键技术处于技术发展期的特征，尤其是近 2 年发展较快。

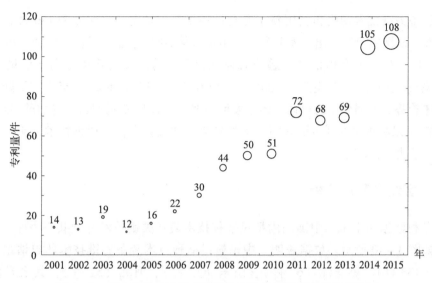

图 3 - 8　国内精量播种技术装备关键技术专利量逐年变化情况

3.2.2　专利种类趋势对比（非外观专利）

尽管图 3 - 8 解释了国内精量播种技术装备关键技术专利量逐年变化情况，但是并不能反映出发明专利和实用新型专利逐年变化情况，为了较好地评价一项技术的竞争力和关注度，针对发明专利的分析是必要的。图 3 - 9 表明了 2001~2015 年国内精量播

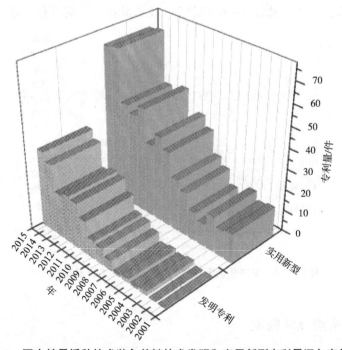

图 3 - 9　国内精量播种技术装备关键技术发明和实用新型专利量逐年变化情况

种技术装备关键技术发明和实用新型专利量逐年变化情况。发明专利 180 件，实用新型 513 件。从图中可以看出，发明专利的申请量从 2007 年起有了较大增加，虽然 2013 年略有下降，但是专利申请量的趋势总体呈上升趋势。实用新型专利申请量 2001 ~ 2015 年总体趋势也呈上升趋势，2004 年、2010 年、2012 年和 2013 年略有下降，但不影响总体趋势。实用新型的申请量多于发明专利。就发明专利而言，与 2007 年以前相比，2007 年以后相关专利申请有明显增长趋势，这反映出精量播种技术近年来逐渐被重视，竞争力逐渐增强。

3.2.3 区域专利量分析

在专利数据库中采集中国国内精量播种技术装备关键技术专利共 693 件。专利数量分布如图 3 - 10 所示。数据表明，中国精量播种技术装备关键技术的申请主要分布在新疆（133 件）、黑龙江（67 件）、山东（53 件）、河北（51 件），其次是内蒙古（42 件）、江苏（41 件）、吉林（40 件）、湖北（34 件）、浙江（30 件）和北京（29 件）。这里只对排名前 10 的地区进行分析，其余一些地区专利申请量较少，因此不作为主要分析对象。排在前 4 名的地区专利总量为 304 件，占总数 693 件专利的 43.87%。其中，新疆、黑龙江是所研究技术最活跃和最主要的地区，尤其以新疆为主，其专利申请量达到 133 件，占总专利量的 19.19%。这些分析反映出新疆、黑龙江、山东和河北是国内各地区有关精量播种技术装备关键技术申请的主要地区，同样说明他们在此项技术领域投入相对其他地区较大，掌握了大量的专利申请技术。其次是内蒙古、江苏、吉林、湖北、浙江和北京，也在此技术方面占有一席之地。

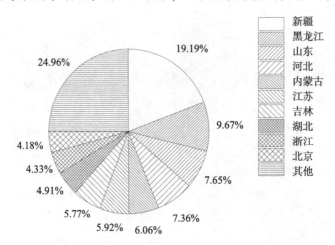

图 3 - 10　国内精量播种技术装备关键技术各省专利分布

3.2.4 A 类重点技术锁定

在专利库中所检索到的 693 件相关专利都集中在 A 类（人类生活用品）领域，为了详细地确定所检索到的专利主要集中在 A 类中的哪些小组,从而可以更有针对性地分析申请专利所属的重点技术。表 3-4 为精量播种技术装备关键技术专利申请 IPC 排名。在大类 A 中,所检索到的专利共涉及 20 个小组。从表中可以看出,专利主要集中的重点技术领域是 A01C7/20、A01C7/18、A01C7/04、A01C7/06、A01C7/00、A01C7/02 和 A01C7/16,占据所有申请领域专利量的 95.09% 。由于其他技术领域均涉及较少的专利申请量,因此不做分析。在 7 个重点技术领域中前 4 个,即 A01C7/20、A01C7/18、A01C7/04 和 A01C7/06,为最重要的技术领域,也是热点研究领域。

表 3-4 精量播种技术装备关键技术专利申请 IPC 排名 (2001~2015 年)

IPC	A01C7/20	A01C7/18	A01C7/04	A01C7/06	A01C7/00	A01C7/02	A01C7/16
专利量	220	196	103	77	27	23	13
IPC	A01C7/08	A01C19/00	A01C5/06	A01C15/16	A01C1/04	A01C7/14	A01C11/02
专利量	9	4	4	3	2	2	2
IPC	A01C17/00	A01C14/00	A01C19/02	A01C5/04	A01C15/12	A01C9/00	
专利量	2	2	1	1	1	1	

注:A01C1/04:用于精量播种的种子绳;A01C11/02:多功能精准烟叶移栽器;A01C14/00:施肥铺膜气吸精播机单体,包括负压布气取种装置,分种、导种、调籽装置和固定限位装置;A01C15/12:精量电动施肥播种机,包括地轮、机架、肥箱、肥轴、电机、控制器、人机界面;A01C15/16:精少量排肥器;A01C17/00:离心集排式精播器;A01C19/00:基质苗床育苗精量播种机传动机构;A01C19/02:多功能电子控制高精度排种器;A01C5/04:一种便于精密播种的多功能播种机;A01C5/06:一种精密播种机仿形限深覆土镇压器;A01C7/00:气吸振动盘式谷物田间精密播种机,主要用于超级稻等形状不规则、中小颗粒谷物的田间精密播种育苗;A01C7/02:一种育苗精量播种器,由播种盘、框架、底盘、压穴钉、收种盒、定位块和推把组成;A01C7/04:单粒谷物播种机;A01C7/06:轮式循环扎眼播种机;A01C7/08:间隔式定量播种的机械;A01C7/14:地轮滚筒联体的舀匀地引式精量穴播器;A01C7/16:漂浮育苗精量播种器,由框架、播种板、盛种斗、落种孔、收种盒、水晶打窝器、打窝器闩、定位闩和播种手柄开关组成;A01C7/18:间隔式定量播种的机械;A01C7/20:导种和播种的播种机零件;A01C9/00:牛蒡精密播种机。

3.2.5 重点领域竞争对手分析

图 3-11 表明我国前 8 个主要的专利申请地区 (新疆、黑龙江、山东、河北、吉林、江苏、浙江和内蒙古) 在 7 个重点技术领域 (A01C7/20、A01C7/18、A01C7/04、A01C7/06、A01C7/02、A01C7/00 和 A01C7/16) 的专利申请情况。从图中可以看出,新疆主要涉足 A01C7/20、A01C7/18、A01C7/04 和 A01C7/06 技术领域,并且在 A01C7/20 和 A01C7/18 技术领域占据绝对的优势;黑龙江地区专利申请主要相关领域是 A01C7/20、A01C7/18 和 A01C7/04;山东则主要是 A01C7/20、A01C7/18 和 A01C7/04 领域;河北主要是 A01C7/20、A01C7/18 和 A01C7/04 领域;吉林主要涉足

A01C7/20、A01C7/06、A01C7/02 和 A01C7/16 领域；江苏主要是 A01C7/20 和 A01C7/18 领域；内蒙古主要涉足 A01C7/20、A01C7/18、A01C7/04 和 A01C7/06 四个领域，尤其是 A01C7/18、A01C7/04 和 A01C7/06 领域。其他一些地区，如浙江，尽管也有一些专利分布在某些重要的领域，但是由于申请的专利量太少，不足以作为分析的主要依据。从以上分析及结合图 3 - 11 可以看出，在 A01C7/20 技术领域，精量播种技术装备关键技术主要的竞争对手是黑龙江和江苏；在 A01C7/18 技术领域，精量播种技术装备关键技术主要的竞争对手是山东和内蒙古；在 A01C7/04 技术领域，精量播种技术装备关键技术主要的竞争对手是山东；值得注意的是吉林和内蒙古在 A01C7/06，吉林在 A01C7/02 和 A01C7/16 技术领域占据较大的优势，而这 3 个技术领域新疆相关专利申请较少甚至没有，因此，吉林和内蒙古这两个地区可以作为以后新疆在精量播种技术装备关键技术市场拓展的合作对象。

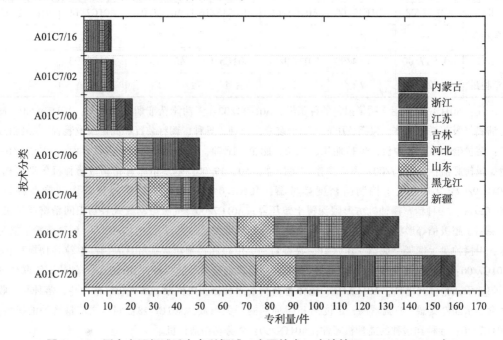

图 3 - 11 国内主要领域重点专利领域（主要技术）申请情况（2001 ~ 2015 年）

3.2.6 重点申请人锁定

从以上的分析中，我们可以知道新疆、黑龙江、山东等地在精量播种技术装备关键技术专利申请方面具有较大优势。如何锁定这些地区重点申请人（包括单位及个人），是这一部分分析的目的。

图 3 - 12 表示与精量播种技术装备关键技术专利国内重点申请人相关的专利排名。由图中可以看出排在前 11 位的分别是石河子大学（22 件）、中国农业大学（14 件）、华中农业大学（14 件）、昆明理工大学（11 件）、江苏大学（11 件）、河北农业大学

（11 件）、新疆天诚农机具制造有限公司（10 件）、王伟均（10 件）、博尔塔拉蒙古自治州乐鑫农牧机械有限公司（8 件）、吉林大学（8）和山东理工大学（8 件）。剩余的其他申请人或单位专利均少于 8 件，由于太少，相对不具有普遍性，因此在此不做分析。这里仅对排在前 11 位的申请人或单位进行锁定分析。

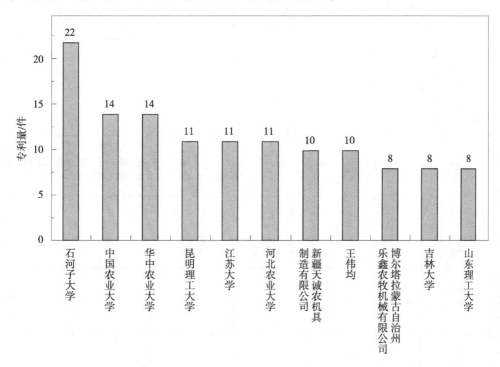

图 3-12　与精量播种技术装备关键技术专利重点申请人相关的专利排名

3.2.7　重点申请人技术路线分析

对在国内精量播种技术装备关键技术专利申请量较多的重点专利申请人（或机构）进行分析，从他们的技术路线走向分析目前有关精量播种技术装备关键技术专利的研究热点以及研发空间较大的技术方向。

根据专利检索得知，表 3-5 中属于新疆兵团的单位及个人有石河子大学、新疆天诚农机具制造有限公司和博尔塔拉蒙古自治州乐鑫农牧机械有限公司，共有专利 40 件，共占据表格中专利的 31.50%。表 3-5 中的所有专利共涉及 7 个技术领域，分别为 A01C7/20、A01C7/04、A01C7/18、A01C7/16、A01C7/06、A01C7/00 和 A01C15/16，新疆兵团所申请的专利中共涉及前 4 个技术领域。因此，就整体而言，专利申请量及申请面都占据了较大优势。从表中可以获知石河子大学从 2005 年开始对精量播种技术装备关键技术进行研究，并且较注重这方面专利的申请，申请技术领域主要是 A01C7/20、A01C7/04 和 A01C7/18；中国农业大学在 2006 年对 A01C7/20 领域关于精量播种技术装备关键技术进行了研究，并申请了一项专利，随后 2009 ~ 2015 年一直有

表 3 - 5 精量播种技术装备关键技术专利重点申请人技术路线

申请人 年份	石河子大学	中国农业大学	华中农业大学	昆明理工大学	江苏大学	河北农业大学	新疆天诚农机具制造有限公司	王伟均	博尔塔拉蒙古自治州乐鑫农牧机械有限公司	吉林大学	山东理工大学
2004										A01C7/20 （2件）	
2005	A01C7/20 （1件）										
2006	A01C7/04 （1件） A01C7/20 （1件）						A01C7/20 （1件）			A01C7/20 （2件）	
2007	A01C7/20 （2件） A01C7/04 （1件）						A01C7/20 （2件）	A01C7/20 （2件）			
2008	A01C7/20 （3件） A01C7/18 （1件）							A01C7/18 （3件） A01C7/04 （1件） A01C7/20 （1件） A01C7/16 （1件）			

续表

申请人＼年份	石河子大学	中国农业大学	华中农业大学	昆明理工大学	江苏大学	河北农业大学	新疆天诚农机具制造有限公司	王伟均	博尔塔拉蒙古自治州乐鑫农牧机械有限公司	吉林大学	山东理工大学
2009	A01C7/18 (1 件) A01C7/20 (1 件)	A01C7/20 (1 件)	A01C7/04 (1 件)		A01C7/04 (1 件)						A01C7/04 (2 件) A01C7/20 (1 件)
2010	A01C7/04 (1 件)	A01C7/04 (1 件)	A01C7/18 (2 件)					A01C7/20 (2 件)			A01C7/20 (2 件) A01C7/04 (1 件)
2011		A01C7/20 (1 件)	A01C7/18 (1 件)		A01C7/18 (3 件) A01C7/00 (1 件)	A01C7/04 (1 件)					
2012	A01C7/18 (1 件)	A01C7/18 (1 件)			A01C7/20 (6 件)	A01C7/20 (2 件)	A01C7/20 (2 件)			A01C7/20 (2 件)	
2013	A01C7/04 (1 件) A01C7/18 (1 件) A01C7/20 (1 件)	A01C7/04 (2 件) A01C7/20 (1 件)	A01C7/04 (2 件)	A01C7/04 (1 件)			A01C7/18 (2 件)				A01C7/18 (1 件) A01C7/20 (1 件)

续表

申请人\年份	石河子大学	中国农业大学	华中农业大学	昆明理工大学	江苏大学	河北农业大学	新疆天诚农机具制造有限公司	王伟均	博尔塔拉蒙古自治州乐鑫农牧机械有限公司	吉林大学	山东理工大学
2014	A01C7/20 (3件) A01C7/18 (2件)	A01C7/20 (1件) A01C15/16 (2件) A01C7/04 (2件)	A01C7/20 (6件) A01C7/18 (2件)	A01C7/18 (5件) A01C7/04 (1件) A01C7/20 (2件)		A01C7/20 (3件)	A01C7/20 (1件)		A01C7/18 (1件)	A01C7/20 (1件)	
2015		A01C7/20 (2件)		A01C7/20 (2件)		A01C7/20 (3件) A01C7/06 (2件)	A01C7/18 (2件)		A01C7/18 (5件) A01C7/20 (2件)	A01C7/18 (1件)	

相关专利的申请，其研究领域拓展至 A01C7/04、A01C7/18 和 A01C7/16 技术领域；华中农业大学从 2009 年开始对 A01C7/04 技术领域进行了研究，2009～2014 年除了 2012 年都有相关专利的申请，其研究领域拓展至 A01C7/18 和 A01C7/20 技术领域；昆明理工大学从 2013 年开始相关专利的申请，申请技术领域主要是 A01C7/20；江苏大学在 2009 年对 A01C7/04 领域进行研究，2011～2012 年都有相关专利的申请，其研究领域拓展至 A01C7/18、A01C7/00 和 A01C7/20 技术领域；河北农业大学 2011 年开始相关专利的申请，其主要技术领域是 A01C7/20；新疆天诚农机具制造有限公司在 2006 年对 A01C7/20 领域进行研究，2012～2015 年每年都有专利的申请，且其研究领域主要是 A01C7/20 和 A01C7/18；博尔塔拉蒙古自治州乐鑫农牧机械有限公司从 2014 年才涉足精量播种技术装备关键技术研究领域，起步较晚，但是近两年发展速度迅速；吉林大学 2004 年就有相关专利的申请，但是连续性差，其主要技术领域是 A01C7/20；山东理工大学在 2009 年开始有相关专利申请，表明这些单位也涉足精量播种技术装备关键技术研究领域，其主要的技术领域是 A01C7/04 和 A01C7/20。另外，值得注意的是王伟均，他个人的专利申请量为 8 件。其研究的主要技术领域包括 A01C7/20、A01C7/04、A01C7/18 和 A01C7/16，因此，其个人可以作为新疆兵团考虑引进人才的对象。

以上仅仅是对从事精量播种技术装备关键技术的专利排名前 11 的相关企业及个人进行了分析，除了这些，就新疆兵团而言，从事精量播种技术装备关键技术的单位及个人还包括阿克苏金天诚机械装备有限公司、阿克苏科硕农机销售有限公司、阿克苏市利农机械制造有限公司、奥盾巴土文明、蔡胜国、曾廷刚、陈立凡、郭笑飞、韩凤臣、姚九胜、永文明、于永良和卢登明、张保东和张保科、张和平、张书祥、新疆农垦科学院、塔里木大学、刘须功、新疆兵团农机推广中心、新疆科神农业装备科技开发有限公司、王宏林、石河子大学工学院等，由于这些单位及个人相对而言专利较少，因此没有进行仔细分析，其分析方法与上述类似，通过分析，可以制定相关人才引进或合作策略（专利详细信息参见附表 1）。

3.3　田间管理、节水灌溉关键技术

3.3.1　专利量总体趋势分析

图 3-13 表示国内田间管理、节水灌溉技术专利量逐年变化，从图中可以看出，2001～2009 年，国内田间管理、节水灌溉技术的申请量呈缓慢增长，但是一般维持在 7 件及 7 件以下；2010～2014 年总体呈上升趋势，最多达到 19 件；2015 年专利申请量几乎呈直线增长趋势，达到 49 件；虽然 2011 年和 2014 年专利量略有下降。但是，就田间管理、节水灌溉技术专利量逐年变化趋势来看，基本呈缓慢增长态势。这反映出国内此技术处于技术发展期的特征。

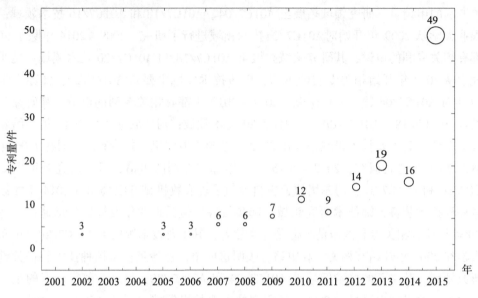

图 3-13　国内田间管理、节水灌溉技术专利量逐年变化情况

3.3.2　专利种类趋势对比

尽管图 3-13 解释了国内田间管理、节水灌溉技术专利量逐年变化情况，但是并不能反映出发明专利和实用新型专利逐年变化情况，为了较好地评价一项技术的竞争力和关注度，针对发明专利的分析是必要的。图 3-14 表明了 2001~2015 年国内田间

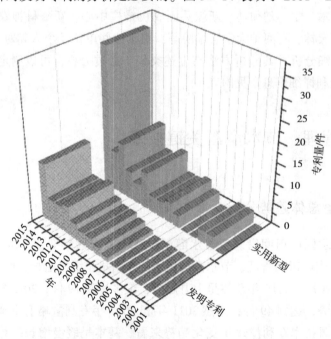

图 3-14　国内田间管理、节水灌溉技术发明和实用新型专利量逐年变化情况

管理、节水灌溉技术发明和实用新型专利量逐年情况。发明专利 46 件，实用新型 101 件。从图中可以看出，发明专利从 2007 年开始到 2015 年一直有相关专利的申请，并且总体呈上升趋势，最多达到 14 件；实用新型专利 2002～2015 年专利申请总体呈快速上升趋势，但是 2004 年和 2005 年申请量为 0 件，2015 年达到 35 件。并且近年来有持续增长态势。2006 年前国内并没有相关技术发明专利的申请情况，这表明在 2006 年以前此项技术并没有太大的竞争优势。从 2006 年后，不但实用新型专利申请数量明显增加，而且发明专利的申请也逐渐被重视，这反映出国内田间管理、节水灌溉技术近年来逐渐被重视，竞争力逐渐在增强。

3.3.3　区域专利量分析

在专利数据库中采集国内有关田间管理、节水灌溉技术的专利共 147 件。专利数量分布如图 3 - 15 所示。数据表明，国内有关田间管理、节水灌溉技术的申请主要分布在新疆（46 件）、山东（20 件）和江苏（16 件）。其次是甘肃（9 件）、宁夏（8 件）、北京（7 件）、浙江（6 件）、辽宁（5 件）、天津（4 件）和安徽（4 件）。前 10 名的地区，其专利总量为 125 件，占总数 147 件专利的 85.03%。其中，新疆、山东和江苏是研究技术最活跃和最主要的地区，尤其以新疆为主，其专利申请量达到 46 件，占到总专利量的 31.29%。这些分析反映出，新疆、山东和江苏是国内各地区有关田间管理、节水灌溉技术申请的主要地区，同时说明他们在此项技术领域投入相对其他地区较大，基本上控制了此项技术的市场。对于新疆兵团，山东和江苏是其主要的市场竞争对手。此外，甘肃、宁夏、北京、浙江、辽宁、天津和安徽在国内田间管理、节水灌溉技术领域也占有一席之地。

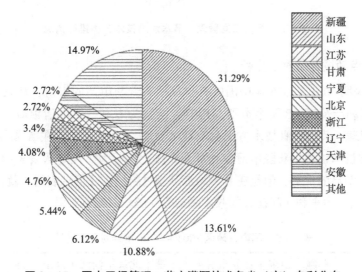

图 3 - 15　国内田间管理、节水灌溉技术各省（市）专利分布

3.3.4　区域专利技术特征分析

3.3.4.1　重点技术领域分析

图3-16表示国内田间管理、节水灌溉技术技术分类排行情况，从图中可以看出国内相关专利主要集中在2个领域，即A类：人类生活用品；B类：作业、运输。其中，A领域占据绝大部分专利，达到申请专利的95.24%。这说明A领域在田间管理、节水灌溉技术专利中占据主导地位。然而，我们并不能从图中看出国内不同地区的专利领域的重点分布。

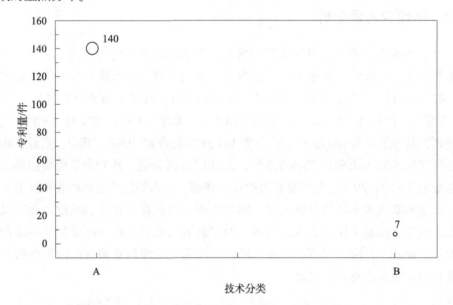

图3-16　国内田间管理、节水灌溉技术分类排行情况

3.3.4.2　重点领域竞争对手分析

表3-6表明2001~2015年中国所有涉及相关专利申请的省份，从表中可以看到，对于新疆其专利涉及A、B两个类别，其中A类别为专利主要申请领域。从整体上看，新疆在田间管理、节水灌溉技术方面具有较大优势。山东及江苏在A领域也占据一席之地；在B类技术领域中新疆申请专利量为2件，江苏为3件。从表3-6可知，新疆在A领域具有明显的优势，但是在B领域江苏超过新疆。此信息表明，就田间管理、节水灌溉技术而言，山东和江苏在A类技术领域是新疆较大竞争对手。

表3-6　国内各地区2001~2015年专利分布统计

领域	新疆	山东	江苏	甘肃	宁夏	北京	浙江	辽宁	天津	安徽	云南
A：人类生活必需	44	19	13	9	8	6	6	5	4	4	3
B：作业、运输	2	1	3	0	0	1	0	0	0	0	0

领域	河北	河南	黑龙江	湖北	湖南	江西	陕西	重庆	广西	贵州	吉林
A：人类生活必需	2	2	2	2	2	2	2	2	1	1	1
B：作业、运输	0	0	0	0	0	0	0	0	0	0	0

尽管表中能从整体上锁定山东和江苏是新疆在技术 A 类领域强劲的竞争对手，但是表中不能详细地看出目前这两个地区是否也在加大 A 类领域的投入，换句话说，上表中这三个地区在 A 类领域的 44 件、19 件和 13 件专利可能是在很多年前申请的。如果是这样，那只能说明三个地区在 A 类领域较其他地区曾经具有一定的优势，但是现在在此技术领域投入较少。因此，从整体上讲他们将不具备竞争优势。

表 3-7 表示田间管理、节水灌溉技术在不同地区不同时间 B 技术领域专利申请量。由于涉及的专利比较少，因此表格中列出了所有 140 件不同地区不同时间的专利。从表中可以看出，新疆从 2002 年获得一项专利，2006~2015 年专利的申请量逐渐增多，最多达到 13 件；山东在 2008 年获得两项专利，2010~2015 年每年都有相关专利的申请，最多达到 7 件；江苏在 2010 年和 2011 年分别获得一项专利，2013~2015 年每年都有相关专利的申请，最多达到 6 件。从时间趋势上看，近几年新疆在田间管理相关方面的专利申请量逐渐增多。因此，新疆在田间管理、节水灌溉技术方面具有一定的竞争力。

表 3-7 不同地区不同时间 A 技术领域专利申请量

时间 / 区域	2001	2002	2003	2004	2005	2006	2007	2008	2009	2010	2011	2012	2013	2014	2015	总计
新疆		1				3	4	2	2	6	3	2	6	2	13	44
山东								2		2	1	2	3	2	7	19
江苏										1	1		1	4	6	13
甘肃					2				1		1	1	2	2		9
宁夏												1	1		6	8
北京									1		1	1	1		2	6
浙江								1			1	2		2		6
辽宁	1						1					1	1		1	5
天津					1						1	1			1	4
安徽													3	1		4
云南															3	3
河北						1		1								2
河南						1									1	2

时间 \ 区域	2001	2002	2003	2004	2005	2006	2007	2008	2009	2010	2011	2012	2013	2014	2015	总计
黑龙江														1	1	2
湖北								1		1						2
湖南												1		1		2
江西											1				1	2
陕西													2			2
重庆															2	2
广西															1	1
贵州														1		1
吉林										1						1

3.3.5　重点领域技术锁定分析

对在专利数据库中所采集的 147 件专利进行细分，其共涉及 39 个 IPC 分类小组，专利数量从多到少依次排序，参见表 3 – 8。从中可以解读国内田间管理、节水灌溉专利技术活动动向，从而可以对重点技术进行锁定分析。从表 3 – 8 中可以看出，所有关于田间管理、节水灌溉的专利均分布于 39 个小组，其中 A01G3/08 最多为 49 件，其次是 A01B49/06 为 10 件，两个技术领域所申请的专利占总数的 40.14%，这表明这两个技术领域是田间管理、节水灌溉专利重点技术领域。表 3 – 8 的数据表明，国内关于田间管理、节水灌溉技术领域拥有的专利技术相对全面。就专利申请总量上看，A01G3/08、A01B49/06、A01G17/02、A01C15/16、A01G7/06、A01G13/02、A01G3/00 和 A01C15/00 是田间管理、节水灌溉专利重点技术领域。但是，仔细分析表 3 – 8 容易发现一些 IPC 分类小组领域的专利是多年前所申请的，这表明目前这个小组技术领域可能不是重要的研究领域，比如 A01G13/02。因此，通过分析，我们可以初步得出 A01G13/02、A01G3/033、A01G7/00 和 B05B9/06 是多年前申请的。

表 3 –8　田间管理、节水灌溉技术专利申请 IPC（小组）排名

时间 \ IPC	2001	2002	2003	2004	2005	2006	2007	2008	2009	2010	2011	2012	2013	2014	2015	总计
A01G3/08					1	1	2		3	6	2	4	7	4	19	49
A01B49/06					1					1		1		3	4	10
A01G17/02									2		1			3	2	8

续表

时间 IPC	2001	2002	2003	2004	2005	2006	2007	2008	2009	2010	2011	2012	2013	2014	2015	总计
A01C15/16													1		6	7
A01G7/06												1			6	7
A01G13/02		1						1			2		2		1	7
A01G3/00						2	2	2								6
A01C15/00													1		3	4
A01C15/12													2	1		3
A01C21/00								1				1		1		3
A01C5/06										1				1	1	3
A01G1/00							1		1		1					3
A01G25/02										1	1	1				3
A01G9/02													3			3
B05B9/08															2	2
A01C15/06								2								2
A01C23/00											1				1	2
A01G17/14														1	1	2
A01G25/00												1			1	2
A01G3/02													1	1		2
A01B39/16												1				1
A01B49/04							1									1
A01C11/02										1						1
A01C15/02													1			1
A01C15/04													1			1
A01C5/00															1	1
A01C7/00									1							1
A01C7/02												1				1
A01G3/025															1	1
A01G3/033		1												1		1
A01G3/037					1											1
A01G31/00												1				1
A01G7/00		1														1
A01G9/24											1					1

续表

时间 / IPC	2001	2002	2003	2004	2005	2006	2007	2008	2009	2010	2011	2012	2013	2014	2015	总计
B05B13/02												1				1
B05B7/02										1						1
B05B7/08										1						1
B05B9/04													1			1
B05B9/06		1														1

注：A01B39/16：葡萄旋耕施肥机；A01B49/04：葡萄树修剪喷药多功能装置；；A01B49/06：葡萄树施肥机；A01C11/02：棉花钵苗栽种施肥机；A01C15/00：便携式多用葡萄施肥手推车；A01C15/02：便携式单人葡萄施肥器；A01C15/04：手扶式葡萄园施肥机；A01C15/06：车用棉花施肥、喷药机；A01C15/12：葡萄园手扶式施肥机；A01C15/16：遥控式葡萄园深埋施肥机；A01C21/00：天然增加红提葡萄果实实糖含量的施肥技术；A01C23/00：大田葡萄用叶面施肥装置；A01C5/00：葡萄园用施肥装置；A01C5/06：用于播种或种植的开沟、作畦或覆盖沟、畦的机械；A01C7/00：棉花播种机，属农业机械技术领域，它由机架，机架上固连着铺管、铺膜、膜上精播的排种器、苗带覆土器等组成，当四轮拖拉机牵引机架行进时，同时完成铺滴灌带、铺膜、膜上播种及覆土联合作业，节省劳力，提高工效，降低作业成本；A01C7/02：棉花精量播种施肥器；A01G1/00：用于提高番茄安全品质和商品品质的果袋套袋技术；A01G13/02：种植葡萄用滴灌带地膜综合铺设机；A01G17/02：啤酒花或葡萄的栽培；A01G17/14：基于机械化修剪架式的葡萄篱架；A01G25/00：用于葡萄园的灌溉装置；A01G25/02：滴灌与微喷叠加的节水灌溉技术方式，特别是适用于极端干旱区葡萄的灌溉，包括安装在田间的供水系统及通过输水管道连接，铺设于田间的滴灌系统和悬挂于葡萄棚架下内的微喷系统共同构成；A01G3/00：园艺专用的切割工具，立木打枝；A01G3/02：植物的保护性覆盖物，铺设覆盖物的装置；A01G3/025：葡萄藤条剪刀；A01G3/033：用于酿酒葡萄树的修剪机；A01G3/037：一种以蓄电池作动力能源的电动机械；A01G3/08：其他修剪、整枝或立木打枝工具；A01G31/00：营养节水型番茄无土育苗专用基质；A01G7/00：棉花打顶机，包括牵引机架、机架行走轮、传动装置；A01G7/06：对生长中树木或植物的处理，如防止木材腐烂、花卉或木材的着色、延长植物的生命；A01G9/02：双管滴灌棉花隔板盆；A01G9/24：番茄膜下滴灌节水技术；B05B13/02：棉花脱叶剂专用喷雾机；B05B7/02：适用于葡萄园的车载式风送喷雾机；B05B7/08：具有分开的出口小孔，如形成平行的喷流，形成交叉的喷流；B05B9/04：带有压力容器或压缩容器；B05B9/06：吊杆式葡萄喷雾机；B05B9/08：棉花专用风筒及其喷雾器。

3.3.6　重点申请人锁定

锁定相关技术的重点申请人（包括单位及个人），对新疆兵团相关单位引进或者合作将起到积极作用。

图3–17表示与田间管理、节水灌溉技术专利相关的国内重点申请人及单位排名。由图中可以看出排在前12位的分别是石河子大学（16件）、中国农业大学（6件）、新

疆农垦科学院（6 件）、山东农业大学（5 件）、山东省农业机械科学研究院（4 件）、农业部南京农业机械化研究所（3 件）、宁夏大学（3 件）、山东棉花研究中心（3 件）、新疆农业大学（3 件）、河海大学常州校区（3 件）、石河子开发区天明农机制造有限公司（3 件）和青铜峡市民乐农业机械有限公司（3 件），这里仅对排在前 12 位的申请人或单位进行锁定分析，其余的申请人或者单位的申请量为 2 件或低于 2 件，不具有代表性，所以这里不做分析。

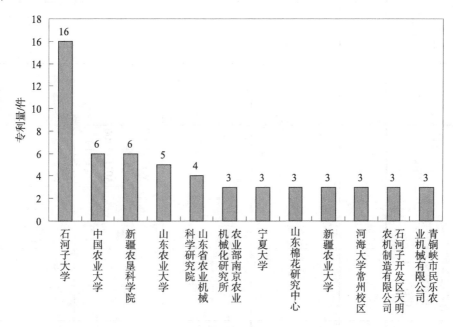

图 3-17　与田间管理、节水灌溉专利重点申请人相关的专利排名

3.3.7　重点申请人技术路线分析

对在国内田间管理、节水灌溉技术专利申请量较多的重点专利申请人（或机构）进行分析，从他们的技术路线走向分析目前有关田间管理、节水灌溉技术专利的研究热点以及研发空间较大的技术方向。

根据专利检索可知，表 3-9 中属于新疆的单位及个人有石河子大学、新疆农垦科学院、新疆农业大学和石河子开发区天明农机制造有限公司。通过仔细分析发现，石河子大学从 2002 年开始从事田间管理、节水灌溉技术方面的研究，其主要关注的是 A01G7/00 领域，随后 2006～2007 年一直从事田间管理、节水灌溉技术方面的研究，但是研究领域主要转移至 A01G3/00、A01G3/08 和 A01G1/00 领域，目前，相关技术仍在研究，研究的重点是 A01G3/08 领域，并于 2015 年在这个技术领域申请专利 6 项；新疆农垦科学院从 2011 年开始从事田间管理、节水灌溉技术方面的研究，其主要关注的是 A01G25/02 领域，随后 2013 年继续田间管理、节水灌溉技术方面的研究，但是研究领域主要转移至 A01G9/02 和 A01G3/08 领域；新疆农业大学从 2010 年开始从事田间

表 3 - 9 田间管理、节水灌溉技术专利重点申请人技术路线

年份\申请人	石河子大学	中国农业大学	新疆农垦科学院	山东农业大学	山东省农业机械科学研究院	农业部南京农业机械化研究所	宁夏大学	山东棉花研究中心	新疆农业大学	河海大学常州校区	石河子开发区天明农机制造有限公司	青铜峡市民乐农业机械有限公司
2002	A01G7/00 （1件）											
2006	A01G3/00 （2件） A01G3/08 （1件）											
2007	A01G3/08 （1件） A01G1/00 （1件）											
2008								A01C21/00 （1件） A01C15/06 （1件）				
2009	A01G3/08 （1件） B05B7/08 （1件）											

续表

年份＼申请人	石河子大学	中国农业大学	新疆农垦科学院	山东农业大学	山东省农业机械科学研究院	农业部南京农业机械化研究所	宁夏大学	山东棉花研究中心	新疆农业大学	河海大学常州校区	石河子开发区天明农机制造有限公司	青铜峡市民乐农业机械有限公司
2010				A01G3/08（2件）					A01G17/02（1件）		A01G3/08（2件）	
2011	A01G3/08（1件）	A01G13/02（1件）	A01G25/02（1件）								A01G3/08（1件）	
2012	A01G3/08（1件）	B05B9/04（1件）A01G3/08（1件）	A01G9/02（3件）A01G3/08（2件）	A01G31/00（1件）				A01C21/00（1件）				
2013		A01G3/08（1件）		A01G3/08（2件）			A01G15/12（1件）			A01C15/04（1件）		
2014		A01G3/08（1件）			A01G3/08（2件）A01G7/06（2件）	A01G7/06（2件）A01G3/08（1件）			A01G3/08（2件）	A01C15/12（1件）		
2015	A01G3/08（6件）	A01G3/08（1件）A01G17/02（1件）					A01G15/16（2件）			A01C15/16（1件）		A01C15/16（3件）

管理、节水灌溉技术方面的研究，其主要关注的是 A01G17/02 领域，随后 2014 年继续田间管理、节水灌溉技术方面的研究，但是研究领域主要转移至 A01G3/08 领域；石河子开发区天明农机制造有限公司 2010～2011 年都有田间管理、节水灌溉技术方面的研究，其主要关注的是 A01G3/08 领域。这些分析可以看出，新疆目前从事田间管理、节水灌溉技术的技术领域主要是 A01G3/08。在表格中显示中国农业大学，在 2011～2015 年，除 2014 年外每年都有申请相关专利，技术领域为 B05B9/04、A01G3/08、A01G13/02 和 A01G17/02；山东农业大学，其技术领域主要是 A01G3/08；山东省农业机械科学研究院和农业部南京农业机械化研究所，他们主要技术领域都是 A01G3/08 和 A01G7/06；宁夏大学，其技术领域主要是 A01G15/12 和 A01G15/16；山东棉花研究中心，其技术领域主要是 A01C21/00 和 A01C15/06；河海大学常州校区，技术领域主要是 A01C15/04、A01C15/12 和 A01C15/16；青铜峡市民乐农业机械有限公司，技术领域主要是 A01C15/16；这表明他们在这个领域与新疆相比可能具备一定的优势，因此，他们可以作为新疆兵团在田间管理、节水灌溉技术在此领域的引进人才或合作对象。

以上仅仅是对从事田间管理、节水灌溉技术专利排名前 12 名的相关企业及个人进行了分析，除了这些，就新疆兵团而言，从事田间管理、节水灌溉技术研究的单位及个人还包括新疆农业科学院农业机械化研究所、新疆大学、吴军、新疆水利水电科学研究院等，由于这些单位及个人涉及专利较少（申请量为 2 件或 1 件），因此不做进一步分析，专利详细信息参见附表 3。

3.4 收获技术装备关键技术

3.4.1 专利量总体趋势分析

在专利数据库中共检索关于收获技术装备关键技术专利 908 件，图 3-18 表示国内收获技术装备关键技术专利量逐年变化，从图中可以看出，2001～2007 年，国内收获技术装备关键技术的申请量平均每年为 17.71 件，2006 年最多达到 32 件；2008～2013 年专利申请量相对于 2007 年以前大体呈快速上升趋势，平均专利申请量达到 94 件；2014～2015 年，专利申请量明显下降。图 3-18 反映出国内收获技术装备关键技术发展比较成熟。

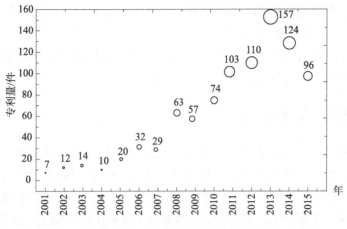

图 3 - 18　国内收获技术装备关键技术专利量逐年变化情况

3.4.2　专利种类趋势对比（非外观专利）

　　尽管图 3 - 18 解释了国内收获技术装备关键技术专利量逐年变化情况，但是并不能反映出发明专利和实用新型专利逐年变化情况，为了较好地评价一项技术的竞争力和关注度，针对发明专利的分析是必要的。图 3 - 19 表明了 2001 ~ 2015 年国内收获技术装备关键技术发明和实用新型专利量逐年变化情况。发明专利 283 件，实用新型 625 件。从图中可以看出，实用新型专利从 2001 年开始，每年都有申请，从 2002 年开始逐渐增多，尤其是 2013 年相关专利申请量达到最大。这表明此项技术是一直被关注的重

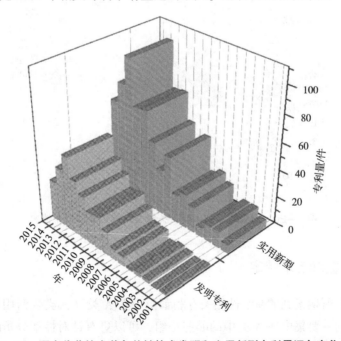

图 3 - 19　国内收获技术装备关键技术发明和实用新型专利量逐年变化情况

点技术，并且，最近仍然投入了大量的研究。与实用新型专利相比，发明专利的申请在 2005 年前较少，表明在 2005 年前，国内收获技术装备关键技术缺乏竞争力。从 2005 年开始，此项技术发明专利的申请逐渐被重视，申请量近年来有了较大增长，这反映出收获技术装备关键技术竞争力在逐渐增强。

3.4.3　区域专利量分析

在专利数据库中采集中国国内收获技术装备关键技术的专利共 908 件，包括国内各省市申请的 874 件及国外企业在华申请的专利 34 件。国家包括美国（29 件）、德国（1 件）、巴西（1 件）、法国（1 件）和阿根廷（2 件）。国内各省市申请专利数量分布如图 3-20 所示。数据表明，国内收获技术装备关键技术的申请主要分布在新疆（288 件），其次是江苏（116 件）、浙江（116 件）、山东（72 件）、河北（34 件）、湖南（29 件）、甘肃（27 件）、上海（24 件）和河南（22 件），其余一些地区专利申请量较少，因此不作为主要分析对象。排在前 9 名的地区，其专利总量为 728 件，占总数 908 件专利的 80.18%。其中，新疆是收获技术装备关键技术研究最活跃和最主要的地区，其专利申请量达到 288 件。这反映出新疆在此项技术领域投入相对其他地区较大，掌握了大量的专利申请技术，基本上控制了此项技术的国内市场。其次是江苏、浙江、山东、河北、湖南、甘肃、上海和河南。值得注意的是国外也对收获技术装备关键技术在国内的市场非常感兴趣，尤其是美国，在国内申请相关专利达到 29 件。

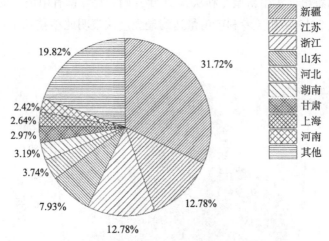

图 3-20　国内收获技术装备关键技术各省专利分布情况

3.4.4　A 类重点技术锁定

在专利库中所检索到的 908 件相关专利都集中在 A 类（人类生活用品）领域，详细确定这些专利主要集中在 A 类中的哪些小组，可以更有针对性地分析所申请专利中的重点技术。表 3-10 为收获技术装备关键技术专利申请 IPC 排名。在大类 A 中，所检

表 3 -10　收获技术装备关键技术专利申请 IPC 排名（2001 ~2015 年）

IPC	A01D46/08	A01D46/14	A01D46/16	A01D46/10	A01D46/00	A01D46/12	A01D45/00
专利量	177	169	150	111	80	56	30
IPC	A01D25/04	A01D25/00	A01D89/00	A01D25/02	A01D46/30	A01D69/06	A01D46/18
专利量	22	18	10	7	6	6	5
IPC	A01D41/02	A01D41/04	A01D46/24	A01D23/02	A01D69/02	A01D87/00	A01D51/00
专利量	4	4	4	4	4	3	3
IPC	A01D90/02	A01D67/04	A01D27/00	A01D27/04	A01D27/02	A01D67/00	A01D41/06
专利量	3	3	2	2	2	2	1
IPC	A01D43/00	A01D23/00	A01D46/247	A01D33/10	A01D34/02	A01D61/00	A01D63/04
专利量	1	1	1	1	1	1	1
IPC	A01D33/08	A01D1/04	A01D33/00	A01D69/03	A01D41/00	A01D69/08	A01D85/00
专利量	1	1	1	1	1	1	1
IPC	A01D13/00	A01D17/14	A01D90/00	A01D11/00	A01D91/04	A01D93/00	
专利量	1	1	1	1	1	1	

注：A01D1/04：辣椒采摘机；A01D11/00：采棉器；A01D13/00：甜菜收获机械，特别是改进的甜菜挖削机；A01D17/14：牵引式甜菜挖掘脱泥机；A01D23/00：甜菜清顶机；A01D23/02：甜菜收获设备领域，特别涉及一种去除甜菜叶的甜菜打叶机；A01D25/00：供农田航空影像信息收获的无人甜菜收获机；A01D25/02：分离筛式甜菜挖掘机，包括机架、牵引架、传动系统、切垄部件、挖掘部件、分离部件、集果箱和行走部件等部件；A01D25/04：甜菜收获机；A01D27/00：甜菜联合收割机打叶刀片；A01D27/02：甜菜收获机；A01D27/04：甜菜收割机自动纠偏对行探测机构改良结构；A01D33/00：用于甜菜收获机上的起拔轮总成；A01D33/08：前置式甜菜装车除土机；A01D33/10：分体式甜菜除土装载设备；A01D34/02：用于农作物收获机上的采摘装置，尤其是一种用于番茄收获机上的采摘头；A01D41/00：改进的联合打瓜收获脱籽机，在拖拉机前方的机架上铰接打瓜收获机；A01D41/02：牵引式打瓜联合收获机；A01D41/04：打瓜收获脱籽联合作业机；A01D41/06：打瓜收获和脱籽的机械装置，特别是联合打瓜收获脱籽机；A01D43/00：甜菜收获机转载装置，它涉及一种转载装置；A01D45/00：番茄收获分离装置及该装置所构成的番茄收获机；A01D46/00：番茄收获机；A01D46/08：采棉机集棉清理输送装置及所构成的棉花收获机械；A01D46/12：棉桃分离输送装置；A01D46/14：即采即分离，分离效果好的棉花采摘机脱棉装置，特别是在采集露水棉花时，不易堵塞壳体、输棉管；A01D46/16：棉花采摘装置分离脱棉装置，尤其是一种适用于软摘锭采棉机之采棉头的分离脱棉装置及其构成的软摘锭采摘头；A01D46/18：棉花采摘装置；A01D46/247：西红柿采收分选运输装置；A01D46/24：用于农作物收获机械上的果实分离装置，尤其是用于番茄收获机上的果实分离装置；A01D46/30：用于大棚的西红柿采摘机；A01D51/00：自捡式甜菜装载机；A01D61/00：棉花传送滚轮结构；A01D63/04：联合收割机；A01D67/00：采棉机机架装配调节装置；A01D67/04：采棉机的驾驶室；A01D69/02：大棚栽培番茄采摘机械装置驱动机构；A01D69/03：农业收获机械的液压系统，尤其是一种用于自走式番茄收获机的液压系统；A01D69/06：前悬挂农机具的传动装置及所构成的打瓜收获集条机；A01D69/08：打瓜机离合器；A01D85/00：籽棉打垛机牵引架技术领域，是一种籽棉打垛机可调式牵引架；A01D87/00：自捡式甜菜、西红柿装载机；A01D89/00：用于扎取打瓜的捡拾齿及具有该捡拾齿的捡拾齿辊；A01D90/00：农业产品运输设备，尤其是用于加工番茄收获的番茄收获车斗；A01D90/02：自走式甜菜堆装清杂机；A01D91/04：打瓜子自动收获器；A01D93/00：用于番茄花粉收集的装置；A01D46/10：采棉机。

索到的专利共涉及 48 个小组，如表 3-10 所示。从表中可以看出，专利主要集中的重点技术领域依次是 A01D46/08、A01D46/14、A01D46/16、A01D46/10、A01D46/00、A01D46/12、A01D45/00、A01D25/04 和 A01D25/00，占据所有专利量的 89.54%。由于其他技术领域均涉及较少的专利申请量，在此不做分析。在 8 个重点技术领域中前 4 个即 A01D46/08、A01D46/14、A01D46/16 和 A01D46/10 为最重要的技术领域，也是热点研究领域。

3.4.5　重点领域竞争对手分析

图 3-21 表明我国前 6 个主要的专利申请地区（新疆、江苏、浙江、山东、河北和湖南）在 7 个重点技术领域（A01D46/08、A01D46/14、A01D46/16、A01D46/10、A01D46/00、A01D46/12 和 A01D45/00）的专利申请情况。从图中可以看出，对于 7 个重点技术领域新疆均有涉足，并且在每个领域专利申请量都占有绝对优势。这表明新疆在国内收获技术装备关键技术方面拥有绝对实力，占据较大的国内市场。另外，从图中也可以看出，江苏在 A01D46/08、A01D46/14 和 A01D46/10 技术领域，浙江在 A01D46/08、A01D46/14 和 A01D46/16 技术领域，山东在 A01D46/08、A01D46/14 和 A01D46/16 技术领域，河北在 A01D46/14 技术领域，湖南在 A01D46/14 和 A01D46/16 技术领域均存在一定的优势，这表明如果新疆在收获技术装备关键技术方面进行市场拓展，这些地区可能是主要的竞争对手。

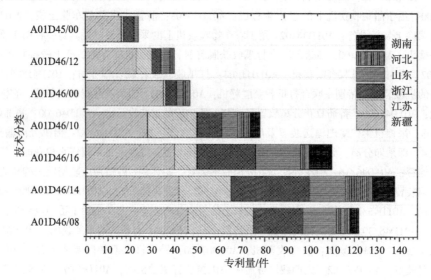

图 3-21　国内主要区域重点专利领域（主要技术）申请情况（2001~2015 年）

3.4.6　重点申请人锁定

从以上的分析中，我们可以知道新疆、江苏、浙江、山东、河北和湖南等地在收获技术装备关键技术专利申请方面具有较大优势。如何锁定这些地区重点申请人（包括单位及个人）是这一部分分析的目的。

图 3-22 表示与收获技术装备关键技术专利国内重点申请人相关的专利排名。选取前 11 位单位及个人进行分析。由图中可以看出排在前 11 位的分别是迪尔公司（28件）、农业部南京农业机械化研究所（25件）、石河子大学（24件）、吴乐敏（23件）、浙江亚特电器有限公司（21件）、嘉兴亚特园林机械研究所（14件）、新疆钵施然农业机械科技有限公司（14件）、田永军（14件）、常州市胜比特机械配件厂（13件）、新疆科神农业装备科技开发有限公司（12件）和常州汉森机械有限公司（10件）。剩余的其他申请人或单位专利均少于10件，相对不具有普遍性，因此在此不做分析。这里仅对排在前 11 位的申请人或单位进行锁定分析。

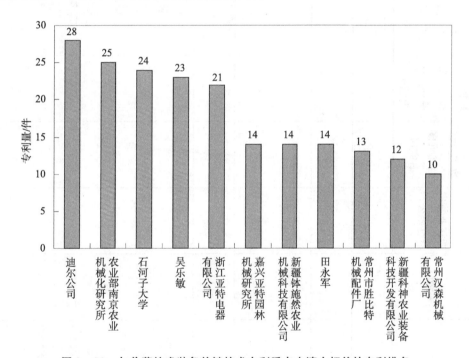

图 3-22　与收获技术装备关键技术专利重点申请人相关的专利排名

3.4.7　重点申请人技术路线分析

对在国内收获技术装备关键技术专利申请量较多的重点专利申请人（或机构）进行分析，从它们的技术路线走向分析目前有关收获技术装备关键技术专利的研究热点以及研发空间较大的技术方向。

根据专利检索知，表 3-11 中属于新疆或新疆兵团的单位及个人有石河子大学、新疆钵施然农业机械科技有限公司、田永军、新疆科神农业装备科技开发有限公司，共涉及专利 64 件，占据表格中 184 件专利（包括国外在华申请专利）的 34.78%。表 3-11

表3-11 收获技术装备关键技术专利重点申请人技术路线

申请人 年份	迪尔公司	农业部南京农业机械化研究所	石河子大学	吴乐敏	浙江亚特电器有限公司	嘉兴亚特园林机械研究所	新疆钵施然农业机械科技有限公司	田永军	常州市胜比特机械配件厂	新疆科神农业装备科技开发有限公司	常州汉森机械有限公司
2001	A01D46/08（1件）										
2003	A01D46/16（1件）										
2004	A01D46/08（2件） A01D61/00（1件）										
2006	A01D46/14（1件）										
2007	A01D41/04（1件） A01D45/00（1件） A01D46/08（1件）		A01D45/00（1件）								
2008	A01D46/16（1件） A01D46/08（2件）									A01D46/08（3件） A01D46/14（2件）	

续表

年份＼申请人	迪尔公司	农业部南京农业机械化研究所	石河子大学	吴乐敏	浙江亚特电器有限公司	嘉兴亚特园林机械研究所	新疆钵施然农业机械科技有限公司	田永军	常州市胜比特机械配件厂	新疆科神农业装备科技开发有限公司	常州汉森机械有限公司
2009	A01D46/16（2件）		A01D46/00（2件）		A01D46/16（4件） A01D46/10（3件）			A01D46/16（3件）			
2010	A01D46/18（1件）	A01D46/10（1件）	A01D45/00（5件） A01D69/03（1件）					A01D46/16（1件）			
2011	A01D46/08（2件） A01D46/16（2件）		A01D46/00（3件）	A01D46/14（5件）	A01D46/08（4件） A01D46/14（1件） A01D69/06（1件）	A01D46/14（2件） A01D46/08（3件） A01D69/06（1件）	A01D46/14（2件） A01D46/08（3件） A01D69/06（1件）	A01D46/16（1件） A01D46/14（2件）			A01D25/04（1件） A01D25/00（1件） A01D23/02（1件）
2012	A01D46/16（2件）	A01D46/10（2件） A01D46/08（6件） A01D46/14（2件） A01D25/00（1件） A01D27/04（2件）	A01D45/00（3件）	A01D46/14（1件） A01D46/16（1件）				A01D46/16（1件）		A01D46/08（4件） A01D46/14（3件）	

续表

年份\申请人	迪尔公司	农业部南京农业机械化研究所	石河子大学	吴乐敏	浙江亚特电器有限公司	嘉兴亚特园林机械研究所	新疆钵施然农业机械科技有限公司	田永军	常州市胜比特机械配件厂	新疆科神农业装备科技开发有限公司	常州汉森机械有限公司
2013	A01D46/16（1件） A01D46/08（3件）	A01D25/04（1件）	A01D45/00（1件）	A01D46/16（2件） A01D46/08（4件） A01D46/14（4件）					A01D46/16（4件） A01D46/08（7件） A01D46/14（2件）		A01D25/00（1件） A01D23/02（1件）
2014	A01D46/16（1件）	A01D46/12（2件） A01D46/14（2件） A01D46/08（4件）	A01D46/12（4件）	A01D46/14（3件） A01D46/08（1件）	A01D46/14（3件） A01D67/04（3件） A01D46/08（1件） A01D46/10（1件）	A01D46/14（4件） A01D46/10（1件） A01D67/04（2件） A01D46/08（1件）	A01D46/14（4件） A01D46/10（1件） A01D67/04（2件） A01D40/08（1件）				A01D25/04（3件） A01D89/00（2件）
2015	A01D46/12（1件） A01D46/14（1件）	A01D46/12（2件）	A01D46/12（1件） A01D46/16（1件） A01D46/14（2件）	A01D46/08（2件）				A01D46/16（4件）			

中的所有专利共涉及 14 个技术领域，分别为 A01D46/08 、A01D46/16、A01D61/00、A01D46/14、A01D41/04、A01D45/00、A01D46/18、A01D46/12、A01D46/10、A01D69/03、A01D25/04、A01D25/00、A01D23/02、A01D89/00。新疆兵团所申请的专利共涉及 10 个技术领域。因此，就整体而言，新疆兵团专利申请量及申请面都占据了较大优势。

从表中可以获知就单个申请人或者单位而言，迪尔公司在华申请的相关专利最多，从 2001 年开始到 2015 年持续不断地对相关专利进行申请，结合附表 4 可以知道其申请的专利几乎全部是关于采棉机的专利，这表明迪尔公司在此方面投入较大的财力和物力，想一举占领我国的采棉机市场，这应该引起我国主要的采棉机研究单位的足够重视。仔细研究迪尔公司申报专利的技术领域，主要涉及 8 个技术领域，形成了强大的技术保护网，是我国采棉机领域强大的竞争对手，申请最多的是 A01D46/16 和 A01D46/08 领域；另一方面，从近两年来看，其在 2014 年和 2015 年分别申请了 1 件专利和 2 件专利，相对前几年的申请强度稍弱，这也许表明迪尔公司在采棉机行业的很多技术相对成熟，不会再增大其资金投入，尤其是 A01D46/08 技术领域，但是迪尔公司仍然是我国采棉机行业强劲的竞争对手。

从表中观察新疆兵团大部分关于收获技术方面的专利是从 2008 年开始，并且最近几年申请量较大，投入了较大的研究，参与研究包括个人、研究所、科研院校等，这表明采棉机的研究将是新疆兵团未来几年的研究热点。从技术路线上看，不同单位或个人有不同的侧重点，如石河子大学主要研究领域是 A01D45/00 和 A01D46/00，也对 A01D69/03 进行了研究；新疆钵施然农业机械科技有限公司主要研究领域是 A01D46/14 和 A01D46/08；田永军感兴趣的技术领域是 A01D46/14 和 A01D46/16；新疆科神农业装备科技开发有限公司主要是在 2008 年左右对收获技术方面进行了大量的研究。除了新疆兵团以外，其他一些企业或个人近年来也在收获技术相关领域做了一定的研究，这些研究不同于新疆兵团，比如浙江亚特电器有限公司已从 A01D46 技术领域关注到 A01D69。通过分析技术路线，可以看出一些单位及个人的研究侧重点，从而对新疆兵团人才引进或者展开合作提供参考。

以上仅仅是对从事收获技术装备关键技术专利排名前 11 的相关企业及个人进行了分析，除此之外，就新疆兵团而言，从事收获技术装备关键技术的研究单位及个人还包括新疆机械研究院股份有限公司（7 件），新疆胜凯采棉机制造有限公司（2 件）和新疆新联科技有限责任公司（2 件）等，详细信息参见附表 4。

3.5　特色经济作物（特色林果、果蔬等）深加工关键技术

3.5.1　专利量总体趋势分析

图 3 - 23 表示国内特色经济作物（特色林果、果蔬等）深加工关键技术专利量逐

年变化情况，从图中可以看出，2001～2011年，国内特色经济作物（特色林果、果蔬等）深加工关键技术的申请量不多，处在1～10件之间，2011年最多达到10件；2011～2012年专利申请量快速增长，达到25件；2013年专利申请量略有下降；2014～2015年期间专利申请量波动性较大。这些反映出国内目前对此技术有所重视，处于较缓慢发展期的特征。

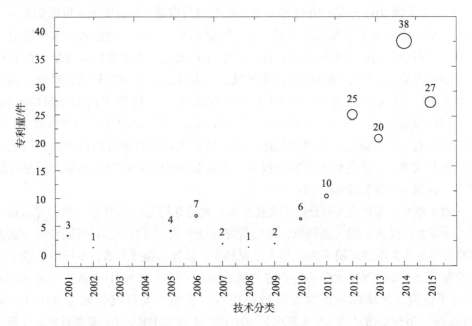

图3-23　国内特色经济作物（特色林果、果蔬等）深加工关键技术专利量逐年变化情况

3.5.2　专利种类趋势对比（非外观专利）

尽管图3-23解释了国内特色经济作物（特色林果、果蔬等）深加工关键技术专利量逐年变化情况，但是并不能反映出发明专利和实用新型专利逐年变化情况，为了较好地评价一项技术的竞争力和关注度，针对发明专利的分析是必要的。图3-24表明了2001～2015年国内特色经济作物（特色林果、果蔬等）深加工关键技术发明和实用新型专利量逐年情况。发明专利44件，实用新型102件。从图中可以看出，实用新型专利2001～2015年均有申请，并且近年来表现出间断性增长趋势。2006～2011年，发明的专利的申请量有所增加，但是仅仅维持在1～2件，2011～2015年专利申请量上升，但是基本维持在6～14件。这反映出国内特色经济作物（特色林果、果蔬等）深加工关键技术还仍处于一个低速发展期，尽管其重视程度相对前几年有所改善，但仍然没有形成较大的竞争优势。

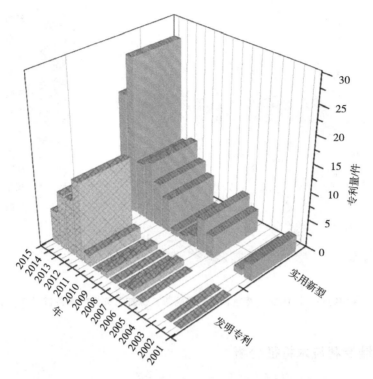

**图 3 -24　国内特色经济作物（特色林果、果蔬等）深加工
关键技术发明和实用新型专利量逐年变化情况**

3.5.3　区域专利量分析

　　在专利数据库中采集国内有关特色经济作物（特色林果、果蔬等）深加工关键技术的专利共 146 件。专利数量分布如图 3 - 25 所示，注意国外在华申请专利未包括在图 3 - 25 中，国外在华申请专利主要包括瑞典 2 件。数据表明，国内有关特色经济作物（特色林果、果蔬等）深加工关键技术的申请主要分布在新疆（40 件）、山东（27 件）、天津（22 件）、江苏（12 件）、安徽（6 件）、山西（6 件）、河北（6 件）、甘肃（6 件）、辽宁（5 件）和福建（4 件）。前 4 名的地区，其专利总量为 101 件，占总数 146 件专利的 69.18%。其中，新疆是所研究技术最活跃的地区，这可能与新疆较好的地理优势有关，这些分析反映出新疆是国内有关特色经济作物（特色林果、果蔬等）深加工关键技术专利申请的主要地区，同时说明他们在此项技术领域投入相对其他地区较大，掌握了大量的专利申请技术。对于新疆兵团，相对其他地区而言，山东、天津和江苏是其主要的市场竞争对手。

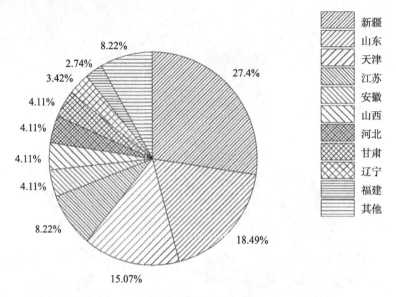

图3-25 国内特色经济作物（特色林果、果蔬等）深加工关键技术各省（市）分布情况

3.5.4 区域专利技术特征分析

3.5.4.1 重点技术领域分析

图3-26表示国内特色经济作物（特色林果、果蔬等）深加工关键技术分类排行图，从图中可以看出国内相关专利主要集中在2个领域，即B类（作业、运输）和F类（机械工程、照明、加热、武器、爆破）。其中B领域占据绝大部分专利，达到申请专利的88.36%。这说明此领域在特色经济作物（特色林果、果蔬等）深加工关键技术专利中占据主导地位。然而，我们并不能从图中看出国内不同地区的专利领域的重点分布。

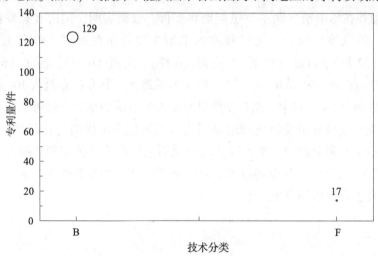

图3-26 国内特色经济作物（特色林果、果蔬等）深加工关键技术分类排行

3.5.4.2 重点领域竞争对手分析

表 3 - 12 表明中国前 12 名地区 2001 ~ 2015 年专利申请量统计表,从表中可以看到,新疆专利涉及 B 和 F 两个类别,其中 B 类为专利主要申请领域。从整体上看,新疆在特色经济作物(特色林果、果蔬等)深加工关键技术方面具有较大优势。其次是山东、天津及江苏,他们在 B 领域也占据一席之地。在 F 类技术领域中,新疆申请专利量为 2 件,河北为 3 件,甘肃为 4 件。尽管新疆在 B 类技术领域占据绝对优势,但是从表中得出,F 类技术领域中河北和甘肃其专利申请量略高于新疆,信息表明,这两个地区是新疆在 F 类技术领域的较大竞争对手。而对于 B 类领域,山东和天津是相对有力的竞争对手。

表 3 - 12 国内各地区 2001 ~ 2015 年专利分布统计表

领域 地区	新疆	山东	天津	江苏	安徽	山西	辽宁	河北	福建	陕西	甘肃	四川
B	38	25	21	11	6	6	5	3	3	3	2	0
F	2	2	1	1	0	0	0	3	1	0	4	2

尽管上表中能从整体上锁定山东和天津是技术 B 类领域新疆潜在的竞争对手,但是上表中这两个地区在 B 类领域的 46 件专利可能是在很多年前申请的。如果是这样,那只能说明两地区在 B 类领域较其他地区曾经具有一定的优势,但是现在在此技术领域投入较少。因此,从整体上讲,他们将不具备竞争优势。F 领域针对河北和甘肃进行类似分析。

表 3 - 13 表示特色经济作物(特色林果、果蔬等)深加工关键技术在不同地区不同时间 B 技术领域专利申请量。表格中列出了专利申请量不少于 3 件的所有区域的专利。从表 3 - 13 中可以看出,新疆 2002 ~ 2015 年在 B 类技术领域专利断断续续都有申请,主要集中在 2008 ~ 2015 年,表明近年来逐渐加大了此领域专利的申请力度。山东和天津可能是潜在的 B 技术领域竞争对手,但是从表 3 - 13 中可以发现山东和天津所申请的专利主要是 2011 年以后,而新疆主要专利是在 2007 年后,这表明可能这两个地区目前并不是非常重视此项技术,因此,从时间上看,新疆的优势非常明显。

表 3 - 14 表示特色经济作物(特色林果、果蔬等)深加工关键技术在不同地区时间下技术领域专利申请量。从表中可以看到,新疆仅在 2013 年和 2014 年在 F 类中各申请了一件相关专利,这表明新疆有向 F 领域发展的趋势。表 3 - 14 获知甘肃和河北是 F 技术领域新疆的主要竞争对手,河北的 3 件专利全部于 2001 年申请,甘肃的 4 件专利在 2010 ~ 2012 年期间申请,这表明其在最近几年并没有在特色经济作物(特色林果、果蔬等)深加工关键技术做更多的投入,这种竞争力可能目前已被弱化。因此,新疆兵团在制定相关政策方面应重视此方面的投入并关注这些地区的研究动向。

表 3-13　不同地区不同时间 B 技术领域专利申请量

时间 地区	2002	2005	2006	2007	2008	2009	2010	2011	2012	2013	2014	2015
新疆	1	3	2		1	1	4	3	5	5	9	4
山东			2					4	5	2	10	2
山西		1		1				1			3	
天津					1				4	4	8	4
江苏							1		5	2	1	2
河北			1								1	1
甘肃					1			1				
安徽										1	3	2
辽宁										5		
福建									1			2
陕西											2	1

表 3-14　不同地区不同时间 F 技术领域专利申请量

时间 地区	2001	2006	2010	2011	2012	2013	2014	2015
河北	3							
四川		2						
甘肃			1	1	2			
山东								2
新疆						1	1	
天津						1		
江苏								1
福建								1
湖南								1

3.5.5　重点领域技术锁定分析

对在专利数据库中所采集的 146 件专利进行细分，共涉及 45 个 IPC 分类小组。从中可以解读国内特色经济作物（特色林果、果蔬等）深加工关键技术活动动向，从而可以对重点技术进行锁定分析。从表 3-15 中可以看出，在 47 个 IPC 分类小组中，其中 B07C5/342 最多为 26 件，其次是 B07B13/04 为 10 件，这表明这 2 个技术领域是特色经济作物（特色林果、果蔬等）深加工关键技术重点领域。

表 3 –15　特色经济作物（特色林果、果蔬等）深加工关键技术专利申请 IPC 排名

IPC	2001	2002	2003	2004	2005	2006	2007	2008	2009	2010	2011	2012	2013	2014	2015	总计
B07C5/342						1	1	1				8	3	8	4	26
B07B13/04										1	1	1	1	3	3	10
B07C5/34												1	4		4	9
B07C5/00												2	1	4		7
B07B1/28		1											1	4	1	7
B07B13/07						3						3				6
B07B1/22							1				2		1	1	1	6
B07B13/00									1	1				1	2	5
B07B9/00											1		2		2	5
B07B13/065										1	3					4
B07C5/10													2	2		4
B07C5/36												2		1	1	4
F26B9/10						2								1		3
B03B7/00						1				1		1				3
B07B4/00										1				2		3
B07B4/02													1	2		3
B07B1/04					1									1	1	3
F26B9/06	1														1	2
F26B25/00													1		1	2
B07B15/00													2			2
B07C5/02												2				2
B07C5/06														2		2
B07C5/38														2		2
F26B11/04										1					1	2
F26B17/04	2															2
F26B21/00												2				2
B01D21/34														2		2
B03B5/28					1											1
B03B5/48											1					1
B07B1/00					1											1
B07B1/24											1					1

续表

IPC	2001	2002	2003	2004	2005	2006	2007	2008	2009	2010	2011	2012	2013	2014	2015	总计
B07B13/05												1				1
B07B13/075														1		1
B07B13/10													1			1
B07B13/11									1							1
B07B9/02															1	1
B07C3/14					1											1
B07C5/04												1				1
B07C5/12													1			1
B07C5/18												1				1
B07C7/04														1		1
F26B11/06											1					1
F26B11/16															1	1
F26B23/08													1			1
F26B3/06															1	1

注：B01D21/34：番茄皮渣分离机的自动控制机构；B03B5/28：甜菜草尾分离器；B03B5/48：番茄籽皮分离装置；B03B7/00：用于直接利用番茄鲜果制种的、用于番茄破碎及籽皮分离的装置；B07B1/00：番茄辣椒等细小作物种子分离机；B07B1/04：番茄辣椒等细小作物种子分离机；B07B1/22：滚筒式红枣筛选机；B07B1/24：变距螺旋栅条式红枣分级机；B07B1/28：葡萄干筛选机；B07B13/00：番茄酱厂生产线自动除杂选果装置及工艺；B07B13/04：三层番茄原料挑选台；B07B13/05：斜挡板式冬枣大小挑选设备；B07B13/065：大枣分级机；B07B13/07：波动斜漏管式冬枣大小挑选器；B07B13/075：大枣加工设备，具体涉及一种大枣分级机；B07B13/10：番茄渣籽皮分离器；B07B13/11：番茄分选除草装置；B07B15/00：红枣皱皮的自动分选设备；B07B4/00：组合式葡萄干杂土沉降分离装置，包括除杂器和除尘器；B07B4/02：葡萄干除尘器；B07B9/00：红枣多层除杂分级装置；B07B9/02：落地红枣收集分离捡拾机；B07C3/14：葡萄干分拣装置；B07C5/00：格皮带式冬枣生熟自动分拣设备；B07C5/02：西红柿分级排列装置；B07C5/04：红枣自动分级系统；B07C5/06：大枣光电分级上果生产线；B07C5/10：区分红枣大小的分级导正走枣稳定机构；B07C5/12：基于视觉识别系统的红枣自动分级装置；B07C5/18：易于筛选的新型选枣机；B07C5/34：光电漏管式冬枣生熟及大小自动分离设备；B07C5/342：高粒度光电葡萄干分选机；B07C5/36：区分红枣大小的分级检测执行机构；B07C5/38：近红外光谱冬枣等级分拣装置；B07C7/04：番茄分级专用模板；F26B11/04：甜菜渣颗粒粕的多隔室旋转干燥筒结构；F26B11/06：西红柿籽粒烘干装置；F26B11/16：搅拌型红枣干燥装置；F26B17/04：小枣烘干装置；F26B21/00：甜菜颗粒粕干燥燃烧炉拱顶循环通风结构；F26B23/08：用于红枣烘干设备的微波发生器；F26B25/00：番茄渣干燥机送料装置；F26B3/06：枣类专用烘干机；F26B9/06：自然对流葡萄风干房；F26B9/10：大枣清洗烘干系统。

3.5.6 重点申请人锁定

根据锁定相关技术的重点申请人（包括单位及个人），对新疆兵团相关单位引进或者合作将起到积极作用。

图 3-27 表示与特色经济作物（特色林果、果蔬等）深加工关键技术专利国内重点申请人及单位相关的专利排名。由图中可以看出排在前 10 位的分别是天津市光学精密机械研究所（11 件）、石河子大学（10 件）、中国科学院沈阳自动化研究所（4 件）、塔里木大学（4 件）、山东省农业科学院农业质量标准与检测技术研究所（4 件）、扬州福尔喜果蔬汁机械有限公司（4 件）、天津市信诺美博科技发展有限公司（3 件）、山东鲁润阿胶药业有限公司（3 件）、李金领（3 件）和王旗（3 件）。

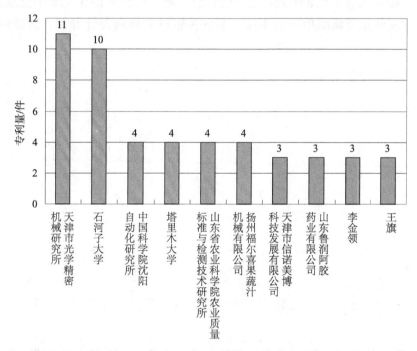

图 3-27　与特色经济作物（特色林果、果蔬等）深加工关键技术专利申请人相关的专利排名

3.6　外观设计专利分析

好的设计是将我们与竞争对手区分开的最重要方法，好的工业设计可以降低成本，提高用户的接受概率，提高产品附加值，并且通过促进产品的不断成长，获得更高的战略价值。这一部分主要是针对前面叙述的 5 个主题，即（1）新疆兵团精准种子加工技术装备关键技术；（2）精量播种技术装备关键技术；（3）田间管理、节水灌溉关键技术；（4）新疆兵团收获技术装备关键技术；（5）特色经济作物（特色林果、果蔬等）深加工关键技术，进行外观设计专利分析。

3.6.1 精准种子加工技术装备关键技术

3.6.1.1 专利量总体趋势分析

根据专利数据库共检索相关外观设计专利 20 件，专利具体信息参见附表 1 关于精准种子加工技术装备关键技术专利中的外观设计专利部分。图 3－28 表示国内精准种子加工技术装备关键技术外观设计专利量逐年变化情况。从图中可以看出，2001～2015 年，专利申请不是很连续，2015 年达到 5 件。由于相关外观设计的专利量较少，因此，很难从图 3－28 中获得更多的信息。唯一可以从图 3－28 中反映出的是，近年来国内慢慢重视精准种子加工技术装备关键技术外观设计专利，这是前几年所没有的。

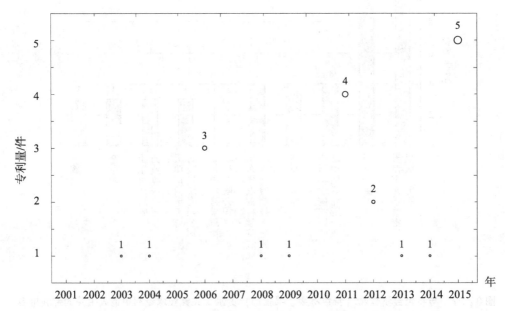

图 3－28　国内精准种子加工技术装备关键技术外观设计专利量逐年变化情况

3.6.1.2 区域专利量分析

在专利数据库中采集国内精准种子加工技术装备关键技术外观设计专利共 20 件，其专利数量分布如图 3－29 所示。数据表明，国内精准种子加工技术装备关键技术外观设计专利的申请主要分布在新疆（4 件）、四川（3 件）、河北（3 件）、河南（2 件）、山东（2 件）、黑龙江（2 件）、吉林（1 件）、甘肃（1 件）、辽宁（1 件）和重庆（1 件）。从数据中可以看出，新疆地区对外观专利的申请相比其他地区更加重视。尽管从图 3－3 可以看出，新疆在精准种子加工技术装备关键技术发明和实用新型专利方面的申请量几乎达到了全国相关专利申请量的50%，但是外观专利的申请量仅占20%。这与新疆是我国精准种子加工技术装备关键技术主要研发地是不相称的，这也暴露出在新疆地区对精准种子加工技术装备关键技术外观专利的申请可能并不是非常重视。引起这种情况可能有两个原因：（1）新疆相关的科研单位或个人更加注重的是技术上的研究，关于装备上，尤其是外观的研究较少；（2）目前装备上的研究还处于仿制阶段。这些问题都需要引起注意。

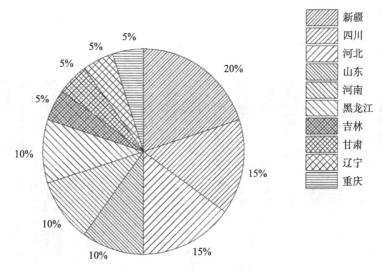

图3-29　国内精准种子加工技术装备关键技术外观设计专利量各省（市）分布情况

3.6.1.3　重点申请人锁定

锁定相关技术的重点申请人（包括单位及个人），对新疆兵团相关单位引进或者合作将起到积极作用。

图3-30表示与精准种子加工技术装备关键技术外观设计专利国内重点申请人及单位相关的专利排名。由图中可以看出所检索到的20件专利分别是由不同的单位或个人所申请。最多的是李立广（3件），冷文彬、刘工作、刘海钢、吕彦华、宋天国、尚程伟、张连华、新疆科神农业装备科技开发股份有限公司、李卫东、杨宗仁、汤效民、濮阳市农发机械制造有限公司、白文刚、石河子市华农种子机械制造有限公司、酒泉奥凯种子机械股份有限公司、重庆田中科技开发有限公司和郭光新的申请量都为1件。新疆兵团有3个单位（或个人）参与外观设计专利的申请，因此可能其在相关领域外观设计专利申请方面比其他单位或者个人更具有一定经验。无论如何，我国或者新疆兵团应该更加重视关于精准种子加工技术装备外观设计专利的申请。

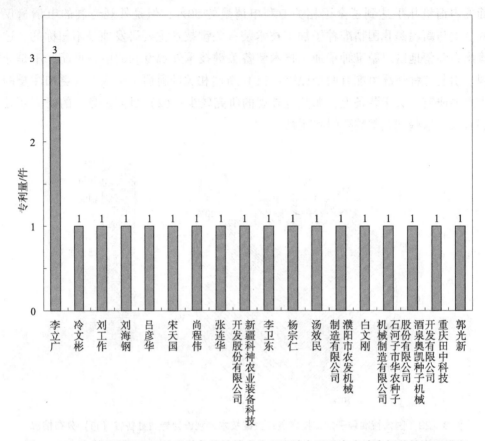

图 3 - 30　与精准种子加工技术装备关键技术外观设计专利重点申请人相关的专利排名

3.6.2　精量播种技术装备关键技术

3.6.2.1　专利量总体趋势分析

　　根据专利数据库共检索相关外观设计专利 20 件，专利具体信息参见附表 2 关于精量播种技术装备专利中的外观设计专利部分。图 3 - 31 表示国内精量播种技术装备关键技术外观设计专利量逐年变化情况。从图中可以看出，2001～2015 年，除 2002 年、2003 年、2006 年和 2015 年外，每年都有相关专利的申请，2009 年最多达到 5 件，这可能与 2009 年左右国内在精量播种技术装备关键技术方面投入较大有关（从图 3 - 8 中可以看出 2015 年获得了最多的发明和实用新型专利）。这表明 2004 年后可能更加重视外观专利的申请，但是总体上说，相关外观设计的专利量较少，因此，很难从图 3 - 31 中获得更多信息。

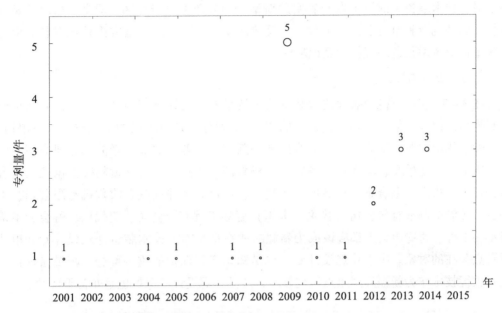

图 3 - 31　国内精量播种技术装备关键技术外观设计专利量逐年变化情况

3.6.2.2　区域专利量分析

在专利数据库中采集国内精量播种技术装备关键技术外观设计专利共 20 件,其专利数量分布情况如图 3 - 32 所示。数据表明,国内精量播种技术装备关键技术外观设计专利的申请主要分布在河北(5 件)、湖北(3 件),上海、山东、山西、广西、新疆、江苏、浙江和湖南等省的申请量都为 1 件。从数据中可以看出,河北和湖北地区对外观专利的申请相比其他地区更加重视。尽管从图 3 - 10 可以看出新疆地区是我国在

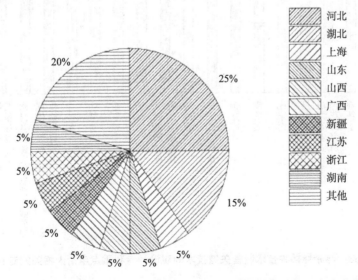

	河北
	湖北
	上海
	山东
	山西
	广西
	新疆
	江苏
	浙江
	湖南
	其他

图 3 - 32　国内精量播种技术装备关键技术外观设计专利量各省(市)分布情况

精量播种技术装备关键技术发明和实用新型专利方面主要研究区，但是，遗憾的是其在相关的外观专利申请上只有1件。这反映出新疆地区可能对这方面外观专利的申请不太重视或者说装备外观保护意识较弱。

3.6.2.3　重点申请人锁定

图3-33表示与精量播种技术装备关键技术外观设计专利国内重点申请人及单位专利排名。由检索信息可知，检索到的20件专利分别是由不同的单位或个人所申请。其中除了华中农业大学为2件，剩余的如刘新宁、山西省农业科学院棉花研究所、应华、庞家绍、曹景文、李立广、杨宗仁和杨新源、杨胜贤、武汉黄鹤楼拖拉机制造有限公司、王梅忠、毛金辉、梁慧明、边建华、现代农装株洲联合收割机有限公司、永昌县恒源农机制造有限公司、胖龙（邯郸）温室工程有限公司、贾代伦、蒋会云申请量都为1件。这些申请人都应该成为新疆兵团在精量播种技术装备外观设计专利申请时重点关注的对象。由于外观设计专利也是知识产权保护的重要部分，精量播种技术装备关键技术作为新疆兵团重点研究领域，产品外观设计的保护也是非常重要的。

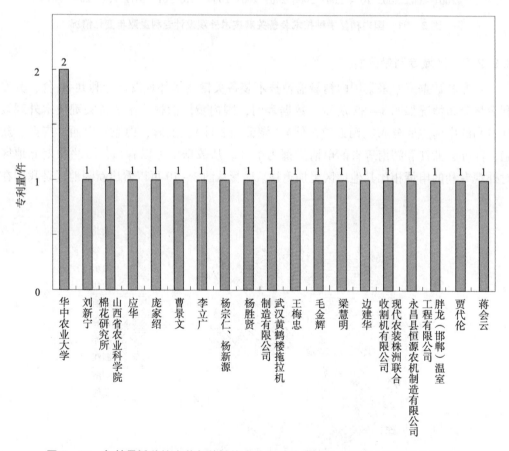

图3-33　与精量播种技术装备关键技术外观设计专利重点申请人相关的专利排名

3.6.3　田间管理、节水灌溉关键技术

3.6.3.1　专利量总体趋势分析

据专利数据库共检索相关外观设计专利 124 件，专利具体信息参见附表 3 关于田间管理、节水灌溉关键技术专利中的外观设计专利部分。图 3-34 表示国内田间管理、节水灌溉关键技术外观设计专利量逐年变化情况。从图中可以看出，2001~2008 年相关专利申请不超过 3 件。从 2009 年开始，每年的申请量呈递增状态，2015 年最多达到 33 件。从图 3-34 中还可以看出，关于田间管理、节水灌溉关键技术外观设计专利从 2004 年开始一直到 2015 年都在持续申请，这也表明外观设计的保护逐渐被重视。对比图 3-13，我们发现，尽管关于田间管理、节水灌溉关键技术发明及新型实用专利总量仅 147 件，但是相关的外观设计专利达到了 124 件，这也从另一面反映出外观设计的保护是田间管理、节水灌溉关键术领域非常重要的一部分。

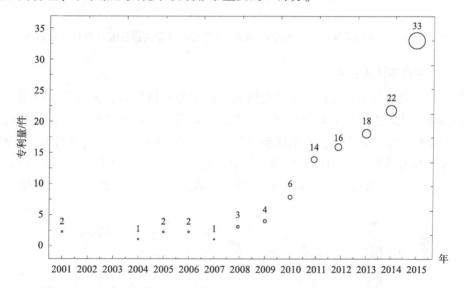

图 3-34　国内田间管理、节水灌溉关键技术外观设计专利量逐年变化情况

3.6.3.2　区域专利量分析

在专利数据库中采集国内田间管理、节水灌溉关键技术外观设计专利共 124 件，其专利数量分布情况如图 3-35 所示。数据表明，国内田间管理、节水灌溉关键技术外观设计专利的申请主要分布在山东（35 件）、浙江（18 件）、江苏（16 件）、陕西（9 件）、北京（7 件）、安徽（5 件）、福建（5 件）、河南（4 件）、黑龙江（4 件）和日本（3 件）。需要说明的是，日本在华申请了 3 件，美国在华申请了 1 件相关的专利。从数据中可以看出，山东、浙江和江苏地区对外观专利的申请相比其他地区更加重视。从图 3-15 中可以看出，新疆是我国主要田间管理、节水灌溉关键技术研究地区，同时也是相关技术发明和实用新型专利主要申报地区，但是，遗憾的是相关设备外观设

计专利的申请新疆只有1件。附表3中显示所有相关外观设计专利主要涉及施肥、灌溉和喷雾装备，这些设备都是新疆兵团大面积使用的设备，也是新疆兵团重点研究领域之一，尽管申请了大量相关设备专利，但是却忽略了外观设计专利的申请。

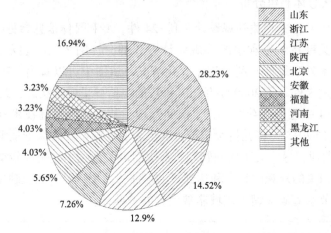

图3-35　国内田间管理、节水灌溉关键技术外观设计专利量各省（市）分布情况

3.6.3.3　重点申请人锁定

图3-36表示与田间管理、节水灌溉关键技术外观设计专利国内重点申请人及单位专利排名。从检索到的124件专利可以看出分别是由不同的单位或个人所申请。排在前四的单位及个人是临沂三禾永佳动力有限公司（8件）、李中雷（5件）、苏州稼乐植保机械科技有限公司（4件）、台州信溢农业机械有限公司（3件）、安徽江淮重工机械有限公（3件）、张培坤（3件）、浙江勇力机械有限公司（3件）、烟台嘉华车辆部

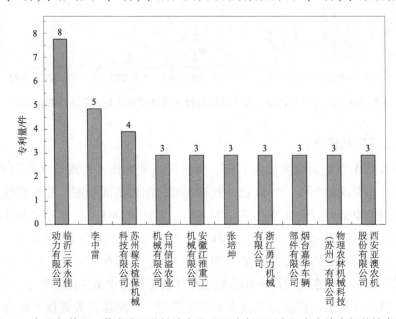

图3-36　与田间管理、节水灌溉关键技术外观设计专利国内重点申请人相关的专利排名

件有限公司（3 件）、物理农林机械科技（苏州）有限公司（3 件）和西安亚澳农机股份有限公司（3 件）。另外，其余的申请量为 2 件或 1 件。由于专利数量较少，所有参与的单位及个人都应该作为重点申请人，尤其是排在靠前的 10 位。

3.6.4　收获技术装备关键技术

3.6.4.1　专利量总体趋势分析

根据专利数据库共检索相关外观设计专利 35 件，专利具体信息参见附表 4 关于收获技术专利中的外观设计专利部分。图 3 – 37 表示国内收获技术装备关键技术外观设计专利量逐年变化情况。与 908 件发明和实用新型专利相比，外观设计的专利申请量较少。从图中可以看出，从 2001 年开始对外观专利进行申请，2013 年最多达到 10 件。从图 3 – 37 中的信息可以获知外观设计的保护可能一直是我国收获装备的薄弱环节，尽管近几年有所重视，但申请量仍然非常少。

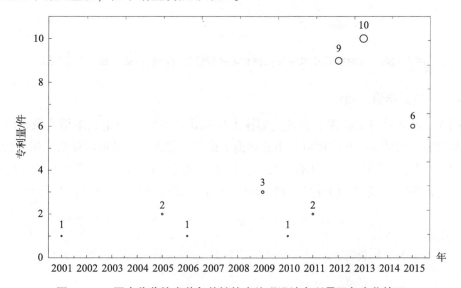

图 3 – 37　国内收获技术装备关键技术外观设计专利量逐年变化情况

3.6.4.2　区域专利量分析

在专利数据库中采集国内收获技术装备关键技术外观设计专利共 34 件，其专利数量分布如图 3 – 38 所示。

数据表明，国内收获技术装备关键技术外观设计专利的申请主要分布在浙江（13 件）、湖南（6 件）、河北（4 件）、江苏（3 件）、山东（3 件）、新疆（2 件）、江西（1 件）、湖北（1 件）、美国（1 件）和贵州（1 件），其中，美在华申请 1 件。从数据中可以看出，浙江和湖南地区对外观专利的申请相比其他地区更加重视。新疆是我国主要收获技术装备关键技术研究地区，同时也是相关发明和实用新型专利主要申报地区，从图 3 – 20 中可以看出其专利申请量为 288 件，占据全国相关专利总量 908 件的 31.72%。这表明新疆地区在收获技术装备关键技术投入较大，但遗憾的是，相关设备外观设计专利仅有2件。这与新疆作为我国最大的产棉及棉花收获机械设计制造地是极不相称的。

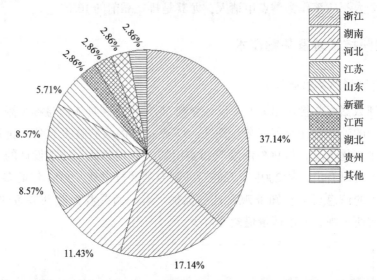

图3－38　国内收获技术装备关键技术外观设计专利量各省（市）分布情况

3.6.4.3　重点申请人锁定

图3－39表示与收获技术装备关键技术外观设计专利国内重点申请人及单位相关的专利排名。由图3－39中可以看出排名前7位的单位或个人是浙江业嘉采棉机配件有限公司（5件）、益阳富佳科技有限公司（4件）、周红灯（3件）、常州市胜比特机械配件厂（2件）、武志生（2件）、潘玲兵（2件）和雷光生（2件），其余都为1件。

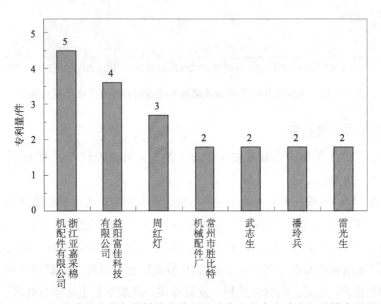

图3－39　与收获技术装备关键技术外观设计专利重点申请人相关的专利排名

由于专利数量较少，所有参与的单位及个人都应该作为重点申请人，尤其是排在靠前的 10 位。

3.6.5　特色经济作物（特色林果、果蔬等）深加工关键技术

3.6.5.1　专利量总体趋势分析

根据专利数据库共检索相关外观设计专利 4 件，专利具体信息参见附表 5 关于国内特色经济作物（特色林果、果蔬等）深加工关键技术的外观设计专利部分。图 3–40 表示国内特色经济作物（特色林果、果蔬等）深加工关键技术外观设计专利量逐年变化情况。与 146 件发明和实用新型专利相比，外观设计的专利申请量较少。从图中可以看出，仅仅从 2011 年开始对外观专利进行了申请，2014 年 3 件，其余年份没有申请。从图 3–40 中的信息可以获知，外观设计的保护可能一直是我国特色经济作物（特色林果、果蔬等）深加工关键技术的薄弱环节，尽管近几年有所重视，但申请量仍然非常少。

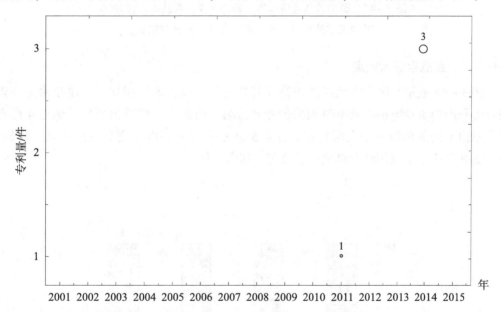

图 3–40　国内特色经济作物（特色林果、果蔬等）深加工关键技术外观设计专利量逐年变化情况

3.6.5.2　区域专利量分析

在专利数据库中采集国内特色经济作物（特色林果、果蔬等）深加工关键技术的外观设计专利共 4 件，其专利数量分布如图 3–41 所示。

数据表明，国内特色经济作物（特色林果、果蔬等）深加工关键技术的外观设计专利的申请主要分布在北京（1 件）、山东（1 件）、浙江（1 件）和重庆（1 件）。对比图 3–25，新疆是我国主要特色经济作物（特色林果、果蔬等）深加工关键技术研究地区，同时也是相关发明和实用新型专利主要申报地区。这表明新疆地区在特色经济作物（特色林果、果蔬等）深加工关键技术投入较大，但遗憾的是，相关设备外观设计专

利没有一件。这与新疆作为我国最大的产棉及棉花收获机械设计制造地是极不相称的。

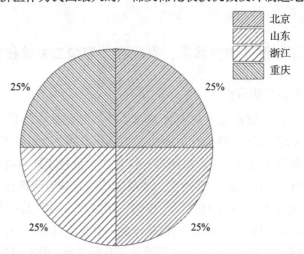

**图3-41 国内特色经济作物（特色林果、果蔬等）深加工
关键技术外观设计专利量各省（市）分布情况**

3.6.5.3 重点申请人锁定

图3-42表示与国内特色经济作物（特色林果、果蔬等）深加工关键技术的外观设计专利国内重点申请人及单位相关的专利排名。由图中可以看出所检索到的4件专利分别由不同的单位或个人所申请。分别是北京中天金谷电子商务有限公司、杨健、杨迎宾和重庆宗申通用动力机械有限公司，都为1件。

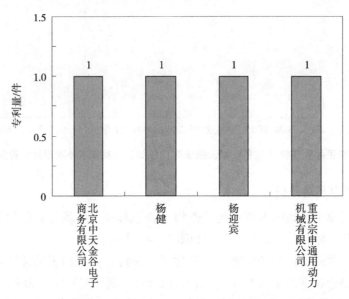

**图3-42 与国内特色经济作物（特色林果、果蔬等）深加工
关键技术外观设计专利重点申请人相关的专利排名**

　　以上主要对新疆兵团目前农业机械化涉及的 5 个主要的领域，即（1）精准种子加工技术装备关键技术；（2）精量播种技术装备关键技术；（3）田间管理、节水灌溉关键技术；（4）收获技术装备关键技术；（5）特色经济作物（特色林果、果蔬等）深加工关键技术。结合全国各地区所申报的相关外观专利进行了分析。表 3-16 表示国内不同地区在其研究的五个不同领域所申请的外观设计相关专利综合情况。表中显示，山东、浙江和江苏是相关研究领域外观专利重点申请区域，其次是安徽、陕西、河北、北京、黑龙江、河南和新疆。新疆兵团作为我国 5 个研究领域的主要研发和产品应用区域，尽管在每一个领域发明专利和实用新型专利的申请总量在国内都占有绝对优势，但是外观专利的申请量却非常少，从表中可以看出 5 个相关领域仅有 5 件外观设计专利，产生这样的原因可能主要有以下几点：（1）新疆兵团地区更加重视技术上的研究，而对产品外观并不是非常重视；（2）兵团关于相关装备制造企业较少，尽管在技术上领先于其他地方，但由于制造业落后，导致很多技术并不会形成相关装备产品，导致外观设计专利的申请较落后；（3）目前装备上的研究还处于仿制阶段，外观设计是其薄弱环节。然而，不管怎样，新疆兵团作为我国主要的农业机械化产业区，每年都会有很多相关装备生产制造，外观设计是其知识产权保护的一个重要部分，应该引起足够的重视。

表 3-16　国内不同地区在所研究的 5 个不同领域所申请的外观设计专利综合申请量

地区	山东	浙江	江苏	安徽	陕西	河北	北京	黑龙江	河南	新疆
申请量/件	39	20	17	10	9	8	8	6	6	5

第4章 现代农业装备产业
关键技术国外专利分析

4.1 国外精准种子加工技术装备关键技术专利分析

4.1.1 专利量总体趋势分析

2001～2015年关于国外精准种子加工技术装备关键技术专利仅有2件，分别是2006年和2008年，各1件。国外精准种子加工技术装备关键技术专利的申请量较少，并且近年没有增长趋势。

4.1.2 区域专利量分析

在专利数据库中采集国外有关精准种子加工技术装备关键技术的专利共2件。国外精准种子加工技术装备关键技术的申请分布在专利合作协定（以下简称PCT组织）（1件）和韩国（1件）（见附表1）。这些表明，在国外PCT组织和韩国可能是新疆兵团在精准种子加工技术装备关键技术方面的主要竞争国。

4.1.3 专利区域申请趋势

从检索到的2件专利很难发现国外精准种子加工技术装备关键技术区域专利量随时间变化趋势。对比中国相关专利申请情况（图3-1和图3-5），容易发现中国近几年相关专利的申请力度在逐渐增大，这其中主要原因是新疆兵团对精准种子加工技术装备关键技术的重视。这也表明针对精准种子加工技术装备关键技术，尤其是棉种加工技术，我国处于发展期。

4.1.4 重点技术锁定分析

4.1.4.1 专利申请重点技术领域

从检索到的2件专利发现，国外精准种子加工技术装备关键技术分类有2个领域，即 A 类：人类生活用品；B 类：作业、运输。

4.1.4.2　重点技术领域中的关键技术

从检索到的 2 件专利获知 PCT 所申请的专利是 A 领域，韩国则涉及 B 技术领域，因此，它们可能成为我国尤其是新疆兵团在相关领域国际市场上的竞争对手。在申报相关专利时应引起重视。

4.1.4.3　重点领域中的关键技术分析

从专利数据库中检索到相关专利共 2 件，共细分为 2 个 IPC 分类小组，分别是 A01C1/06 和 B07B1/04。

4.1.5　重点申请人锁定

我们对检索到的 2 件专利进行分析，2 件专利的申请人分别为 BECHERE EFREM 和 BAEK SUNG GI。其中，BECHERE EFREM 和 UNIV TEXAS TECH、BECHERE，EFREM、TEXAS TECH UNIVERSITY、AULD DICK L、AULD，DICK L. 是专利共同申请人。

4.1.6　重点申请人技术路线分析

对在国外精准种子加工技术装备关键技术专利申请人（或机构）进行分析，从他们的技术路线走向分析目前有关精准种子加工技术装备关键技术专利的研究热点以及研发空间较大的技术方向。但是，由于这些申请人涉及专利较少，因此，很难从其 IPC 分类号中查看其技术动向。

4.2　国外精量播种技术装备关键技术专利分析

4.2.1　专利量总体趋势分析

图 4 - 1 表示国外精量播种技术装备关键技术专利量逐年变化。由图可见，国外精量播种技术装备关键技术专利量超过精准种子加工技术装备关键技术专利的申请量，但是总量不多，共 17 件相关专利。从申请时间上看，2001 ~ 2015 年断断续续申请，但是每年最多不会超过 5 件，年均不到 2 件，2011 年最多为 4 件。这也许表明此技术在国外目前已较为成熟。

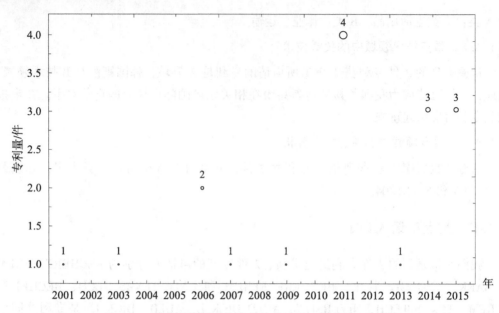

图 4 -1   国外精量播种技术装备关键技术专利量逐年变化

4.2.2   区域专利量分析

在专利数据库中采集国外有关精量播种技术装备关键技术的专利共 17 件。专利数量分布如图 4 -2 所示。数据表明，国外精量播种技术装备关键技术的专利主要分布在欧洲专利局（6 件）和 PCT（5 件）。其次是美国（3 件）、俄罗斯（2 件）和韩国（1件）。从申请总量上看，欧洲专利局占据总量的 35.29%，这表明欧洲专利局是国外主要的精量播种技术装备关键技术申请机构，也是主要的相关技术研发地，并且投入了较其他国外国家和地区都大的研究力量。

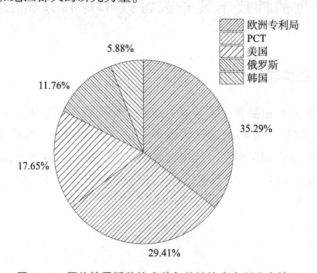

图 4 -2   国外精量播种技术装备关键技术专利分布情况

4.2.3　专利区域申请趋势

图 4-3 表示国外精量播种技术装备关键技术区域专利量随时间变化趋势。从图中可以看出，除了美国，其他国家的专利申请均在 2002 年以后。美国在 2001 年、2011 年和 2013 年各申请了 1 件专利。这表明美国在精量播种技术装备关键技术上的投入逐渐减少，2014 年以后至今没有再做相关投入。以上分析表明：（1）在国外，PCT 组织曾是精量播种技术装备关键技术专利的主要申请机构；（2）目前，国外精量播种技术装备关键技术已经较为成熟，不再做进一步投入或者此技术对于其他国家可能不是一个重点技术。

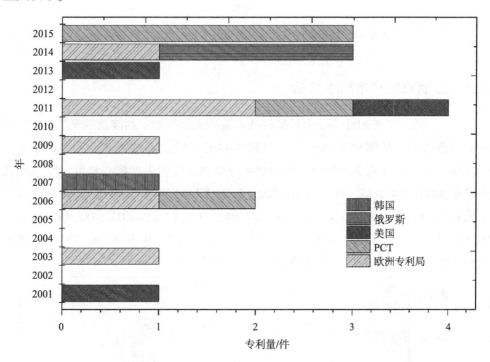

图 4-3　国外精量播种技术装备关键技术区域专利量随时间变化趋势

4.2.4　A 类重点技术锁定

在专利库中所检索到的 17 件相关专利都集中在 A 类（人类生活用品）领域，详细地了解这些专利主要集中在 A 类中的哪些小组，可以更有针对性地分析所申请专利中的重点技术。图 4-4 为精量播种技术装备关键技术专利申请 IPC 排名。在大类 A 中，所检索到的专利共涉及 6 个小组。从图中可以看出，专利主要集中的重点技术领域是 A01C7/04 和 A01C7/00，其次是 A01C7/10、A01C007/00、A01C7/14 和 A01C7/16，A01C7/04 和 A01C7/00 占据所有申请领域专利量的 76.47%。

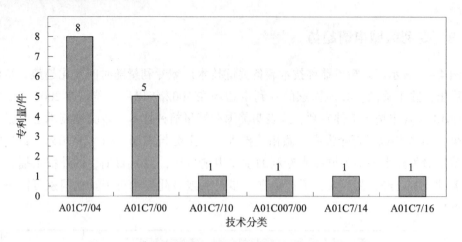

图4-4 精量播种技术装备关键技术专利申请 IPC 排名

4.2.5 重点领域竞争对手分析

图4-5显示17件国外关于精量播种技术装备关键技术专利涉及的6个IPC分类小组专利申请情况。从图中可以看出，专利主要集中的重点技术领域是 A01C7/04 和 A01C7/00，在这两个重点领域中，欧洲专利局和PCT组织占据核心地位（欧洲专利局主要是在 A01C7/04 领域，PCT组织主要涉及 A01C7/04 领域）。对比图3-11，新疆兵团主要涉足 A01C7/20、A01C7/18、A01C7/04、A01C7/06、A01C7/00、A01C7/02 和 A01C7/16 技术领域，并且 A01C7/20、A01C7/18、A01C7/04 和 A01C7/06 技术领域占据绝对优势。对比其他国家，可能在 A01C7/00 涉足较少。

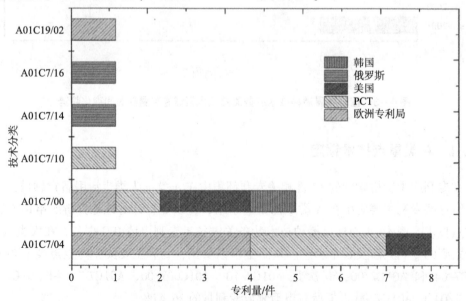

图4-5 国外精量播种技术装备关键技术不同地区专利 IPC 分类情况

4.2.6　重点申请人锁定

通过专利检索所有关于国外精量播种技术装备关键技术专利申请人，发现专利申请人最多为 5 件专利。由于涉及的专利较少，所以，我们把所有相关专利申请人或单位均列出，其中有一个专利申请人没有公布姓名。如图 4 – 6 所示。这些人或单位都可能成为国外精准种子加工技术装备关键技术重点申请人。

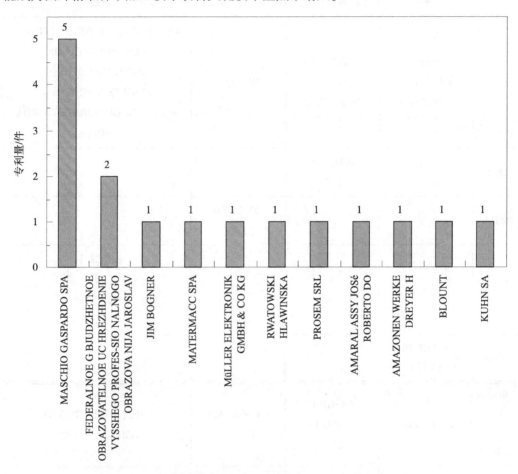

图 4 –6　国外精量播种技术装备关键技术专利重点申请人排名

4.2.7　重点申请人技术路线分析

对国外精量播种技术装备关键技术专利申请人或单位进行分析，从他们的技术路线走向分析目前精量播种技术装备关键技术专利的研究热点以及研发空间较大的技术方向。表 4 – 1 表示国外精量播种技术装备关键技术专利重点申请人技术路线。从表 4 – 1 可以看出，各专利申请人从事最多的领域是 A01C7/04 技术领域。从专利申请时间上看，所有专利技术路线为：A01C7/00（2001 年）→A01C7/04（2003 年）→

A01C7/00（2006 年）→A01C7/00（2009 年）→A01C7/04（2011 年）→A01C7/00（2013 年）→A01C7/14、A01C7/16、A01C19/02（2014 年）→A01C7/10、A01C7/04（2015 年）。从技术路线中容易发现，A01C7/04 和 A01C7/00 领域一直是一个较为热门的领域。尽管表 4 - 1 涉及的专利比较少，但是从这些申请人所申请的领域变化或许可以洞察出相关技术的一些变化。

表 4 - 1　国外精量播种技术装备关键技术专利重点申请人技术路线

申请人 / 年份	AMARAL ASSY JOSé ROBERTO DO	AMAZONEN WERKE DREYER H	BLOUNT	FEDERALNOE G BJUDZHETNOE OBRAZOVATELNOE UC HREZHDENIE VYSSHEGO PROFES - SIO NALNOGO OBRAZOVA NIJA JAROSLAV
2006		A01C7/00 （1 件）		
2013			A01C7/00 （1 件）	
2014				A01C7/14 （1 件） A01C7/16 （1 件）
2015	A01C7/10 （1 件）			

申请人 / 年份	JIM BOGNER	MASCHIO GASPARDO SPA	MATERMACC S. P. A.	MüLLER ELEKTRONIK GMBH & CO KG
2001	A01C7/00 （1 件）			
2011		A01C7/04 （4 件）		
2014				A01C19/02 （1 件）
2015		A01C7/04 （1 件）	A01C7/04 （1 件）	

申请人 年份	RWATOWSKI HLAWINSKA	PROSEM SRL	KUHN SA
2003		A01C7/04 （1 件）	
2006	A01C7/00 （1 件）		
2009			A01C7/00 （1 件）

4.3 国外田间管理、节水灌溉关键技术专利分析

4.3.1 专利量总体趋势分析

图 4 -7 表示国外田间管理、节水灌溉关键技术专利量总体趋势（共 52 件专利，专利详细信息见附表 8）。由图可见，除 2008 年，国外 2001 ~ 2014 年每年都有关于

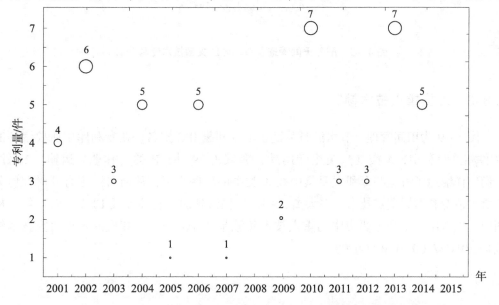

图 4 -7 国外田间管理、节水灌溉关键技术专利量逐年变化情况

田间管理、节水灌溉关键技术方面的专利申请，平均每年 3.5 件。从专利申请的时间上看，国外 2001 年就有相关专利的申请。在图 4 - 7 整个申请趋势线上可以看出，2001～2014 年，田间管理、节水灌溉关键技术专利申请量最多为 7 件，申请趋势没有明显的特征。随后，2015 年没有相关专利申请，这些迹象表明此方向技术相对成熟。

4.3.2　区域专利量分析

国外有关田间管理、节水灌溉关键技术专利数量分布如图 4 - 8 所示。在专利数据库中采集的专利共 52 件。数据表明，国外田间管理、节水灌溉关键技术专利主要分布在美国（31 件）、欧洲专利局（10 件）、法国（4 件）、韩国（4 件）和英国（3 件），其中，美国和欧洲专利局占据最多相关专利。从专利在国外的分布情况看，美国在田间管理、节水灌溉关键技术专利中处于主导优势，是该领域相关技术的主要研究国。

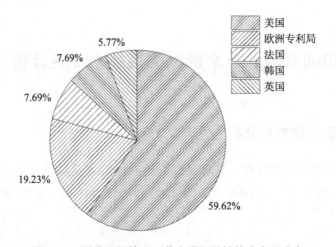

图 4 - 8　国外田间管理、节水灌溉关键技术专利分布

4.3.3　A 类重点技术锁定

图 4 - 9 为田间管理、节水灌溉关键技术专利量 IPC 排名。在专利库中所检索到的 52 件相关专利中，A 类（人类生活用品）领域占 29 件，B 类（作业、运输）23 件。我们应详细地了解这些专利主要集中在 A 类中的哪些小组，从而可以更有针对性地分析所申请专利所属重点技术。在大类 A 中，所检索到的专利共涉及 10 个 IPC 小组。从图中可以看出，专利主要集中的重点技术领域是 A01G25/02，其次的重点研究技术领域是 A01G27/00 和 A01G9/00。

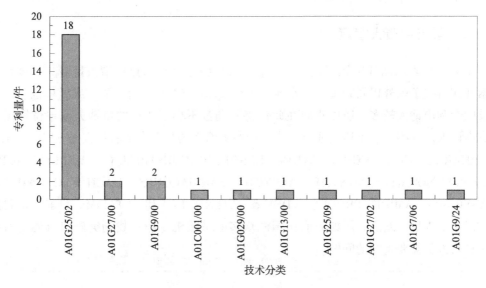

图 4 –9　国外田间管理、节水灌溉关键技术专利申请 IPC 排名

4.3.4　重点领域竞争对手分析

表 4 –2 显示了 A 大类中 10 个小类技术领域的 29 件国外关于田间管理、节水灌溉关键技术专利在不同国家或地区的分布情况。从 4.3.3 部分获知 A01G25/02 是 A 类中的重点技术领域。从表 4 –2 的专利分布来看，欧洲专利局所占 A01G25/02 领域的专利最多，其次是美国。而被认为第二主导技术领域的 A01G27/00 中，仅仅欧洲专利局凸显优势。这表明欧洲专利局在这块具有较大的竞争力，做了较大的投入并已具备一定技术优势。

表 4 –2　田间管理、节水灌溉关键技术专利在不同国家或地区的分布情况

技术领域 ＼ 国家	俄罗斯	美国	韩国	欧洲专利局	英国	法国
A01G25/02		5	2	8	3	
A01C001/00		1				
A01G029/00		1				
A01G13/00		1				
A01G25/09		1				
A01G27/00				2		
A01G27/02						1
A01G7/06		1				
A01G9/00						2
A01G9/24			1			

4.3.5　重点申请人锁定

图 4 - 10 表示国外田间管理、节水灌溉关键技术专利重点申请人排名。通过专利检索共获得关于国外田间管理、节水灌溉关键技术的 52 个专利申请人或者单位。由于涉及的专利申请人较多，所以我们在此仅将专利数不小于 2 件的申请人或单位锁定为重点申请人。这些重点申请人或单位中，排在最前面的 8 个申请者依次是 KERTSCHER EBERHARD、ENPLAS CORPORATION、EURODRIP INDUSTRIAL COMMERCIAL AGRI-CULTURAL SOCIETE ANONYME、ALBERTO JEAN JACQUES、MACH YVONAND SA、CLABER SPA、AMIRIM PRODUCTS DEV & PATENTS LTD 和 NETAFIM。目前，锁定这些重点申请人后，新疆兵团如何能从国外众多的采棉机专利中找到突破口可能是所有相关科研人员需要重视的问题。

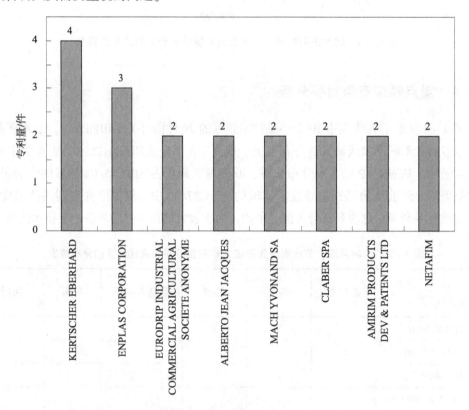

图 4 - 10　国外田间管理、节水灌溉关键技术专利重点申请人排名

4.3.6　重点申请人技术路线分析

对在国外田间管理、节水灌溉关键技术专利申请人或单位进行分析，从他们的技术路线走向，我们可以分析目前田间管理、节水灌溉关键技术专利的研究热点以及研发空间较大的技术方向。表 4 - 3 表示国外田间管理、节水灌溉关键技术专利重点申请

人技术路线。从整个技术发展看，2001～2014 年都有相关专利申请，申请领域主要包括 A01G25/02。其技术随时间发展路线从表中体现得并不明显，在所有的重点申请人中，KERTSCHER EBERHARD 主要从事 A01G25/02 技术领域。

表 4-3　田间管理、节水灌溉关键技术专利重点申请人技术路线

申请人 年份	KERTSCHER EBERHARD	NETAFIM	MACH YVONAND SA	CLABER SPA
2002	A01G25/02 （2 件）			
2003	A01G25/02 （1 件）			
2004	A01G25/02 （1 件）			
2009		B05B15/00 （1 件）		
2010		B05B15/00 （1 件）		A01G27/00 （1 件） A01G27/02 （1 件）
2013			A01G25/02 （1 件）	
2014			A01G25/02 （1 件）	

申请人 年份	ALBERTO JEAN JACQUES	AMIRIM PRODUCTS DEV & PATENTS LTD	ENPLAS CORPORATION	EURODRIP INDUSTRIAL COMMERCIAL AGRICULTURAL SOCIETE ANONYME
2004	A01G9/00 （2 件）			
2010		A01G25/02 （2 件）		
2013			A01G25/02 （2 件） B05B15/00 （1 件）	A01G25/02 （2 件）

4.4 国外收获技术装备关键技术专利分析

4.4.1 专利量总体趋势分析

图4-11表示国外收获装备关键技术专利量逐年变化情况（共134件专利）。由图可见，国外2001~2015年每年都有关于收获装备技术方面的专利申请，平均每年超过8件。由此可见，此技术在国外是一项非常关键的技术，投入较大的研究。从专利申请的时间上看，国外2001年就有相关专利的申请。在图4-11整个申请趋势线上可以看出，2001~2015年，收获装备关键技术专利申请量有上升也有下降。总体呈逐渐下降趋势，表明从2013年开始，与收获装备相关的关键技术已走向衰退期，换句话说，这一技术在国外已经相当成熟，并不需要再做过多的投入。

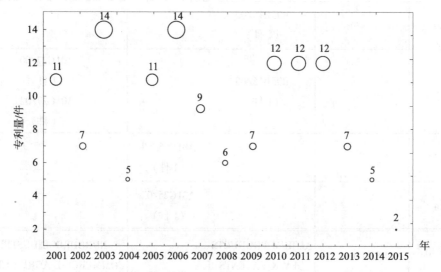

图4-11 国外收获技术装备关键技术专利量逐年变化情况

4.4.2 区域专利量分析

在专利数据库中采集国外有关收获装备关键技术专利的专利共134件。不同国家或地区专利数量分布如图4-12所示。数据表明，国外收获装备关键技术专利主要分布在美国（75件），其次是PCT（14件）、日本（10件）、欧洲专利局（9件）、韩国（8件）、俄罗斯[①]（7件）、德国（7件）和法国（4件）。从专利在国外的分布情况看，美国在收获装备关键技术专利中处于主导优势，占据所有专利的55.97%。美国低

---

① 在这里，俄罗斯专利总量包括前苏联（SU）和俄罗斯的专利。

于新疆兵团 288 件相关专利（图 3 – 20），是新疆兵团在国外市场相关技术的主要竞争国，其次是 PCT 组织。

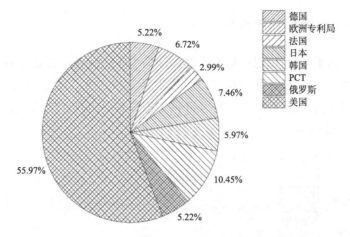

图 4 – 12　国外收获装备关键技术专利分布情况

4.4.3　A 类重点技术锁定

在专利库中所检索到的 134 件相关专利都集中在 A 类（人类生活用品）领域，我们应详细了解这些专利主要集中在 A 类中的哪些小组，从而可以更有针对性地分析所申请专利所属重点技术。在大类 A 中，所检索到的专利共涉及 51 个 IPC 小组。这表明国外相关专利技术非常全面。图 4 – 13 为收获装备关键技术专利申请 IPC 排名。图 4 – 13 中仅取了前 8 名，第 8 名后的 IPC 分类小组中每组包括的专利量均低于 3 件。从图中可以看出，专利主要集中的重点技术领域是 A01D46/08、A01D046/08、A01D46/16、

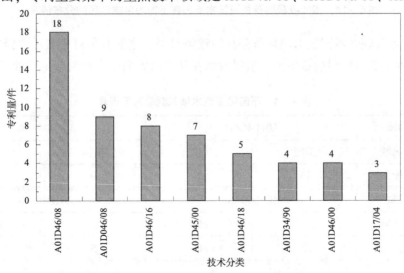

图 4 – 13　收获装备关键技术专利申请 IPC 排名

A01D45/00、A01D46/18、A01D34/90、A01D46/00 和 A01D17/04，尤其是 A01D46/08
技术领域。

4.4.4 重点领域竞争对手分析

图 4-14 显示了 8 个重点领域的 58 件国外关于收获装备关键技术专利在不同国家
或地区的分布情况。从图中可以看出，专利主要集中在 8 个重点领域的 A01D46/08，
A01D046/08，在这两个重点领域中美国和 PCT 占据核心地位，尤其是美国在 A01D46/
08 占据着绝对主导地位。

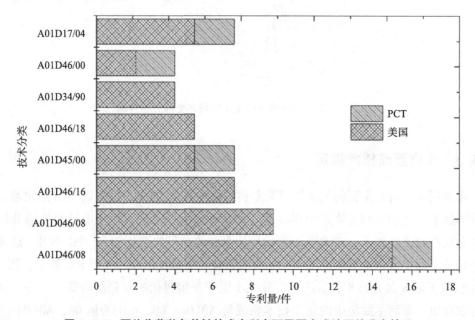

图 4-14 国外收获装备关键技术专利在不同国家或地区的分布情况

表 4-4 反映在不同技术领域所存在的竞争对手。这些竞争对手表示曾经或者目前
在此项技术上具有较强的竞争力，值得我国在从事这方面研究中引起足够重视。

表 4-4 不同重点技术领域竞争对手列表

重点领域	A01D46/08		A01D046/08	
竞争力区域	美国	PCT	美国	PCT
专利量	15	2	9	0
重点领域	A01D46/16		A01D45/00	
竞争力区域	美国	PCT	美国	PCT
专利量	7	0	5	2

重点领域	A01D46/18		A01D34/90	
竞争力区域	美国	PCT	美国	PCT
专利量	5	0	4	0
重点领域	A01D46/00		A01D17/04	
竞争力区域	美国	PCT	美国	PCT
专利量	2	2	5	2

4.4.5　重点申请人锁定

通过专利检索共获得关于国外收获装备关键技术专利共 134 件，分别由不同申请人或者单位申请。由于涉及的专利申请人较多，所以我们在此仅将专利数不小于 4 件的申请人或单位锁定为重点申请人。图 4 –15 表示国外收获装备关键技术专利重点申请人排名。这些重点申请人或单位中，排在最前面的 7 个申请者依次是 CNH AMERICA LLC（16 件）、DEERE ＆ COMPANY（11 件）、GOERING KEVIN JACOB（5 件）、GRIMME LANDMASCHF FRANZ（5 件）、FRANZ KLEINE VERTRIEBS ＆ ENGIN（4件）、KAGOME KK（4 件）和 NAT UNIV HANBAT INDUSTRY（4 件）。对专利申请人进行专利检索，对检索到的专利研究发现其所有专利全部与棉花收获有关，这表明这

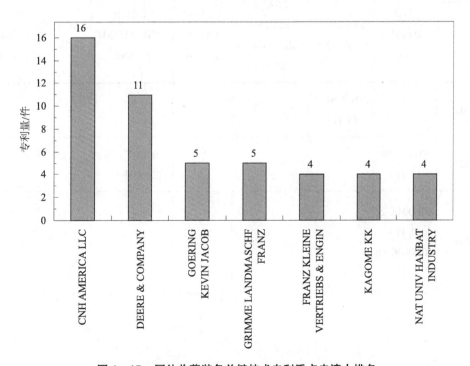

图 4 –15　国外收获装备关键技术专利重点申请人排名

些重点申请人的核心研究领域是棉花收获机并在此领域占据核心地位。目前，锁定这些重点申请人后，新疆兵团如何能从国外众多的采棉机专利中找到突破口可能是所有相关科研人员需要重视的问题。

4.4.6 重点申请人技术路线分析

对在国外收获装备关键技术专利申请人或单位进行分析，从他们的技术路线走向分析目前国外收获装备关键技术专利的研究热点以及研发空间较大的技术方向。表4-5显示国外收获装备关键技术专利重点申请人技术路线。从表中可以看出，其技术路线主要为 A01D46/18（2002 年）→A01D046/08、A01D17/00、A01D25/00、A01D045/00（2003 年）→A01D046/22、A01D046/08（2004 年）→A01D061/00、A01D075/28、A01D46/08、A01D046/08、A01D17/04、A01D67/00（2005 年）→A01D43/02（2006 年）→A01D45/00、A01D46/00、A01D33/00、A01D25/00（2007 年）→A01D46/08、A01D46/18（2008 年）→A01D46/16（2009 年）→A01D46/14、A01D46/08、A01D27/00（2010 年）→A01D33/10、A01D25/04、A01D46/18（2011 年）→A01D 46/08、A01D33/00、A01D17/00、A01D90/02（2012 年）→A01D51/00、A01D46/00、A01D45/00（2013 年）→A01D69/08、A01D46/16、A01D17/04（2014 年）。

表4-5　收获装备关键技术专利重点申请人技术路线

年份＼申请人	CNH AMERICA LLC	DEERE & COMPANY	FRANZ KLEINE VERTRIEBS & ENGIN	GOERING KEVIN JACOB	GRIMME LANDMASCHF FRANZ	KAGOME KK	NAT UNIV HANBAT INDUSTRY
2002		A01D46/18（1 件）					
2003	A01D46/08（1 件）				A01D17/00（1 件）		
2004	A01D046/22（1 件）A01D046/08（1 件）						

申请人 年份	CNH AMERICA LLC	DEERE & COMPANY	FRANZ KLEINE VERTRIEBS & ENGIN	GOERING KEVIN JACOB	GRIMME LANDMASCHF FRANZ	KAGOME KK	NAT UNIV HANBAT INDUSTRY
2005	A01D061/00 （2件） A01D075/28 （1件） A01D46/08 （1件） A01D046/08 （1件） A01D17/04 （1件）	A01D67/00 （1件）		A01D67/00 （1件）			
2006		A01D43/02 （1件）					
2007	A01D46/08 （1件）	A01D45/00 （1件） A01D46/00 （1件）	A01D33/00 （2件）		A01D25/00 （1件）		
2008				A01D46/08 （1件） A01D46/18 （1件）			
2009		A01D46/16 （1件）					
2010		A01D46/14 （1件）		A01D46/08 （1件）	A01D27/00 （1件）		
2011	A01D41/04 （2件） A01D46/08 （1件）		A01D33/10 （1件） A01D25/04 （1件）	A01D46/18 （1件）			
2012		A01D46/08 （1件）			A01D33/00 （1件） A01D17/00 （1件）		A01D90/02 （4件）

续表

申请人 年份	CNH AMERICA LLC	DEERE & COMPANY	FRANZ KLEINE VERTRIEBS & ENGIN	GOERING KEVIN JACOB	GRIMME LANDMASCHF FRANZ	KAGOME KK	NAT UNIV HANBAT INDUSTRY
2013	A01D46/08 （2件） A01D46/14 （1件）	A01D51/00 （1件）				A01D46/00 （2件） A01D45/00 （1件）	
2014		A01D69/08 （1件） A01D46/16 （1件）				A01D17/04 （1件）	

4.5 国外特色经济作物（特色林果、果蔬等）深加工关键技术

4.5.1 专利量总体趋势分析

图4-16表示国外特色经济作物（特色林果、果蔬等）深加工关键技术专利量逐年变化情况，从图中可以看出，国外2001年开始就有相关技术的研究，但是专利量较

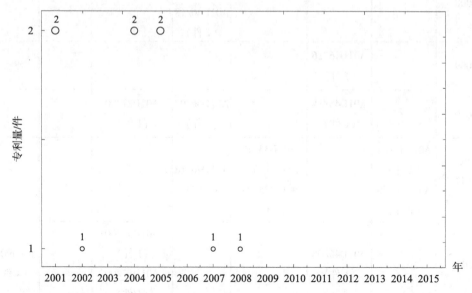

图4-16 国外特色经济作物（特色林果、果蔬等）深加工关键技术专利量逐年变化情况

少。2001～2008 年总共国外申请相关专利 9 件，年平均量 1 件，最多为 2 件。2008 年以后国外就没有相关专利的申请。

4.5.2　区域专利量分析

在专利数据库共检索国外有关特色经济作物（特色林果、果蔬等）深加工关键技术的专利共 9 件。专利数量分布如图 4 - 17 所示。数据表明，外国精准种子加工技术装备关键技术的申请主要分布在美国（4 件），其次是法国（3 件）、欧洲专利局（1 件）和韩国（1 件）。从地区分布来看，美国较其他国家更关注特色经济作物（特色林果、果蔬等）深加工关键技术。

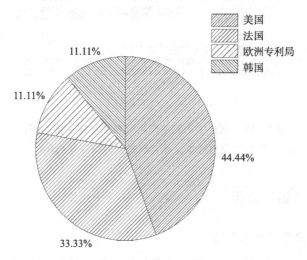

图 4 - 17　国外特色经济作物（特色林果、果蔬等）
深加工关键技术专利分布情况

4.5.3　专利区域申请趋势

图 4 - 18 表示国外特色经济作物（特色林果、果蔬等）深加工关键技术区域专利量随时间变化趋势。从图中可以看出，法国 2002～2008 年期间，除 2003 年和 2006 年外每年都有申请。与法国相比，美国、欧洲专利局和韩国相关专利的申请不连续且申请量少。就整体来看，法国是所有国外国家或地区申请相关专利最多的，这也表明其在特色经济作物（特色林果、果蔬等）深加工关键技术方面的研究较国外其他国家具有一定的研究基础。

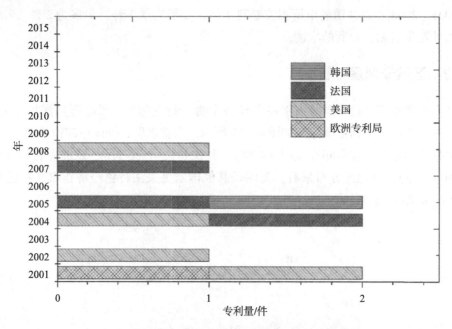

图 4-18　国外特色经济作物（特色林果、果蔬等）
深加工关键技术区域专利量随时间变化趋势

4.5.4　重点技术锁定分析

4.5.4.1　专利申请重点技术领域

检索到的 9 件国外特色经济作物（特色林果、果蔬等）深加工关键技术专利都为 B 领域，即作业、运输。

4.5.4.2　重点领域中的关键技术分析

从专利数据库中检索到相关专利共 9 件，进一步细分为 8 个 IPC 分类小组，如图 4-19 所示。由于涉及的分类小组较多并且专利量较少，因此我们将涉及 B 领域的所有技术领域列出。从图 4-19 中可以看出，在 8 个分类小组中 B07C5/16 是重要领域 B 类中的关键技术领域。

4.5.5　重点申请人锁定

在我们对专利申请人进行检索时发现，除 TIMCO DISTRIBUTORS 和 XEDA JNT ERNATIONAL，其余申请人申请量均为 1 件，因此无法通过专利量的多少进行排名确定是否为重点申请人。由于涉及的专利较少，所以我们把所有相关专利申请人或单位均列出，如图 4-20 所示。这些人或单位都可能成为国外特色经济作物（特色林果、果蔬等）深加工关键技术重点申请人。

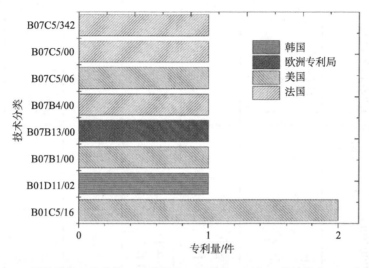

图 4-19　国外特色经济作物（特色林果、果蔬等）深加工关键技术 IPC 分类排行

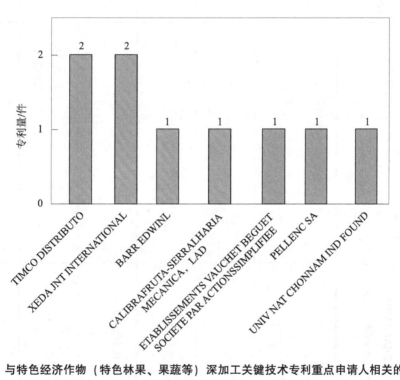

图 4-20　与特色经济作物（特色林果、果蔬等）深加工关键技术专利重点申请人相关的专利排名

4.5.6　重点申请人技术路线分析

对国外特色经济作物（特色林果、果蔬等）深加工关键技术专利申请人（或机构）进行分析，从他们的技术路线走向可以分析目前有关特色经济作物（特色林果、果蔬等）深加工关键技术专利的研究热点以及研发空间较大的技术方向。表 4-6 显示

表4-6 特色经济作物（特色林果、果蔬等）深加工关键技术专利重点申请人技术路线

申请人 年份	BARR EDWINL	CALIBRAFRUTA - SERRALHARIA MECANICA, LDA	ETABLISSEMENTS VAUCHET BEGUET SOCIETE PAR ACTIONSSIMPLIFIEE	PELLENC SA	TIMCO DISTRIBUTORS	UNIV NAT CHONNAM IND FOUND	XEDA JNT INTERNATIONAL
2001							B07B13/00 （1件） B07C5/06 （1件）
2002			B07B4/00 （1件）		B07C5/16 （1件）		
2004		B07C5/00 （1件）			B07C5/16 （1件）		
2005						B01D11/02 （1件）	
2007				B07C5/342 （1件）			
2008	B07B1/00 （1件）						

特色经济作物（特色林果、果蔬等）深加工关键技术专利重点申请人技术路线。从专利申请时间上看，所有专利技术路线为：B07B13/00、B07C5/06（2001 年）→B07C5/16（2002 年）→B07C5/16、B07B4/00（2004 年）→B07C5/00、B01D11/02（2005 年）→B07C5/342（2007 年）→B07B1/00（2008 年）。

4.6　国外外观设计专利分析

针对本报告所研究的 5 个主题，即(1) 精准种子加工技术装备关键技术；（2）精量播种技术装备关键技术；（3）田间管理、节水灌溉关键技术；（4）新疆兵团收获技术装备关键技术；（5）特色经济作物（特色林果、果蔬等）深加工关键技术，进行国外外观专利检索，由于佰腾网专利数据库只能检索到美国相关外观设计专利，因此，此部分仅对美国外观专利进行分析。发现仅仅第（5）主题没有与其外观相关的专利，其余的数量也非常少，共 33 件。如表 4-7~表 4-10 所示。

表 4-7　与精准种子加工技术装备关键技术相关的国外专利

国家	专利名称	公开号	申请日	申请人
美国	Seed boot	USD0706310S1	20131113	AGCO-AMITY JV，LLC
美国	Seed brake	USD0647542S1	20090911	CHRISTOPHER J. ZWETTLER
美国	Bulk seed tank	USD0708649S1	20130402	KINZE MANUFACTURING，INC.
美国	Seed disc	USD0712437S1	20131021	KINZE MANUFACTURING，INC.
美国	Seed disc	USD0712936S1	20131021	KINZE MANUFCATURING，INC.
美国	Seed sensor	USD0734780S1	20140131	DEERE & COMPANY
美国	Seed sensor	USD0726778S1	20140131	DEERE & COMPANY
美国	Seed boot	USD0693854S1	20121227	AGCO-AMITY JV，LLC
美国	Seed handling element	USD0744009S1	20140131	DEERE & COMPANY

表 4-8 与精量播种技术装备关键技术相关的国外专利

国家	专利名称	公开号	申请日	申请人
美国	Pivot transport planter apparatus	USD0469782S1	20011129	PAUL M. PALUCH；KREGG JEROME RADUCHA；LAURENCE K. LEE
美国	Planter apparatus carrier frame	USD0469783S1	20011129	PAUL M. PALUCH
美国	Air seeder assembly	USD0645885S1	20110331	KEVIN NORMAN HALL；DARWIN ZACHARIAS

国家	专利名称	公开号	申请日	申请人
美国	Product tank for agricultural seeding and planting implements	USD0687866S1	20130110	CNH CANADA, LTD.
美国	Rotary flow divider for seedingand planting implements	USD0735769S1	20130110	CNH CANADA, LTD.
美国	Sowing machine	USD0644253S1	20090513	GIANFRANCO DONADON
美国	Product tank lid for seeding and planting applications	USD0693856S1	20130110	CNH CANADA, LTD.
美国	Product tank for agricultural seeding and planting implements	USD0687867S1	20130110	CNH CANADA, LTD.
美国	Agricultural planter	USD0766333S1	20150630	CNH INDUSTRIAL AMERICA LLC
美国	Planter	USD0629426S1	20100204	MARVIN PRICKEL; TRAVIS L. HARNETIAUX; JOSHUA E. BREUER; DENNIS G. THOMPSON; CORY L. VINCENT; DAVID D. SEIB; RICARDO DIAZ; BRIAN ANDERSON; MICHAEL J. CONNORS
美国	Planter	USD0631068S1	20100204	MARVIN PRICKEL; TRAVIS L. HARNETIAUX; JOSHUA E. BREUER; DENNIS G. THOMPSON; CORY L. VINCENT; DAVID D. SEIB; RICARDO DIAZ; BRIAN ANDERSON; MICHAEL J. CONNORS
美国	Agricultural planter	USD0629018S1	20100608	HUGH ROBERT LOXTON
美国	Front fold planter	USD0559868S1	20070306	SAJID NANLAWALA; TRAVIS LESTER HARNETIAUX; RODNEY SAMUEL HORN; CHAD M JOHNSON; RICARDO DIAZ; GERALD WAYNE POOLE; BRIAN JOHN ANDERSON; LEONARD A BETTIN

国家	专利名称	公开号	申请日	申请人
美国	Agricultural planter	USD0758458S1	20150630	CNH INDUSTRIAL AMERICA LLC
美国	Agricultural planter row unit	USD0766992S1	20150630	CNH INDUSTRIAL AMERICA LLC
美国	Planter	USD0629427S1	20100204	MARVIN PRICKEL; TRAVIS L. HARNETIAUX; JOSHUA E. BREUER; DENNIS G. THOMPSON; CORY L. VINCENT; DAVID D. SEIB; RICARDO DIAZ; BRIAN ANDERSON; MICHAEL J. CONNORS
美国	Planter	USD0627373S1	20100204	MARVIN PRICKEL; TRAVIS L. HARNETIAUX; JOSHUA E. BREUER; DENNIS G. THOMPSON; CORY L. VINCENT; DAVID D. SEIB; RICARDO DIAZ; BRIAN ANDERSON; MICHAEL J. CONNORS
美国	Agricultural planter row unit	USD0767642S1	20150630	CNH INDUSTRIAL AMERICA LLC

表4-9 与田间管理、节水灌溉技术装备关键技术相关的国外专利

国家	专利名称	公开号	申请日	申请人
美国	Seed boot	USD0482046S1	20021025	DAMON H. DEHART
美国	Seed brake	USD0489768S1	20030506	EDWARD BABINEAUX
美国	Bulk seed tank	USD0709525S1	20130301	PAWEL A. POLTORAK
美国	Seed disc	USD0767640S1	20150717	STANLEY K. MAJOR; DEBORAH L. MAJOR

表4-10 与收获技术装备关键技术相关的国外专利

国家	专利名称	公开号	申请日	申请人
美国	Combined grille guard bracket and assembly	USD0699270S1	20130722	CNH AMERICA LLC
美国	Cotton module spear implement	USD0700918S1	20120104	BYRON SMALL

从以上 4 表中可以看出，国外仅仅美国较为重视外观专利的申请，从专利申请时间来看，专利申请从 2001 年开始。美国相关外观设计专利仅有 33 件，中国 203 件。这些数据表明在外观保护方面国内相对重视。但是就目前国内申请的专利来看，新疆对外观专利申报并不感兴趣。但是，新疆尤其是新疆兵团却是我国精量播种技术、滴灌等主要研发和实施地，从这方面来讲，新疆兵团应该更加注重相关专利的申请。

第5章　现代农业装备产业专利
分析研究结论与战略

5.1　现代农业装备产业专利分析研究的结论

该课题以八国两组织的专利数据库为数据源，以佰腾专利检索平台为查询工具，针对5个主题，即（1）精准种子加工技术装备关键技术；（2）精量播种技术装备关键技术；（3）田间管理、节水灌溉关键技术；（4）收获技术装备关键技术；（5）特色经济作物（特色林果、果蔬等）深加工关键技术进行专利检索，将检索到的2450件国内外与现代农业装备产业相关专利数据建立专利分析数据库，每个主题从专利量总体区域、区域专利量、专利区域申请趋势、重点技术锁定、专利申请重点技术领域、重点技术领域中的关键技术、重点申请人锁定和重点申请人技术路线等方面展开详细的专利分析并探讨现代农业装备产业国内外的发展情况。

课题的研究侧重对新疆兵团现代农业装备产业技术专利的分析，相关专利技术的分类主要涉及以下领域。

（1）关于精准种子加工技术装备关键技术：A类中的A01C1/00（在播种或种植前测试或处理种子、根茎或类似物的设备或方法）；B类中的B03B5/48（适合垂直安装的管式筛网组件以及垂直安装有管式筛网组件的适用于片状粉体浆料的筛分装置）、B03C1/18（磁分选机）、B07B1/00（用网、滤筛、格栅或其他类似的工具细筛、粗筛、筛分或分选固体物料）、B07B1/04（固定平筛）、B07B1/22（粉状物料的分级筛选装置）、B07B1/28（自动番茄去籽机，电机驱动摆动臂摆动，带动上筛板和下筛板往返运动，进行两次筛选）、B07B1/46（辣椒分选装置，包括筛选架和进料箱）、B07B13/00（其他类目中不包含的用干法对固体物料分级或分选；除用间接控制装置以外的物品的分选）、B07B13/04（三层番茄原料挑选台）、B07B13/10（番茄渣籽皮分离器）、B07B13/11（包括颗粒在表面上的移动，其分离作用是利用离心力或利用颗粒与表面之间的相对摩擦力，如螺旋分选器）、B07B13/14（零件或附件）、B07B4/02（棉籽清理机，由抽风口、异纤清理操作平台、下送风器、挡杂板、上送风器、上平绞龙、供籽换向板、供籽调节板、淌籽道、直升绞龙进口、棒条轴、竖隔板、托板、上进风口、下进风口、风门调节装置、重杂物排出口、地下出籽绞龙和外壳组成）、B07B4/04

（辣椒去石机）、B07B7/01（剥壳前棉籽清理装置）、B07B7/08（棉籽的棉仁和棉壳分离装置）、B07B7/083（棉籽的棉仁和棉壳分离装置）、B07B9/00（用于筛选或筛分，或使用气流将固体从固体中分离装置组合；设备的总布置，例如流程布置）和 B07B9/02（风力棉籽壳仁分离机）；F 类中的 F26B11/06（带有保持平稳的搅动装置）、F26B9/02（棉种脱绒太阳能烘干厂房及设备一体机）、F26B9/10（晒辣椒的装置）和 F26B5/00（棉籽脱酚处理沥干机）。

（2）关于精量播种技术装备关键技术：A 类中的 A01C7/20（导种和播种的播种机零件）、A01C7/18（间隔式定量播种的机械）、A01C7/04（带或不带吸入装置的单粒谷物播种机）、A01C7/06（与施肥装置组合的播种机）、A01C7/00（播种机）、A01C7/02（育苗精量播种器）和 A01C7/16（漂浮育苗精量播种器）。

（3）关于田间管理、节水灌溉关键技术：A 类中的 A01G3/08（其他修剪、整枝或立木打枝工具）、A01B49/06（葡萄树施肥机）、A01G17/02（啤酒花或葡萄的栽培）、A01C15/16（遥控式葡萄园深埋施肥机）、A01G7/06（对生长中树木或植物的处理，如防止木材腐烂、花卉或木材的着色、延长植物的生命）、A01G13/02（种植葡萄用滴灌带地膜综合铺设机）、A01G3/00（园艺专用的切割工具；立木打枝）、A01C15/00（开沟、施肥、覆土一体化葡萄施肥机）、A01C15/12（葡萄园手扶式施肥机）、A01G1/00（提高番茄安全品质和商品品质的果袋套袋技术，即针对番茄栽培过程中病虫害较多，农药残留超标）、A01G25/02（滴灌与微喷叠加的节水灌溉技术方式，特别是适用于极端干旱区葡萄的灌溉）、A01G9/02（双管滴灌棉花隔板盆）和 A01C15/06（车用棉花施肥、喷药机）。

（4）关于收获技术装备关键技术：A 类中的 A01D46/08（采棉机集棉清理输送装置及所构成的棉花收获机械）、A01D46/14（采棉机集棉清理输送装置及所构成的棉花收获机械）、A01D46/16（棉花采摘装置、分离脱棉装置，尤其是一种适用于软摘锭采棉机之采棉头的分离脱棉装置及其构成的软摘锭采摘头）、A01D46/10（采棉机）、A01D46/00（番茄收获机）、A01D46/12（棉桃分离输送装置）、A01D45/00（番茄收获分离装置及该装置所构成的番茄收获机）、A01D25/04（甜菜收获机）和 A01D25/00（无人机供农田航空影像信息给收获甜菜的无人甜菜收获机）。

（5）关于特色经济作物（特色林果、果蔬等）深加工关键技术：B 类中的 B07B13（其他类目中不包含的用干法对固体物料分级或分选；除用间接控制装置以外的物品的分选）、B07C5（按照物品或材料的特性或特点分选，如用检测或测量这些特性或特点的装置进行控制；用手动装置，如开关分选）；F 类中的 F26B9（静态下或只是局部摇动干燥固体材料或制品的机器或设备；家用晾晒柜）、F26B17（对具有渐进运动的松散、塑性或流态材料，如颗粒状材料、人造纤维进行干燥的机器或设备）。

依据相关主题及分类信息分析相关专利，从国内来看，精准种子加工技术装备关键技术、精量播种技术装备关键技术、田间管理与节水灌溉关键技术、收获技术装备关键技术、特色经济作物（特色林果、果蔬等）深加工关键技术等方面的专利分别占国内专利总量的 5.3%、34.65%、7.35%、45.4% 和 7.3%，在每个主题中专利量都占据较大的比例。其中，精准种子加工、田间管理与节水灌溉和收获技术占据绝对优势，这反映出新疆在此项技术领域投入较大，并掌握大量的专利申请技术，基本上控制了此项技术的国内市场。在这 5 个主题领域中，精量播种技术装备关键技术和收获技术装备关键技术所申请的专利最多，这表明国内对这两个领域较为重视（尤其以新疆兵团为主）。从 5 个技术领域专利申请时间趋势来看，我国相关专利申请是在 2001 年以后，并且目前都处于技术发展期。

从国外来看，收获技术装备关键技术相关专利的申请量是所有其他 4 个相关主题中最多的，其申请量达到 134 件，这表明国外在收获技术装备研发上投入较大。从国外相关专利申请国家来看，美国占据绝对优势，这与目前美国是农业现代化大国是密切联系的。从各主题相关专利申请时间来看，在近几年相关专利量申请较少，这些信息表明国外在本课题所探讨的相关技术已较为成熟，并不再需要投入较大的资本进行研究。

从国内外外观专利来看，国内似乎比国外较为重视外观专利的申请，但是外观专利量相对仍然较少，这一块有较大的申请空间。

需要说明的是，本课题在选择分析领域及对象时更加侧重新疆兵团，因此，所检索到的专利数量可能更加有利于新疆兵团。专利战略的制定仍然需要专利分析与实际的调研相结合，以便制定针对性更强的策略。本课题研究更有助于判断新疆兵团现代农业装备技术的研发动向及发展趋势，为决策提供依据和帮助，同时，从专利战略的角度为将来可能采取的技术路线提供决策思路并制定相应专利战略。并且，本研究也为我国从事农业机械装备开发的相关科研院校、企业及研究所等单位提供一定的研究基础。

5.2　现代农业装备产业专利战略

目前，在全球范围内现代农业装备从研发到产业化，从技术研究到专利注册，都受到许多国家研究者的高度关注。一些国家在相关领域取得了卓越的成效，如美国对收获技术装备关键技术的研究所取得的技术成果在全球范围内占有绝对的优势，相关技术已处于成熟阶段。尽管我国目前现代农业装备方面的专利总量相对比较多，但是核心专利（发明专利）较少。另外，我国现代农业装备发展水平还比较低，在很多相关技术领域与国外相比还有一定的距离。为了掌握现代农业装备发展的主动权，我国必须进一步加强核心技术的研发，寻找国外专利技术的空白点，加快现代农业装备技术专利的申请和保护知识产权进程。

我们在进行相关的专利分析后，针对当前世界和国内现代农业装备技术现状，结合我国和国际上对现代农业装备技术专利的注册情况，提出如下专利战略建议。

5.2.1 基本专利战略

这是一种准确地预测未来发展方向、将核心（骨干）技术或基本研究作为基本方向的专利战略。具体可以采取以下专利战略。

1. 重视研发战略

现代农业装备产业技术涉及多种作物，从育种、播种、植保到收获是一个体系化工作。仅凭企业或个人的一己之力，难以得到全面快速的发展，为此各地区需加大政府和企业对该项技术研究的投资力度，同时要推动企业和科研机构的研发力度与人才梯队培养。

2. 专利先行战略

同一科研领域，国内外往往有许多人在同时研究。如果没有抢先意识，即使有高水平的发明创造，并且已物化成技术含量高、竞争力强的知识，可没有申请专利，没有得到法律的保护，那么就会失去此成果。就新疆兵团而言，在进行现代农业装备科学研究和攻关时，尤其是所涉及的领域是科技领域的空白点时，一定要抢先申请专利。专利可以分阶段申请，并不一定要等到整个研究都进行完或产品成熟定型。也可以先申请专利保护发明的基本构思，然后不断完善，目的就是要占领更多的科技领域，提高自己的竞争实力。国内企业和个人除了积极申报国内专利外，还需尽快向海外其他具有市场建立的国家申请专利，提前进行潜在国际市场国家专利布局，获得专利优先权，提早在国际专利领域抢占先机，建立国际市场有效的知识产权保护屏障。

3. 专利布局和防卫策略

为了在市场竞争中保护自己，我们必须采取一些自我保护措施。譬如，根据专利技术特点进行核心专利和外围技术专利的布局申报。另外，技术专利具有地域性，即一国的专利只在一国有效。如果我们的产品具有国际市场，那我们就要考虑多申请几个国家，以防他人在异国仿制，并与自己形成竞争。美国迪尔公司就采棉机收获技术在我国申请了28件专利，意图占领我国的采棉机市场。

5.2.2 引进国外先进技术中的专利战略

1. 重视对引进技术的二次开发战略

众所周知，在现代农业装备技术方面，我国要在短时间内缩短与世界发达国家的距离只有走捷径，跳跃式的发展，绝不能亦步亦趋地跟在别人后面。引进先进技术是我国经济发展中不可缺少的一个环节。引进先进技术的目的是在其基础上开发出自己的新装备，提高新疆兵团现代农业装备的竞争力。比如，近年来新疆兵团依靠引进国外先进采棉机技术进行二次开发后形成了一些自己的产品。

2. 充分利用国外失效专利战略

专利是有时效性和地域性的。大多数国家的专利法规定专利自申请日算起保护20

年。当专利期满后，该专利即失去法律效力而不受法律保护。不过据权威机构统计，只有少量专利能够保护到期满，而大多数专利在期满前因各种原因而失效。那么这些专利因失去法律效力而不受法律保护，任何人均可无偿使用，只有针对有效专利，才会发生侵权行为。比如迪尔公司在我国申请的有关棉花收获技术的发明专利"窄行棉花收获机械"目前已是失效专利，针对这些国外的先进技术，新疆兵团可以直接进行使用或者在此基础上进行技术升级。

5.2.3 发挥高校专利技术研发优势的专利战略

高校是区域智力资源最集中的地方，具有产生专利成果的基础条件，在产学研结合的过程中，可得到大量的专利成果。就高校的高级管理者而言，应从区域农业装备产业大发展及学校自身发展战略的高度，从量的角度、质的角度，对学校专利成果的创造、储备、实施等各个环节进行宏观调控，积极实施专利战略。

参考文献

[1] 佚名.《中国制造2025》农机装备领域解读 [J]. 农机科技推广, 2015 (6).

[2] 王谊巧. 论新疆生产建设兵团在新疆的重要地位 [J]. 商, 2016 (29).

[3] 人民日报, 2015 - 11 - 25 (07).

[4] 胡兆章. 建设三大基地加快兵团农业现代化步伐 [N]. 兵团日报, 2008.

[5] 张若宇, 王军. 构建公共技术服务平台促进兵团农业装备产业快速发展 [J]. 农业装备技术, 2009 (1).

[6] 陈志. 新阶段农业装备技术发展重点和方向 [N]. 郑州, 2008 - 10 - 25.

[7] 新疆兵团统计年鉴, 2016.

[8] 农机化发展面临的新形势新任务及建议, 新疆生产建设兵团农机局, 2008 - 11 - 26.

[9] 中国国家知识产权局, http://www.sipo.gov.cn/sipo/zljs.

[10] 中国专利信息网, http://www.patent.com.cn.

[11] 俄罗斯专利检索数据库, http://www.fips.ru/ruptoen/index.htm.

[12] 美国专利检索数据库, http://www.uspto.gov/patft/index.html.

[13] 日本专利检索数据库, http://www.ipdl.ncipi.go.jp/homepg_e.ipdl.

[14] 世界知识产权组织网站数据库, http://www.wipo.int/pctdb/en/.

[15] 欧洲专利局, http://ep.espacenet.com.

[16] 德国专利商标局, http://publikationen.dpma.de.

[17] 佰腾专利检索数据库, http://www.baiten.cn/.

[18] 英国专利检索数据库, http://www.ipo.gov.uk.

[19] 法国专利检索数据库, http://www.boutique.inpi.fr.

[20] 国家知识产权局知识产权发展研究中心. 全国专利战略推进工程项目汇编 [G]. 2008.

[21] 毛金生, 冯小兵, 陈燕, 等. 专利分析和预警操作实务 [M]. 清华大学出版社, 2009.

[22] 孟俊娥, 周胜生. 专利检索策略及应用 [M]. 知识产权出版社, 2010.

[23] 蔡莉静, 姚新茹. WTO 及中国的专利战略 [J]. 情报杂志, 2001 (5).

附　录

附表 1　关于精准种子加工技术装备中国专利

发明专利 24 项

序号	专利名称	申请号	申请日	专利权人
1	一种西红柿籽粒烘干装置	CN201110335419.9	20111028	酒泉奥凯种子机械股份有限公司
2	棉花种子加工酸籽反应器	CN201010559337.8	20101126	石河子市华农种子机械制造有限公司
3	棉花种子加工酸籽反应器	CN201410000013.9	20140101	石河子市华农种子机械制造有限公司
4	一种用于辣椒生产中分离净籽的设备	CN201310408716.0	20130910	晨光生物科技集团莎车有限公司
5	一种棉种酸溶液脱绒酸籽反应时间控制器	CN201310419320.6	20130916	石河子市华农种子机械制造有限公司
6	一种番茄种子消毒机	CN201410407844.8	20140818	丹阳市陵口镇郑店土地股份专业合作社
7	旱作辣椒种子浸泡法	CN201210282090.9	20120809	寇彩琴
8	一种棉籽的棉仁和棉壳分离装置	CN201510057709.X	20150204	北京中唐瑞德生物科技有限公司；济南中棉生物科技有限公司
9	一种棉籽破壳机	CN201510172705.6	20150413	池州市秋江油脂蛋白科技有限公司
10	一种番茄分选除草装置	CN200910113570.0	20091211	新疆事必德科技开发有限公司
11	一种三层番茄原料挑选台	CN201410273607.7	20140618	新疆万选千挑农产有限公司
12	一种辣椒分级机	CN201410700402.2	20141128	贵州省遵义县贵三红食品有限责任公司

续表

发明专利 24 项

序号	专利名称	申请号	申请日	专利权人
13	一种晒辣椒的装置	CN201410626428.7	20141110	张家界灵洁绿色食品有限公司
14	棉籽分离挑选机	CN200910213012.1	20091110	吕忠浩
15	剥壳前棉籽清理装置	CN201210330767.1	20120828	安徽金丰粮油股份有限公司
16	棉籽初级自动清理装置	CN201410583150.X	20141024	无锡市科洋自动化研究所
17	一种立式棉种磨光机	CN201410232326.7	20140528	石河子开发区天佐种子机械有限责任公司
18	棉种加工酸溶液处理设备	CN200910113375.8	20090701	石河子市华农种子机械制造有限公司
19	火焰式棉种脱绒处理装置	CN201110080490.7	20110331	王强
20	棉种脱绒机	CN201210277570.6	20120807	石河子大学
21	棉种酸处理脱绒机	CN201210168028.7	20120525	石河子开发区石大惠农科技开发有限公司
22	一种选育棉花的多逆境同步胁迫育种法	CN201510623505.8	20150928	河北省农林科学院旱作农业研究所
23	一种棉种脱绒太阳能烘干厂房及设备一体机	CN201510190020.4	20150421	石河子市一正阳光新能源科技开发有限公司
24	棉种脱绒酸搅拌烘干一体机	CN201010254214.3	20100816	石河子开发区天佐种子机械有限责任公司

实用新型 82 项

序号	专利名称	申请号	申请日	专利权人
25	番茄辣椒等细小作物种子圆打分离机	CN200520111696.1	20050706	冯锦祥；彭智雷
26	番茄辣椒等细小作物种子分离机	CN200520111695.7	20050706	冯锦祥；彭智雷
27	一种西红柿籽粒烘干装置	CN201120418266.X	20111028	酒泉奥凯种子机械股份有限公司
28	棉花种子加工酸籽反应器	CN201020625070.3	20101126	石河子市华农种子机械制造有限公司
29	棉花种子加工酸籽反应器	CN201420000008.3	20140101	石河子市华农种子机械制造有限公司

序号	专利名称	申请号	申请日	专利权人
		实用新型 82 项		
30	一种快捷式番茄取籽机	CN201520027512.7	20150115	甘肃东方农业开发有限公司
31	一种番茄自动洗籽机	CN201420676352.4	20141113	甘肃东方农业开发有限公司
32	一种番茄籽皮清洗分离系统	CN201220736246.1	20121228	新疆新光油脂有限公司
33	一种自动番茄去籽机	CN201420629491.1	20141027	酒泉敦煌种业百佳食品有限公司
34	一种番茄籽提取装置	CN201521107860.1	20151227	浙江机电职业技术学院
35	一种调味酱中辣椒去籽装置	CN201520870291.X	20151103	江苏自然红生物科技有限公司
36	番茄籽和番茄皮的分离装置	CN200620005943.4	20060213	石河子大学
37	一种番茄种子脱绒机	CN201420546180.9	20140923	张丽
38	一种用于番茄种子的脱绒装置	CN201320212830.1	20130425	民勤县大漠瓜菜实业有限公司
39	棉种酸液脱绒酸籽脱液分离机	CN200920140293.8	20090701	石河子市华农种子机械制造有限公司
40	棉种酸溶液脱绒酸籽反应器	CN200920140296.1	20090701	石河子市华农种子机械制造有限公司
41	番茄种子脱绒机	CN201220214599.5	20120512	石河子大学
42	一种番茄种子消毒机	CN201420467577.9	20140818	丹阳市陵口镇郑店土地股份专业合作社
43	一种辣椒种子的脱毒处理设备	CN201220502633.9	20120927	青岛金妈妈农业科技有限公司
44	用于番茄的破碎及籽皮分离的装置	CN201020647673.3	20101208	陈绍杰
45	番茄籽皮分离机	CN201120090363.0	20110331	刘哲
46	番茄渣籽皮分离器	CN201420272593.2	20140527	新疆托美托番茄科技开发有限公司

序号	专利名称	申请号	申请日	专利权人
		实用新型 82 项		
47	棉种精选包衣机	CN200820226884.2	20081217	山东棉花研究中心
48	棉种包衣机	CN200820017414.5	20080201	孙万刚；李浩；张青；孙伟；汝医；陈淑娟
49	一种棉花拌种混合装置	CN201520116179.7	20150212	德州市农业科学研究院
50	一种辣椒种子催芽装置	CN201520573319.3	20150803	江苏中虹现代农业科技发展有限公司
51	直筒转筛式辣椒籽皮分离机	CN201320852667.5	20131223	河北东之星生物科技股份有限公司
52	辣椒籽皮分离装置	CN201520973252.2	20151127	新疆安纪农业发展有限责任公司
53	一种棉籽脱绒机	CN01252032.2	20010930	湖北省机电研究设计院
54	一种棉籽的棉仁和棉壳分离装置	CN201520078693.6	20150204	北京中唐瑞德生物科技有限公司；济南中棉生物科技有限公司
55	一种风力棉籽壳仁分离机	CN201220311176.5	20120629	晨光生物科技集团股份有限公司
56	一种棉籽仁壳分离装置	CN201520024401.0	20150115	新疆泰昆集团股份有限公司
57	一种棉籽分离装置	CN201320459751.0	20130730	湖南盈成油脂工业有限公司
58	一种棉籽去重杂装置	CN201420262211.8	20140522	晨光生物科技集团喀什有限公司
59	一种棉籽仁壳分离机	CN201420577139.8	20141009	湖北超美机电设备有限公司
60	一种棉籽破壳机	CN201520220200.8	20150413	池州市秋江油脂蛋白科技有限公司
61	一种剥壳前棉籽清理装置	CN201120551800.4	20111223	安徽金丰粮油股份有限公司
62	一种棉籽清理机	CN201220580486.7	20121026	江苏杰龙农产品加工有限公司

实用新型 82 项

序号	专利名称	申请号	申请日	专利权人
63	一种棉籽专用仁壳分离筛	CN201320751088.1	20131122	安徽大平油脂有限公司
64	用于棉种加工的种子摩擦机	CN201320310165.X	20130531	新疆生产建设兵团第十三师农业科学研究所
65	棉种硫酸脱绒中种子温度连续测量控制装置	CN201020233559.6	20100621	安徽中棉种业长江有限责任公司；青岛亚诺机械工程有限公司
66	一种辣椒去铁机	CN201520874336.0	20151029	邵阳学院
67	一种辣椒去石装置	CN201320380060.1	20130628	新疆晨曦椒业有限公司
68	一种辣椒去杂装置	CN201320480625.3	20130807	宁夏红山河食品有限公司
69	一种用于辣椒除杂的转筛	CN201320501084.8	20130816	甘肃兴农辣椒产业开发有限公司
70	一种辣椒去石机	CN201420559542.8	20140927	民勤县陇宇机械制造有限公司
71	一种辣椒分选装置	CN201520464618.3	20150702	江西龙津实业有限公司
72	一种辣椒双层分选装置	CN201520466427.0	20150702	江西龙津实业有限公司
73	一种晒辣椒的装置	CN201420665046.0	20141110	张家界灵洁绿色食品有限公司
74	棉籽精脱绒机	CN02291810.8	20021210	李长生
75	组合复式高效棉籽脱绒机	CN200720153115.X	20070621	新疆天合种业有限责任公司；陆永平；新疆天谷农业科技研究所
76	棉籽分离挑选机的排针式滚筒	CN200920256833.9	20091110	吕忠浩；张国治
77	棉籽分离挑选机流量可调式机架	CN200920256830.5	20091110	吕忠浩
78	棉籽分离挑选机的毛刷装置	CN200920256831.X	20091110	吕忠浩
79	棉籽分离挑选机的传动装置	CN200920256832.4	20091110	吕忠浩
80	毛棉籽去杂装置	CN201120386908.2	20111012	晨光生物科技集团股份有限公司

续表

实用新型 82 项				
序号	专利名称	申请号	申请日	专利权人
81	棉籽三向分离器	CN201120094917.4	20110402	湖南省丰康生物科技股份有限公司
82	棉籽分离挑选机	CN200920256829.2	20091110	吕忠浩
83	棉籽仁壳分离筛	CN200520200377.8	20050525	北京中棉紫光生物科技有限公司
84	棉籽仁粉末回收装置	CN200620071772.5	20060517	殷卫兵
85	棉籽清理机	CN201120506036.9	20111208	安徽省含山县油脂有限公司
86	棉籽脱酚处理沥干机	CN201120511894.2	20111209	郑戌杪
87	一种立式棉种磨光机	CN201420281014.0	20140528	石河子开发区天佐种子机械有限责任公司
88	一种棉种脱绒设备	CN201521076180.8	20151221	山东银兴种业股份有限公司
89	一种棉种脱绒配酸装置	CN201420544549.2	20140922	荆州市楚凌钢构制造有限公司
90	棉种酸处理脱绒机	CN201220242465.4	20120525	石河子开发区石大惠农科技开发有限公司
91	棉种泡沫酸脱绒设备	CN200420049055.3	20040412	王天佐；王国峰
92	环保型粒式棉种加工系统	CN201320159321.7	20130402	河北省农林科学院旱作农业研究所
93	稀硫酸棉种脱绒加工处理设备的自动控制装置	CN02291899.X	20021212	石河子市华农种子机械制造有限公司
94	复式棉种脱绒反应搅拌器	CN01226008.8	20010531	石河子市华农种子机械制造有限公司
95	火焰式棉种脱绒处理装置	CN201120091838.8	20110331	王强
96	柔性棉种磨光机	CN200820228879.5	20081225	石河子开发区天佐种子机械有限责任公司
97	单株棉种钢刷脱绒机	CN201320224578.6	20130428	林玉闪
98	棉种酸液脱绒机	CN200920102041.6	20090326	马洪彬

实用新型 82 项				
序号	专利名称	申请号	申请日	专利权人
99	棉种脱绒磨擦机专用摩擦块及其构成的磨擦机	CN200720150051.8	20070529	刘光磊
100	棉种脱绒磨擦机滚筒	CN200520122552.6	20050927	石河子市海特机械制造有限公司
101	棉种摩擦脱绒机	CN201020293003.6	20100816	石河子开发区天佐种子机械有限责任公司
102	小型棉种硫酸脱绒设备	CN201220477887.X	20120911	江礼斌
103	旋片提手式小型棉种脱绒装置	CN201420085623.9	20140227	新疆农垦科学院
104	磨砂片升降式小型棉种脱绒装置	CN201420085779.7	20140227	新疆农垦科学院
105	一种棉种脱绒太阳能烘干厂房及设备一体机	CN201520242699.2	20150421	石河子市一正阳光新能源科技开发有限公司
106	棉种脱绒酸搅拌烘干一体机	CN201020293005.5	20100816	石河子开发区天佐种子机械有限责任公司
外观设计 20 项				
107	角瓜面瓜分籽机	CN03346920.2	20030903	宋天国
108	籽粒机	CN201530277885.5	20150729	李怀重；郭化南；李先重
109	葵花籽剥壳机	CN200830100556.3	20081220	吕彦华
110	种子精选机	CN200430046839.6	20040529	汤效民
111	种子包衣车	CN200630006500.2	20060324	马明銮；茹文军
112	种子丸粒化设备	CN201330267902.8	20130620	张连华
113	种子疏散器	CN201130161665.8	20110608	李立广
114	种子分筛机	CN201230660386.0	20121230	刘工作
115	种子包衣机	CN200630027119.4	20060221	冷文彬
116	种子包衣机	CN201530515080.X	20151209	贾生活；付秋峰；何刚；张东旭
117	种子催芽机	CN200630029192.5	20060703	刘海钢
118	油菜籽脱粒机	CN200930108843.3	20090701	郭益；郭光新
119	可调换式单眼取种器	CN201130161663.9	20110608	李立广

续表

外观设计 20 项

序号	专利名称	申请号	申请日	专利权人
120	可调换式双眼取种器	CN201130161664.3	20110608	李立广
121	取种窝	CN201430138608.1	20140519	杨新源；杨宗仁
122	点种器	CN201530092599.1	20150331	李卫东
123	种仓壳	CN201130397127.9	20111102	尚程伟；尚伟滨
124	耕种机	CN201530221479.7	20150629	白文刚；白凤吉
125	小型耕种机器	CN201230025884.8	20120210	田永忠
126	点种嘴	CN201530413483.3	20151023	温浩军；任志强；颜利民；房硕；张权；蒋德莉；李珈萱；乔宁波

附表 2 　关于精量播种技术装备中国专利

发明专利 180 项

序号	专利名称	申请号	申请日	发明人
1	一种智能化防堵塞无漏播气力式穴盘育苗精密排种器	CN201410165994.2	20140424	王智明；张石平；芦新春；孙启新；陈书法；王其兵；夏静；王颖；毛彬彬；杨进
2	沙盘育苗精量播种器	CN201110260220.4	20110905	朱保川；刘剑君；刘英杰；杨占武；胡文治；郑中勋；蔡海转；杨保伟；王灿军；李红伟
3	沙盘育苗精量播种机	CN201110316321.9	20111018	刘雪平；周华；赵品；钱蕾；黄继海；杨建刚；周高超
4	育苗精量播种机	CN200910113494.3	20091020	陈学庚；温浩军；陈其兵；颜利民；王士国
5	一种田间育苗精密播种机水平调节机构	CN201210267864.0	20120731	陈进；龚智强；李耀明；杭超
6	真空吸附式穴盘育苗精量播种机	CN201110181944.X	20110630	胡睿；林琳；张永宁；吕鸿熙；刘子春；王超；高敏

发明专利 180 项

序号	专利名称	申请号	申请日	发明人
7	钵体育苗精量播种流水线	CN201410001208.5	20140102	史步云
8	气吸式蔬菜育苗精密播种滚筒	CN201410662644.7	20141119	赵郑斌；方宪法；王俊友；刘立晶；刘忠军；刘芳建；赵金辉
9	一种穴盘育苗精量播种机	CN201110163905.7	20110617	张石平
10	穴盘育苗精密排种器	CN201110003418.4	20110110	张石平；陈书法；毛彬彬；李宗岭；孙星钊
11	高速集排精密精量播种机、遥控播种机、集筛整合收获机、收获播种机、烤粉皮机及制品	CN201510177875.3	20150408	梁承永
12	一种窝眼轮式精播排种器	CN201510387571.X	20150703	徐月明
13	一种小粒种子直播的精量排种器和精量排种器组	CN201510118900.0	20150318	李志伟；张静；符耀明；吴钢；周士琳；孙芳媛；韦钟继；黄国庆；简锦涛；聂柳金；叶绿；黄大榕
14	带有排种设计的精密播种轮	CN201010272190.4	20100902	不公告发明人
15	一种新型气吸式精量播种机的排种器	CN201410147543.6	20140414	邓援超；周定球；曲远辉；夏明安
16	小粒径精量排种器的漏播实时检测与自动补种系统	CN201410810816.0	20141223	丁幼春；王雪玲；廖庆喜；黄海东；张幸
17	精密播种机倒挂式圆管气吸排种器	CN201410013726.9	20140113	史智兴；程洪；赵晓顺
18	棉花地膜精播辅助器械	CN201010235041.0	20100723	刘瑞显；张培通；纪从亮；卞曙光；史伟；张萼；邹方刚；杨长琴；郭文琦；殷剑美；徐立华
19	盐碱地棉种精播机	CN200910209910.X	20091021	董合忠；辛承松；李维江；罗振；汝医

发明专利 180 项			
序号	专利名称	申请号	申请日	发明人
20	离心式精播器	CN200810154257.7	20081222	王立明
21	单人精播器	CN200910018195.1	20090910	王保瑞
22	保墒精播机	CN201110354480.8	20111110	郝春昌
23	小型精播机	CN201410074098.5	20140303	迟学盛
24	高密度精量点播器及所构成的精量播种机	CN201510482543.6	20150807	温浩军；陈学庚；颜利民；陈其兵；潘佛雏；张权；彭勇
25	一种适用于盐碱地的精播机用分种器	CN201510400948.0	20150710	王胜
26	一种可自由更换种子类型的适用于盐碱地的精播机用分种器	CN201510400782.2	20150710	王胜
27	一种自走式山地电动宽幅精播机	CN201510774885.5	20151113	谯显明；马海军；马明义；王荣剑；封贵琴；周永升；周宏霞；赵付东；方明金；赵新平；刘晓丽；魏睿；王彩云；张遵策
28	精巧多能高效播粒机	CN201510905135.7	20151210	韦战
29	输送与滚筒同步传动的种子精播机	CN201410219621.9	20140523	陈佳峰；尤匡标
30	手提筒状精播三撮机	CN201310239975.5	20130605	翟元德
31	筒状精播机	CN201310239994.8	20130605	翟元德
32	有机无机一体化施肥精播机	CN201510200906.2	20150424	彭正萍；李迎春；杨欣；门明新；王艳群；刘会玲
33	一种用于精量播种机的精量取种器	CN201510029662.6	20150121	周云华；张继文；陈义厚；夏世荣；夏满清
34	一种新型精控播种机	CN201510297833.3	20150602	贾兴柱
35	一种用于精量播种机的精量取种器	CN201510248571.1	20150517	彭三河
36	种窝大小可调的精定量排种器	CN201510298198.0	20150603	凌轩；王旭东；陈平

发明专利180项				
序号	专利名称	申请号	申请日	发明人
37	一种精少量排肥器	CN201410691175.1	20141126	刘彩玲；王徐建；宋建农；王继承；董向前；陈钱荣；王超
38	倾斜圆盘式小籽粒精少量排种器	CN201510353231.5	20150625	崔清亮；侯华铭；王七斤；郑德聪；畅治兵；胡席忠
39	插播注水式精量播种器	CN201110006668.3	20110113	倪景春
40	穴播机专用点播机构及无移位精密穴播机	CN201310014544.9	20130115	张宇文
41	精量播种点播多用机	CN200310116745.6	20031120	刘须功
42	转差式精量铺膜播种滚筒和播种机	CN201210102193.2	20120410	赵满全；佘大庆；王文明；李士民；赵士杰；刘汉涛；杜文亮；王政；陈伟
43	高粱精量沟播机	CN201310725122.2	20131225	刘宾；王海莲；管延安；张华文；陈二影；秦岭；杨延兵；刘灵艳；汝医；陈桂玲
44	用于精密条播机的种子分配元件和包括所述元件的条播机	CN201180007000.9	20111110	E.布拉加托
45	一种膜上直插精密播种机穴播导向传动机构	CN201310027989.0	20130114	卢宏宇；何占松；李爱华；王宏章；姜燕飞；王薇；彭晓亮；李海涛；周凤波
46	一种自动力精确控量播撒机构	CN201510739610.8	20151104	赵强
47	直插式精量点播器及所构成的播种机	CN201310610676.8	20131127	刁明；王卫兵；李盛林；马华永；刘建国；陈永成；王江丽；李亦松
48	用于气动精密条播机的播种元件	CN201580018886.5	20150417	G.多纳登

<table>
<tr><td colspan="5" align="center">发明专利 180 项</td></tr>
<tr><td>序号</td><td>专利名称</td><td>申请号</td><td>申请日</td><td>发明人</td></tr>
<tr><td>49</td><td>一种气力集排式精量排种器</td><td>CN201210539434. X</td><td>20121213</td><td>张东兴；祁兵；杨丽；史嵩；崔涛；蓝薇；张瑞；高娜娜</td></tr>
<tr><td>50</td><td>一种气力集排式小粒径作物种子精量排种器</td><td>CN201110272079. X</td><td>20110915</td><td>廖庆喜；田波平；黄海东；舒彩霞；段宏兵；丁幼春；廖宜涛；刘晓辉</td></tr>
<tr><td>51</td><td>内充种气力集排式精量排种器</td><td>CN201410029926. 3</td><td>20140122</td><td>廖宜涛；廖庆喜；丁幼春；汲文峰；舒彩霞；黄海东；田波平；王磊</td></tr>
<tr><td>52</td><td>排种器专用窝眼轮及精量排种器</td><td>CN201110452355. 0</td><td>20111230</td><td>钱生越；孟立新；陆庆刚；夏拥军；谢腊英；柏猛</td></tr>
<tr><td>53</td><td>气压护种式精量集排器</td><td>CN201410483283. X</td><td>20140919</td><td>廖庆喜；李兆东；廖宜涛；丁幼春；王磊；曹秀英</td></tr>
<tr><td>54</td><td>一种全自动化的小区精量播种机</td><td>CN201210563185. 8</td><td>20121224</td><td>杨薇；李建东；高波；李蕾霞；王琛</td></tr>
<tr><td>55</td><td>精确点播机</td><td>CN200310104209. 4</td><td>20031023</td><td>晁成功</td></tr>
<tr><td>56</td><td>气吸式精量播种控制系统</td><td>CN200510049552. 2</td><td>20050404</td><td>叶盛；王俊</td></tr>
<tr><td>57</td><td>一种集中气力式蔬菜精量播种机</td><td>CN201010153377. 2</td><td>20100421</td><td>廖庆喜；田波平；黄海东；舒彩霞；段宏兵；吴江生；张猛；严华卿</td></tr>
<tr><td>58</td><td>精密播种机</td><td>CN201010272213. 1</td><td>20100902</td><td>不公告发明人</td></tr>
<tr><td>59</td><td>一种棉花精量播种机</td><td>CN201010257999. X</td><td>20100820</td><td>张西群；齐新；范国昌；彭发智；刘铮；王惠新；任东亮</td></tr>
<tr><td>60</td><td>精量播种机</td><td>CN201110149258. 4</td><td>20110603</td><td>胡晓军；许光映；李群；谷曦</td></tr>
<tr><td>61</td><td>一种拖动式育秧精密播种机</td><td>CN201210042399. 0</td><td>20120223</td><td>马旭；齐龙；李世平；周海波；张志中；郭洪江；谭祖庭；赵人财；陈国锐</td></tr>
</table>

发明专利 180 项			
序号	专利名称	申请号	申请日	发明人
62	双垄开沟全覆膜施肥精量播种机	CN201210161044.3	20120523	张卿
63	高速精密播种机	CN201310396477.1	20130904	王业成
64	一种机械式精量点播器	CN201310077214.4	20130312	张和平
65	多功能精密播种机	CN200810136179.8	20080709	王伟均
66	通用精量播种器	CN200810243428.3	20081217	罗汉亚；吴崇友；季顺中；吴耀东；季自海；杨根林；李群
67	精量穴播器相位调整器	CN201210309727.9	20120828	于永良；臧象臣；王堆金
68	一种田间育秧精密播种机调水平机构	CN201110448964.9	20111229	陈进；龚智强；李耀明；赵湛；徐立章；杭超
69	气力式精密播种器	CN200810029153.3	20080701	马旭；王朝辉；贾瑞昌；周海波；玉大略
70	精密播种机	CN200810015831.0	20080424	王伟均
71	一种可实现智能精量点种的播种机	CN201210222791.3	20120629	肖吉林；卢俊；温华中；向勇；强刚；赵融；王余刚；李亚娥；程祖国
72	一种滚筒式精量播种机	CN201210234540.7	20120709	曾廷刚
73	小硬实种子无级精量条播机	CN201210275587.8	20120804	赵春花；吴建民；胡靖明；张克平；韩正晟；孙伟；赵涛；张炜；贺建全
74	无级调距式棉花膜上精量播种机	CN201410725608.0	20141203	董合忠；李维江；汝医；代建龙
75	一种三七精密播种机	CN201410810191.8	20141224	赖庆辉；周金华；苏微；高筱钧；李莹莹；迟琳芯
76	一种电驱动精量穴播机	CN201410450809.4	20140905	李城德；杨永军；赵新平；马明义；王钧；刘晓丽；田琳；马海军
77	穴盘式精量点播器	CN201510028383.8	20150120	董衍鹏；王勇
78	半自动精量播种机	CN201210078562.9	20120322	陈佳峰；尤匡标

续表

发明专利 180 项

序号	专利名称	申请号	申请日	发明人
79	一种钵盘精量播种机	CN200910307914.1	20090929	余继琅
80	配挂式多用途种子精量直播机	CN201010149311.6	20100413	顾光耀
81	可调式单行小粒作物精量穴播机	CN201010298656.8	20100930	赵谦；李月娥；赵明
82	枕轨式田间机插秧盘精量播种成套设备	CN201010177617.2	20100519	顾光耀
83	动仓式可组合精量穴播器	CN201110084127.2	20110402	郭志东
84	全自动滚筒式精量播种流水线	CN201210001663.6	20120105	陈佳峰；尤匡标
85	一种多功能精量穴播器	CN201310553310.1	20131111	李立广
86	一种双作用机械式精量穴播器	CN201310548493.8	20131108	于永良；臧象臣；王堆金
87	一种新型精量播种机构	CN201510048833.X	20150130	缪宏；单翔；张瑞宏；张剑峰；郑再象；金亦富；沈函孝；孙娟
88	单压滑式精量取种穴播器	CN201310129218.2	20130415	廖应良
89	一种作物种子精量点播器	CN201410157114.7	20140419	王家兵；王汉陵；黄文泽
90	滚筒式精量播种器	CN201310300544.5	20130717	王新生；白忠良
91	气力式可扩展组合精密播种机	CN201410172433.5	20140425	司慧萍；刘豫川；吴军辉；林开颜；陈杰；李引；施建峰；周全
92	气力式蔬菜精量遥控播种机	CN201410038876.5	20140127	廖宜涛；廖庆喜；丁幼春；汲文峰；黄海东；舒彩霞；田波平；王磊
93	集中种肥气送式精量播种机	CN201310498490.8	20131023	谢宇峰；许剑平；郝剑英；梁玉成；刘春旭；刘国平；姜明海；顾海滨；赵光兵；张凤菊

发明专利 180 项				
序号	专利名称	申请号	申请日	发明人
94	一种三七精密播种机	CN201410133434.9	20140404	赖庆辉；周金华；张兆国；苏微；高筱钧；李莹莹；迟琳芯
95	一种气吸式精密播种机及其风机恒压驱动系统	CN201410332444.5	20140711	刘立晶；李长荣；刘忠军；周军平；赵郑斌；赵金辉；郝朝会
96	一种精量播种机	CN201510685430.6	20151020	王杨
97	气爆精量播种机	CN201510592111.0	20150915	冯成伟
98	气动精量播种机	CN201510592098.9	20150915	冯成伟
99	磁吸板式穴盘精密播种机	CN201010212439.2	20100629	王万章；何玉静；刘剑君；姬少龙；张红梅；王永田
100	动仓式单粒精量穴播器	CN201010558039.7	20101115	郭志东；郭春瑶
101	用于作物育种和栽培精密试验的点播器	CN200910020816.X	20090106	王成社；陈光斗
102	免间苗精量播种机	CN200910075500.0	20090918	张喜文；张志勇；张文兴；李萍；孟龙；张志杰；芦明；张国伟；张炳林；张维芳；张艾英；杨斌；申海斌
103	笔式小圆粒种子精量播种器	CN201110104836.2	20110426	周明
104	一种田间育秧气吸振动盘式精密播种机	CN201110448955.X	20111229	李耀明；龚智强；陈进；赵湛；徐立章；杭超
105	夹持回转式精密点播轮	CN200810110524.0	20080602	王吉奎；郭康权；吕新民；张红艳；付威
106	一种精量点播器	CN200710148681.6	20070831	王吉奎；付威；吐鲁洪；兰秀英；马本学；吴杰；李华
107	电磁振动式精密播种器	CN200710067322.8	20070212	赵匀；俞亚新；张斌；石泉

发明专利180项

序号	专利名称	申请号	申请日	发明人
108	一种棉花双行错位苗带精量穴播机	CN201410481287.4	20140920	孙冬霞；宫建勋；张爱民；禚冬玲；李伟；刘凯凯；王仁兵；宋德平；王欢成；王振伟；刘淑安；张瑛；孙建胜
109	万能精量播种器	CN201510144868.3	20150330	徐精学；徐开宇
110	用于作物育种和栽培精密试验的点播器	CN201410634605.6	20141029	姚剑；白秀芬
111	真空吸附式精量播种器	CN201410257799.2	20140611	杨晓华
112	具有自动检测的气吸式精量播种机	CN201510206876.6	20150428	岳鹏飞；赵涛；唐律；叶宏
113	高密度精量播种机	CN201510191413.7	20150421	温浩军；陈学庚；颜利民；陈其兵；潘佛雏；张权；彭勇
114	一种高效精量撒肥播种机	CN201210300179.3	20120822	陈书法；李宗岭；杨进；申屠留芳；王强；封成龙；芦新春
115	一种精量施肥播种机	CN201210087314.0	20120328	杨勇
116	一种适用于片状及颗粒种子的机械式精量播种器	CN201510362979.1	20150629	李树峰；赵宏政
117	一种新型穴盘精密播种机	CN201510289847.0	20150530	司慧萍；刘豫川；陈杰；吴军辉；林开颜；李引；施建锋；周全；杨洋
118	用于精密自动播种机的改进种子分配器	CN201580011380.1	20151008	彼得罗·路易吉·多诺洛；加斯托内·特拉卡内利
119	雷达测控精量播种机	CN201210412834.4	20121026	张广智；丁晓枫；陈德恩；滕星；刘生计
120	一种智能型高效穴盘精量播种机	CN201410151320.7	20140416	张文学
121	一种多功能精量穴播器	CN201510049297.5	20150131	于永良；臧相臣；王堆金

序号	专利名称	申请号	申请日	发明人
		发明专利 180 项		
122	永磁吸头板式精密播种器	CN201110421840.1	20111216	胡建平；王勋；路传同
123	一种电磁吸头板式精密播种器	CN201110421839.9	20111216	胡建平；王静；周春健
124	气吸式精量播种机	CN201510238513.0	20150512	丁筱玲；赵立新；宋成宝；付乾坤；朱现忠；李洁
125	一种多用途精密播种机	CN201110003358.6	20110110	张石平；陈书法；毛彬彬；李宗岭；孙星钊
126	一种精量播种器	CN201410510328.8	20140929	严勇
127	链筒式精量穴播器	CN201310216004.9	20130604	郭志东；郭春瑶
128	一种手推气吸式精量点播机	CN201510647599.2	20151009	雷明成；高延炯；尚峥太；高万兴；吴正文；陈开涛；刘会；蔡长生
129	密闭精量排种器	CN201110155382.1	20110610	杨生
130	双盘气吸式精密排种器	CN200610016810.1	20060428	马旭；袁月明；金汉学；梁留锁；王未
131	螺旋线渐变精量排种器	CN201310428521.2	20130918	王继承；王徐建；宋建农；董向前；李永磊
132	适用于多形状小粒种子的气吸滚筒式精量排种器	CN201310488122.5	20131017	李志伟；张静；符耀明；吕莹；吴潇；谢海军
133	一种内嵌入导种条气力式精量排种盘	CN201310456170.6	20130929	廖庆喜；丛锦玲；廖宜涛；余佳佳；王磊；曹秀英
134	中心传动强推式及半口盛种精密排种器	CN200710017665.3	20070402	张宇文；眢林森
135	多功能精密排放轮	CN200710013735.8	20070224	王伟均
136	高速多功能精量排种器	CN201010602684.4	20101223	王曦；马悦；刘静
137	多功能精密排种器	CN200810157544.3	20081007	王伟均
138	一种集中式气力精量排种器	CN200910061088.7	20090312	廖庆喜；张猛；田波平；黄海东；舒彩霞；段宏兵；刘世顺；李继波；杨波；王福杰；林来福

续表

序号	专利名称	申请号	申请日	发明人
	发明专利 180 项			
139	一种电动可调气吸式精量排种器	CN201210309994.6	20120828	葛俊峰
140	一种滑动永磁组合磁系结构精密排种单元	CN201210510118.X	20121203	胡建平；路传同；侯冲；郭坤
141	非圆粒种子精量排种器	CN201210327285.0	20120829	赵春花；马军民；师尚礼；王汝富；曹明崇；张锋伟；谢燕飞；张克平；何建全
142	鸭嘴式精量排种器	CN201110461544.4	20111221	杜凤永
143	电容式精密排种器性能检测传感器	CN201210243725.4	20120713	孙裕晶；贾洪雷；刘阳；任德良；郝淼；刘成铭
144	精密排种机监测系统	CN201110051140.8	20110303	黄亦其；乔曦；唐书喜；罗昭宇
145	一种滚筒气吸阵列式精量排种器	CN201410635677.2	20141113	倪向东；蔡文青；徐国杰；邓勇；韩斌斌
146	型孔容积可变式精密排种器	CN201410440499.8	20140829	贾洪雷；姚鹏飞；郭明卓；郭慧；曲文菁；宋相礼
147	一种磁吸式精密排种器	CN201210267774.1	20120731	胡建平；路传同；侯冲；郭坤
148	一种气流扰动式精量排种器	CN201310410632.0	20130911	张东兴；祁兵；史嵩；崔涛；杨丽；王方艳
149	宽幅精密排种器	CN201010155213.3	20100420	张洪英
150	曲柄滑块顶出式单粒精密排种器	CN201410469589.X	20140915	刘彩玲；王徐建；陈丰；宋建农；王继承；董向前；王超
151	一种负压式精量排种器	CN201410551526.9	20141017	赵晓顺；张晋国；马志凯；于华丽；杜雄；桑永英；赵金；马洪亮
152	模块化多功能水平圆盘式精密排种器	CN201210146449.X	20120511	赵武云；黄高宝；柴强；史增录；杨正；蒋五洋；王赟；魏丽娟

序号	专利名称	申请号	申请日	发明人
		发明专利 180 项		
153	基于 GPS 的精密排种器	CN201310185523.3	20130520	葛俊峰
154	气力滚筒式异形种子精量排种器	CN201510570082.8	20150909	俞亚新；竺熔；周志栋
155	机械倾斜圆盘型孔式精密排种器	CN201510614175.6	20150924	董淑勇；拉蒙；谷香德；张金梅；柏建彩；李常宇
156	喷气清种组合槽轮精密排种器	CN201410033704.9	20140124	张宇文；张月萍
157	偏心顶杆精量变量排种器	CN200510031882.9	20050718	谢方平；孙松林；李明；汤楚宙；吴明亮；杨文敏；殷炽炜
158	组合内窝孔精密排种器	CN200410011100.0	20040917	于建群；马成林；杨海宽；孙裕晶；马旭；于海业；王福崑
159	高速精密排种器	CN201010032446.4	20100111	王业成；雷溥；权龙哲；陈海涛；邱立春
160	一种气力组合盘式单粒精量排种器	CN201010191514.1	20100526	张东兴；刘佳；崔涛；杨丽；徐丽明；高娜娜；蔡晓华
161	电动气吸式精量排种器	CN200710065023.0	20070330	全莉平
162	型孔深度可变式精密排种器	CN200910015505.4	20090513	宋井玲；杨自栋；杨善东；张国海；李洪文
163	一种永磁体磁吸式精密排种器	CN200910029443.2	20090410	胡建平；王奇瑞
164	带式精量排种器	CN201010206318.7	20100623	耿端阳；张庆峰；樊光彬
165	一种夹持式精量排种器	CN200810072875.7	20080509	李树峰；曹卫彬；坎杂；马蓉；边金英；王顺利
166	气吸式精量排种器	CN201210309987.6	20120828	葛俊峰
167	非圆种子单粒定向投种精密排种器	CN201410808188.2	20141222	刘彩玲；王徐建；宋建农；王超；王继承；董向前；王亚丽

续表

发明专利 180 项

序号	专利名称	申请号	申请日	发明人
168	两次充种两次分离机械式多功能高速精密排种器	CN201410093424.7	20140302	董臣
169	水平往复式多行胡麻精量排种器	CN201310679743.1	20131215	谢亚萍；牛俊义；李阳
170	多功能窝眼式精量排种器	CN201210414577.8	20121016	赵春花；师尚礼；王汝富；马军民；曹明崇；王德成；谢燕飞；张克平；贺建全
171	一种非圆种子单粒精密排种器	CN201510189021.7	20150420	刘彩玲；王徐建；廖梦元；林成功；王亚丽；王超；黎艳妮
172	气吸式棘轮精量排种器	CN201110163365.2	20110617	何进；倪际梁；王庆杰；李慧；李洪文；张东远；李问盈
173	种勺可调式精量排种器	CN201510038803.0	20150127	杨欣；王建合；杨淑华；李建平；吴军锋；杨永红；孙东法；李敬东
174	充种沟式精密排种器	CN201310408629.5	20130910	张晋国；侯玲玲；杜雄；王学良；赵金；史智兴；赵晓顺；梁枭强
175	一种新型小籽粒精密排种器	CN201510262633.4	20150513	陈军；吕秀婷；刘凡一；王亚龙
176	一种精密排种器	CN201410503614.1	20140928	张木林；张全贵；张本源；米志峰；孙文；石贞芳；孟德胜；赵小莉；康力峰
177	精密高速可调式多功能排种器	CN201010596860.8	20101221	董臣
178	一种防伤种型精量排种器	CN201510048811.3	20150130	刘继泽；赵忠良
179	一种气吸式三七精密排种器	CN201510572772.7	20150910	赖庆辉；苏微；李莹莹；崔秀明；高筱钧；周金华；马文鹏

发明专利 180 项			
序号	专利名称	申请号	申请日	发明人
180	多功能精量排种器结构	CN201410371892.6	20140731	张绪清；戚卫华
实用新型 513 项				
181	气针式穴盘精播育苗机	CN201520869838.4	20151104	山东农业大学
182	蔬菜育苗精量播种系统	CN201520134158.8	20150310	曲周县金满园农业有限公司
183	大棚全自动滚筒式穴盘精量播种育苗机	CN201020630522.7	20101129	克拉玛依五五机械制造有限责任公司
184	真空吸附式穴盘育苗精量播种机	CN201120228239.6	20110630	云南省机械研究设计院
185	钵体育苗精量播种流水线	CN201420002326.3	20140102	常州亚美柯机械设备有限公司
186	一种基质苗床育苗精量播种机传动机构	CN201520489795.7	20150709	孙小明
187	一种基质苗床育苗精量播种机	CN201520489855.5	20150709	孙小明
188	温棚育苗专用精量穴播器	CN201020249518.6	20100626	石河子大学
189	吸盘抛振式穴盘育苗半自动精量播种机	CN200720183126.2	20071106	石河子大学
190	育苗精量播种器	CN200820096762.6	20081112	郭浩岷
191	漂浮育苗精量播种器	CN200620109202.0	20060104	龙昭衍；田必刚
192	一种田间育苗精密播种机水平调节机构	CN201220373856.X	20120731	江苏大学
193	沙盘育苗精量播种机	CN201120396724.4	20111018	郑州市双丰机械制造有限公司
194	促排种可视滚动精播播种器	CN201120265525.X	20110726	武双贵
195	离心集排式精播器	CN201420033506.8	20140117	武汉黄鹤拖拉机制造有限公司
196	窝眼轮式精播排种器	CN201520476817.6	20150703	宿迁淮海科技服务有限公司

实用新型 513 项

序号	专利名称	申请号	申请日	发明人
197	可调速精位穴播机排种器	CN200920103142.5	20090603	程玉莲
198	一种烤烟精准移栽株距定位器	CN201320421297.X	20130716	江西省烟草公司抚州市公司
199	一种多功能精准烟叶移栽器	CN201220187363.7	20120428	江西省烟草公司抚州市公司
200	多功能精量点播排种器	CN02230957.8	20020411	郭文生
201	后排式精量播种机	CN02207163.6	20020204	靳亚玲
202	一种高速精量穴播排种器	CN201420152088.4	20140331	华中农业大学
203	精量棉花穴播器的排种轮	CN201120072154.3	20110318	马国辰
204	一种空心轴齿轮变速铺膜精量穴播排种器	CN201120216136.8	20110624	吉林省蒙龙机械制造有限责任公司
205	精量穴播器可更换种窝的排种轮	CN200720183182.6	20071211	新疆天诚农机具制造有限公司
206	精量穴播器可调整种窝的排种轮	CN201120543640.9	20111222	卢登明
207	精密点播排种器	CN02235496.4	20020516	吴瀛洲
208	可更换种窝的精量穴播器排种轮	CN201020259212.9	20100715	张朝书
209	播种机精密排种器	CN201020015519.4	20100119	山东理工大学
210	精量穴播排种器	CN200920101252.8	20090109	李茂江
211	精量播种机排种器上的离合器	CN200620021775.8	20060930	苗伟修
212	气吸式链传动强制排种精量穴播器	CN200720125805.4	20070712	侯国义
213	气吸式强制排种精量穴播器	CN200720125806.9	20070712	侯国义
214	播种机精密排种器	CN200920021268.8	20090415	山东理工大学
215	一种气吸式精量播种机排种器	CN201020582016.5	20101020	李振林

实用新型 513 项

序号	专利名称	申请号	申请日	发明人
216	精量穴播器可更换种窝的排种轮	CN201120045562.X	20110223	阮士云；阮吉富
217	链板式精密播种排种器	CN200620074182.8	20060621	农业部南京农业机械化研究所
218	水平圆盘式精密播种排种器	CN200620074183.2	20060621	农业部南京农业机械化研究所
219	负压式精播烟籽播种器	CN201020671550.3	20101221	袁良友
220	手持播种器种肥精播定量传送轴	CN200720094173.X	20070806	尚海；王守法
221	一种精播穴播器	CN200620119782.1	20060613	张朝书
222	联合浮动式精播机	CN201220172592.1	20120418	李佳
223	气吸式铺膜精播机	CN200320104980.7	20031023	瓦房店市精量播种机制造有限公司
224	小手扶精播机	CN200520029371.9	20051028	田维
225	盐碱地棉种精播机	CN200920269565.4	20091021	山东棉花研究中心
226	手握式地膜打孔精播器	CN03211489.3	20030220	吴明根
227	精播机组合式仿形连接架总成	CN03260483.1	20030903	郭文生
228	精播施肥一体机	CN201320574823.6	20130910	葛文满
229	输送与滚筒同步传动的种子精播机	CN201420265540.8	20140523	浙江博仁工贸有限公司
230	一种有机无机一体化施肥精播机	CN201520255972.5	20150424	河北农业大学；中国农业科学院农业环境与可持续发展研究所
231	漏、粘两用精播器	CN201120578257.7	20111229	程向清
232	精播机可调式配重机构	CN201420494333.X	20140830	李金泽
233	小型精播机	CN201420092538.5	20140303	科右前旗兴盛宏农机具制造有限公司
234	预警起垄精播机	CN201320362980.0	20130624	孙学君
235	制种大田两用精播机	CN201220717091.7	20121206	内蒙古民族大学

续表

序号	专利名称	申请号	申请日	发明人
		实用新型 513 项		
236	一种可自由更换种子类型的适用于盐碱地的精播机用分种器	CN201520493790.1	20150710	潍坊友容实业有限公司
237	一种适用于盐碱地的精播机用分种器	CN201520493816.2	20150710	潍坊友容实业有限公司
238	一种三格定距精播器	CN201520424274.3	20150619	卢喜旺；卢胜强
239	高密度精量点播器及所构成的精量播种机	CN201520593422.4	20150807	新疆科神农业装备科技开发股份有限公司；新疆农垦科学院
240	精播机负压风机	CN201120575086.2	20111231	北京德邦大为科技有限公司
241	精播机三梁组合式机架	CN201420526984.2	20140912	北京德邦大为科技有限公司
242	多功能抛秧盘精播机	CN200920093958.4	20090708	盖军
243	双式精播开沟器	CN200720116104.4	20070427	王丙义
244	双链条传动可调节式多功能精播机	CN200720117447.2	20071113	秦立国
245	手扶拖拉机专用精播机	CN200720117087.6	20070928	郑学忠
246	多功能单体精播机传动机构	CN200820090188.3	20080612	郑学忠
247	多功能精播机	CN200820110883.1	20080429	李元家
248	组合式气吸精播机	CN200920013899.5	20090519	黄文利
249	菠菜多功能精播机	CN200920017312.8	20090105	孙永志
250	多用单行精播施肥器	CN200920165883.6	20090706	翟耀辉
251	精播机	CN200920095006.6	20091223	周维忠
252	深松气吸精播合垄机	CN200920094252.X	20090826	张景军
253	一种单粒精播机	CN201120122822.9	20110425	檀香莲
254	山地精播机	CN201120028959.8	20110128	姚炳宝
255	Mini 单行精播机	CN200820000166.3	20080104	常青树农机制品（北京）有限公司

续表

实用新型 513 项

序号	专利名称	申请号	申请日	发明人
256	一种施肥铺膜气吸精播机单体	CN200720004131.2	20070129	谈疆；谈军
257	双线精播耧开沟器	CN200720019298.6	20070308	张恩祥
258	多功能精播施肥耧	CN200520083209.5	20050515	朱忠孝
259	高速精播机	CN201220434539.4	20120830	贾陆军
260	一种精播机	CN201120115379.2	20110418	李庆雪
261	一种自走式山地电动宽幅精播机	CN201520903504.4	20151113	甘肃洮河拖拉机制造有限公司；华池县农业技术推广中心
262	可调摆块精播盘	CN200820103760.5	20080710	陈立凡
263	手提精种式施肥播种器	CN02292036.6	20021220	章宏
264	一种用于精量播种机的精量取种器	CN201520041112.1	20150121	监利华新农机制造有限公司；长江大学
265	一种用于精量播种机的精量取种器	CN201520315077.8	20150517	长江大学
266	电动自走式多功能精良播种机	CN201220327012.1	20120709	曹明山
267	一种精良播种用草绳	CN201320561155.3	20130911	秦存宝
268	一种新型精控播种机	CN201520375200.5	20150602	来安县皖苏农业设备制造有限公司
269	人力滚筒覆土镇压式精位点播机	CN200820177812.3	20081124	孙启增
270	种窝大小可调的精定量排种器	CN201520375985.6	20150603	仲恺农业工程学院
271	一种精少量排肥器	CN201420720295.5	20141126	中国农业大学
272	一种精控排肥器	CN201220125370.4	20120329	中国农业科学院农业资源与农业区划研究所；北京东方傲龙科技有限公司；贵州省烟草科学研究所；贵州省烟草公司遵义市公司

续表

实用新型 513 项

序号	专利名称	申请号	申请日	发明人
273	插播注水式精量播种器	CN201120009586. X	20110113	倪景春
274	单体直播机及含有该单体直播机的膜上精细穴平直播机	CN200620166973. 3	20061228	聂长军
275	精量播种点播多用机	CN200320126208. 5	20031120	刘须功
276	一种新型实用的气吸式铺膜精量点播穴播机	CN200420077759. 1	20040713	胡占堂；聂文治
277	一种播种机精量穴播器	CN201020216766. 0	20100607	马振祥
278	精密耕播通用机	CN03212108. 3	20030320	黑龙江省海轮王农机制造有限公司
279	悬浮式精量播种点播多用机	CN03205059. 3	20030721	刘须功
280	改进的机械式精量穴播器的播种鸭嘴	CN201420163355. 8	20140404	阿克苏金天诚机械装备有限公司
281	精密施播器	CN201320867881. 8	20131227	杨福华
282	一种豆类高精度穴播播种器	CN201320654595. 3	20131023	王世玉
283	一种机械式精量穴播器的播种鸭嘴	CN201420509177. X	20140905	阿克苏金天诚机械装备有限公司
284	播种花芸豆的气吸式精量播种机	CN200520136698. 6	20051221	朱新辉；李愚超
285	转差式精量铺膜播种滚筒和播种机	CN201220147013. 8	20120410	内蒙古农业大学机械厂
286	精量播种机的打孔和播种准同步机构	CN01209588. 5	20010403	胖龙（邯郸）温室工程有限公司
287	气吸式播种机的精量高粱播种盘	CN201420692986. 9	20141118	山西省农业科学院农业环境与资源研究所
288	一种精量播种的穴播器	CN201420768304. 8	20141209	浙江亚特电器有限公司；嘉兴亚特园林机械研究所；新疆钵施然农业机械科技有限公司

实用新型 513 项

序号	专利名称	申请号	申请日	发明人
289	高粱精量沟播机	CN201320862229.7	20131225	山东省农业科学院作物研究所
290	人参精密播籽机	CN201520268594.4	20150429	集安佳信通用机械有限公司
291	旱田点播播种器高精度种肥定量输送滚	CN200720094834.9	20071221	尚海
292	气吸式精量旋播机	CN200920148134.2	20090410	杜凤永
293	点播式精量播种器	CN201120016250.6	20110112	郝建忠
294	基于多隔种肥箱和精确点播器的多功能播种机	CN200820066091.9	20080324	孙长利
295	播种滚筒用免拆可调式精量穴播器	CN201120207170.9	20110620	库尔班·麦麦提
296	一种便于精密播种的多功能播种机	CN201521001330.9	20151207	重庆市长寿区斌洁农业开发有限公司
297	内充种气力集排式精量排种器	CN201420038911.9	20140122	华中农业大学
298	气压护种式精量集排器	CN201420541191.8	20140919	华中农业大学
299	排种器专用窝眼轮及精量排种器	CN201120564957.0	20111230	钱生越
300	半自动精量穴盘播种机	CN201220127563.3	20120330	张立新；刘光；张雨田
301	精密播种施肥机	CN200320103438.X	20031117	华方喜；华方德；华方宝
302	电子监控精量播种器	CN03240865.X	20030315	王宏林
303	小型气吸式精量播种铺膜机	CN200320104977.5	20031023	瓦房店市精量播种机制造有限公司
304	精密播种器	CN200420063073.7	20040707	刘吉锁
305	精量增墒施肥播种机	CN200420070757.X	20040923	沈阳农业大学
306	腹囊式人力精量播种器	CN200420012814.9	20041207	张周熙
307	牵引式精量点播机	CN200420018505.2	20040225	沙红
308	一种气力式蔬菜精量播种机	CN201020168984.1	20100421	华中农业大学；武汉黄鹤拖拉机制造有限公司

续表

序号	专利名称	申请号	申请日	发明人
	实用新型 513 项			
309	精量秧盘播种机	CN201020103635.1	20100129	滕建峰
310	气吸式精密播种机风机滑动座	CN201020046026.7	20100107	河北农哈哈机械集团有限公司
311	气吸式精密播种机变速箱	CN201020046029.0	20100107	河北农哈哈机械集团有限公司
312	用于型孔式精量点播器上的转轮刮种器	CN201320101866.2	20130306	张和平
313	一种机械式精量点播器	CN201320110088.3	20130312	张和平
314	穴盘式多功能精量点播器	CN201320045175.5	20130128	石河子市久胜农具制造有限公司
315	农用精密播种机	CN200520021824.3	20051026	辛贵树
316	注水施肥精密播种机	CN200520091325.1	20050612	熊志恒；程翠英
317	双体暗式注水精量点播机	CN200520021233.6	20050715	黑龙江省水利科学研究院
318	高精度播种机	CN200920146537.3	20090420	庞家绍
319	一种钵盘精量播种机	CN200920311776.X	20090929	余继琅
320	气吸式精量穴播器	CN01208667.3	20010308	新疆车排子一二三团修造厂
321	地轮滚筒联体的舀匀地引式精量穴播器	CN01201101.0	20010112	李金凡
322	膜下滴灌铺管铺膜精密播种机	CN01204983.2	20010206	新疆兵团农机推广中心
323	多功能精量播种器	CN01266712.9	20011024	郭文生
324	气吸式膜上精量穴播器	CN01277095.7	20011217	新疆阿克苏新农通用机械厂
325	精量播种锄草施肥多用机	CN02240730.8	20020717	华宇
326	链轮传动的偏心差速气吸精量穴播器	CN02236233.9	20020520	黄新平
327	偏心差速式气吸精量穴播器	CN02236434.X	20020520	韩风臣；王进忠
328	四行精密播种机	CN02237191.5	20020610	黑龙江省勃农机械有限责任公司

续表

实用新型 513 项

序号	专利名称	申请号	申请日	发明人
329	钵育秧盘精量播种机	CN02287125. X	20021107	黑龙江八一农垦大学
330	精量播种器	CN02294530. X	20021226	上海信谊包装材料有限公司
331	双曲柄式精量播种机构	CN02274861. X	20020820	曹景新
332	一种多功能组合型精密播种器	CN03206651. 1	20030801	李福林
333	用于精密播种的基质覆料机	CN03256035. 4	20030724	浙江大学
334	主动植入式精量点播器	CN03264130. 3	20030527	王宏林
335	精量穴播器	CN03272904. 9	20030618	吕西广
336	精准播种器	CN03219355. 6	20030113	梁慧明
337	多功能精量播种机	CN01248581. 0	20010705	高新义
338	型孔轮式膜上精量点播器	CN01219213. 9	20010406	石河子大学工学院
339	一种膜上精量点播器	CN01219214. 7	20010406	石河子大学工学院
340	多功能精量点播追肥器	CN01220561. 3	20010326	永文明
341	覆膜施肥喷药精量播种机	CN01233288. 7	20010816	张国军
342	机畜力施肥精密播种机	CN01225109. 7	20010601	郭宝仁；赵恺胜
343	多类种子高速精量播种器	CN01270986. 7	20011116	李志强；刘庆彬
344	勺式精量播种施肥机	CN201220685777. 2	20121213	宁城天助机械有限公司
345	一种双刷插板式机械精量穴播器	CN201220324654. 6	20120705	李建涛
346	精量穴播器相位调整器	CN201220430374. 3	20120828	新疆天诚农机具制造有限公司
347	一种可实现智能精量点种的播种机	CN201220313710. 6	20120629	西安圣华电子工程有限责任公司
348	机械式精量穴播器	CN201220271506. 2	20120611	新疆天鹅现代农业机械装备有限公司
349	双料箱多功能精量播种机	CN201220575225. 6	20121102	永昌县恒源农机制造有限公司；甘肃农业大学
350	多功能精密高速播种机	CN201220555191. 4	20121028	佳木斯龙嘉农机制造有限公司

续表

实用新型 513 项

序号	专利名称	申请号	申请日	发明人
351	拨盘式精量取种穴播器	CN200620122062.0	20060628	郭笑非
352	精量点播器	CN200620159000.7	20061108	赵祝同
353	可调式机械精量穴播器	CN200720170354.6	20070823	李校周
354	无卡位、防倒车的窝眼式机械精量穴播器	CN201520001400.4	20150104	阿克苏科硕农机销售有限责任公司
355	一种多功能精量穴播器	CN201520067526.1	20150131	新疆天诚农机具制造有限公司
356	一种基于 GPS 的电动精量播种机	CN201520140687.9	20150312	吉林大学
357	高密度精量播种机	CN201520216447.2	20150410	新疆科神农业装备科技开发股份有限公司
358	偏坡可调式精量点播机	CN201320206038.5	20130423	曲治阳
359	一种精量点播机	CN201320334424.2	20130612	王建忠
360	全自动精量播种流水线的生产设备	CN201320347874.5	20130618	浙江博仁工贸有限公司
361	精量种子播种器	CN201320336501.8	20130613	李志峰
362	精准点播器的点种嘴	CN201320072039.5	20130208	张和平
363	高速精密播种机	CN201320546228.1	20130904	哈尔滨北农恒润科技有限公司；张立菲
364	凸轮式精量点播机	CN201320553097.X	20130906	孙绍训
365	牵引式精密播种机	CN201320487420.8	20130812	范自富
366	辣椒精准点播器	CN201320581525.X	20130910	陈玉纯
367	机械式精量穴播器可调整取种轮	CN201320249713.2	20130510	李建涛
368	一种全覆膜精量穴播机	CN201320650574.4	20131022	边建华
369	小粒种子精密播种机	CN201320642333.5	20131018	于延军
370	气吸式精量播种机用组合式接种盒	CN201420297386.2	20140606	路大波
371	气吸式精量播种机用对接式接种盒	CN201420195713.3	20140422	路大波

实用新型 513 项

序号	专利名称	申请号	申请日	发明人
372	一种智能型高效穴盘精量播种机	CN201420191313.5	20140416	重庆市和达机械制造有限公司
373	精量穴播器相位调整机构	CN201420170862.4	20140408	常州汉森机械有限公司
374	气力式蔬菜精量播种机	CN201420051987.5	20140127	华中农业大学
375	一种精量施肥播种机	CN201420824222.0	20141224	常有利
376	集中种肥气送式精量播种机	CN201320652780.9	20131023	黑龙江省农业机械工程科学研究院
377	一种多功能精量穴播器	CN201320704862.3	20131111	李立广
378	全覆膜滴灌精量播种机	CN201320796778.9	20131205	宁城天助机械有限公司
379	一种全自动化的小区精量播种机	CN201220716104.9	20121224	中机美诺科技股份有限公司
380	气吸式膜下滴灌铺膜精量播种机	CN201120216109.0	20110624	吉林省蒙龙机械制造有限责任公司
381	一种膜下滴灌铺膜精量播种机	CN201120216110.3	20110624	吉林省蒙龙机械制造有限责任公司
382	一种气吸式精密播种机清种器	CN201120266709.8	20110727	河北农哈哈机械集团有限公司
383	一种新型精量穴播器	CN201120176046.0	20110530	新疆利农机械制造有限责任公司
384	夹持式精量穴播器	CN200820103921.0	20081009	张朝书
385	气吸式精密播种机刮种器	CN200820106044.2	20080926	河北农哈哈机械集团有限公司
386	窝孔式精量穴播器	CN200820300141.5	20080125	新疆生产建设兵团农一师七团农机修造厂
387	一种单双粒可调的棉花精量穴播器	CN201120349411.3	20110919	郭西晨
388	免烧茬破茬式多功能精量播种机	CN201120362246.5	20110926	廖玄
389	无级调距式棉花膜上精量播种机	CN201420753148.8	20141203	山东棉花研究中心

实用新型 513 项

序号	专利名称	申请号	申请日	发明人
390	精量穴播器导种槽	CN201420446306.5	20140808	新疆天诚农机具制造有限公司
391	向日葵电动气吸式全覆膜精量穴播机	CN201420570013.8	20140923	赵沛义；逯栓柱
392	高速精准智能播种机	CN201420571481.7	20140930	黑山县胜利机械厂
393	一种精量播种器	CN201420601992.9	20141008	侯中仁
394	一种气吸式精密播种机及其风机恒压驱动系统	CN201420384772.5	20140711	现代农装科技股份有限公司；中国农业机械化科学研究院
395	多功能可调式精量穴播器	CN201420697474.1	20141119	阿克苏金天诚机械装备有限公司
396	一种多功能机械式精量穴播器	CN201420711885.1	20141124	阿克苏金天诚机械装备有限公司
397	一种便携式精量播种器	CN201420704062.6	20141121	山西农业大学
398	穴盘式精量点播器	CN201520039269.0	20150120	博尔塔拉蒙古自治州乐鑫农牧机械有限公司
399	精量穴播器	CN200520133871.7	20051110	张保东；张保科
400	精准烟叶播种盘	CN201120290865.8	20110810	西昌市鑫荣实业有限责任公司；四川省烟草公司凉山州公司会理营销部
401	线式种子及线式种子精确播种机	CN201520137077.3	20150311	薛淑波
402	精量穴播器种量调整器	CN201020676990.8	20101223	于永良
403	插片式可变株距精量穴播器	CN201020679371.4	20101224	卢登明
404	精量穴播器种盒可更换挡帘	CN200720183183.0	20071211	新疆天诚农机具制造有限公司
405	机械精量穴播器	CN201020621760.1	20101124	于永良
406	种勺式机械精量穴播器	CN201020102161.9	20100127	于永良
407	唇衔式机械精量穴播器	CN201020545871.9	20100928	韩凤臣；杨宗仁

实用新型 513 项

序号	专利名称	申请号	申请日	发明人
408	一种精量播种机的吸种头	CN200920310395. X	20090915	余继琅
409	调距气吸精量播种盘	CN201120210518. X	20110621	张书祥
410	改进的机械式精量穴播器	CN200820103680. X	20080526	于永良；卢登明
411	装有滚轮的机械式精量穴播器拐臂	CN200820103807. 8	20080725	于永良；卢登明
412	可调穴距型孔的精量穴播器	CN200920164405. 3	20090826	卢登明
413	半自动精量播种机的吸种盘	CN201220111368. 1	20120322	台州赛得林机械有限公司
414	半自动精量播种机的收折式工作台	CN201220111369. 6	20120322	台州赛得林机械有限公司
415	半自动精量播种机吸种盘的双向转动机构	CN201220112603. 7	20120322	台州赛得林机械有限公司
416	指夹式精准播种盘	CN201120432159. 2	20111104	高小博
417	一种多功能勺式精密播种器	CN201420481394. 2	20140825	新绛县益农播种机械有限公司
418	一种机械式精量播种机	CN201420869036. 9	20141231	石河子开发区石大锐拓机械装备有限公司；石河子大学
419	无布种刷精量穴播器	CN201420256609. 0	20140519	杨新源；杨宗仁
420	精量穴播器	CN201420257543. 7	20140519	杨新源；杨宗仁
421	一种双作用机械式精量穴播器	CN201320700217. 4	20131108	新疆天诚农机具制造有限公司
422	棉花精量穴播器	CN201320082174. 8	20130222	顾德祥
423	一种精量播种机	CN201320542331. 9	20130902	覃德元
424	一种作物种子精量点播器	CN201420190618. 4	20140419	荆州市鑫益机械科技有限公司
425	一种丸粒化种子精准播种机	CN201520310024. 7	20150514	四川农业大学
426	一种三七精密播种机	CN201420825688. 2	20141224	昆明理工大学

续表

实用新型 513 项

序号	专利名称	申请号	申请日	发明人
427	一种高精度蔬菜播种器	CN201520271797.9	20150429	徐振明
428	精量穴播器	CN201520207165.6	20150408	浙江亚特电器有限公司；嘉兴亚特园林机械研究所；新疆钵施然农业机械科技有限公司
429	新型穴盘精密播种机	CN201520364528.7	20150530	同济大学
430	一种穴盘精量播种箱	CN201220010606.X	20120111	西安文理学院
431	定距精量播种耧	CN201120016747.8	20110119	山西省农业科学院棉花研究所
432	培土精量播种耧	CN201120016768.X	20110119	山西省农业科学院棉花研究所
433	气吸式精量取种穴播器	CN201120106915.2	20110404	韩喜元
434	滚筒式精量播种器	CN201320425734.5	20130717	王新生；白忠良
435	精量豆类播种器	CN201320351746.8	20130619	刘建坡
436	一种实验区精准播种机	CN201320740834.7	20131119	西安西玉同辉生物科技开发有限责任公司
437	一种三七精密播种机	CN201420161003.9	20140404	昆明理工大学
438	一种小粒种子机械式精量穴播器	CN201520575315.9	20150730	刘拥军；马振祥
439	一种新型精量调控施肥播种机	CN201520387238.4	20150608	河南省躬耕农业机械制造有限公司
440	一种适用于片状及颗粒种子的机械式精量播种器	CN201520449048.0	20150629	李树峰
441	精量电动施肥播种机	CN201520791010.1	20151014	哈尔滨星瀚漫索科技开发有限公司
442	一种精量播种机	CN201520817307.0	20151020	王杨
443	吸轮式宽幅精密播种器	CN201520568412.5	20150731	山东农业大学
444	一种背负式精量播种器	CN201520669163.9	20150901	杨建利
445	精量穴播器	CN201520733097.7	20150922	刘拥军
446	气爆精量播种机	CN201520719865.3	20150915	冯成伟

实用新型 513 项

序号	专利名称	申请号	申请日	发明人
447	对接组合式接种盒及其气吸式精量播种机	CN201520428633.2	20150619	路大波
448	挡片式多用途精量穴播器	CN201520429218.9	20150623	郭西晨
449	一种机械式精量穴播器	CN201520575342.6	20150730	刘拥军；马振祥
450	一种小籽粒精量播种机	CN201520471482.9	20150703	河北省农业机械化研究所有限公司；石家庄双收机械设备有限公司
451	一种蚕豆精量穴播机	CN201520512849.7	20150714	定西市三牛农机制造有限公司
452	气吸式精量播种机用接种盒	CN201520698087.4	20150910	路大波
453	气动精量播种机	CN201520719864.9	20150915	冯成伟
454	一种基于飞行平台的精量播种作业系统	CN201420515345.6	20140909	湖南农业大学；李明
455	一种气吸式精密播种机风机液压驱动机构	CN201320826257.3	20131216	昆明理工大学
456	强制式精量穴播器	CN201320673504.0	20131026	石河子大学
457	温室穴盘精量播种机	CN201320068785.7	20130206	石河子大学
458	机械式精量穴播器的倒转机构	CN201320074319.X	20130114	新疆阿拉尔金准机械制造有限公司
459	三七精密点播机	CN201320659103.X	20131024	云南农业大学
460	气吸式双苗带链条传动精密播种机	CN02275119.X	20020905	瓦房店市精量播种机制造有限公司
461	一种向日葵全覆膜施肥精量穴播机	CN201520810274.7	20151020	张文忠；逯栓柱
462	一种滚筒式精量穴播器	CN200420008021.X	20040227	阿克苏市利农机械制造有限责任公司
463	双可调精量播种盘	CN200420051549.5	20040510	陈立凡
464	仿型精密播种机	CN200420063361.2	20040902	王会田
465	小型精密播种机	CN200420072855.7	20040630	刘元涛

续表

实用新型 513 项

序号	专利名称	申请号	申请日	发明人
466	气力式精量铺膜播种机风机传动总成	CN03276210.0	20030711	新疆兵团农机推广中心
467	一种气吸式精量播种机	CN200320104976.0	20031023	瓦房店市精量播种机制造有限公司
468	气吸式精量播种机	CN200320104978.X	20031023	瓦房店市精量播种机制造有限公司
469	气吸式精量取种穴播器	CN200820125708.X	20080613	路大波
470	精准定位播种器	CN200820119752.X	20080618	董仲明；董云标
471	气吸式精量播种机	CN200820227810.0	20081210	河北金博士种业有限公司
472	调定式精密扎眼播种车	CN201020128361.1	20100311	梨树县美年可丰农业机械加工厂
473	精量穴播器的取种部件	CN201020060671.4	20100121	石河子精博利科技有限公司
474	窄行密植气吸式精密播种单体	CN201020044775.6	20100114	东北农业大学
475	窄行密植气吸式精密播种单元组	CN201020044776.0	20100114	东北农业大学
476	联合精量播种机	CN200920084251.7	20090318	东风汽车股份有限公司
477	一种拉杆调节驱动轮的气吸式精密播种机	CN200920281729.5	20091119	山东宁联机械制造有限公司
478	播种机精密监控系统	CN200920251584.4	20091210	天津工程师范学院
479	精量播种器	CN200920277302.8	20091219	石河子大学
480	一种坐水精量播种施肥机	CN200920288477.9	20091228	辽宁省农业科学院耕作栽培研究所
481	精密施肥播种机	CN200920100216.X	20090623	姜天明；刘方林
482	一种精量播种器	CN200920228439.4	20090924	刘学贵
483	一种精密播种机	CN200920093943.8	20090706	蔚延林
484	多功能山地精量播种机	CN200920099524.5	20090406	刘连飞
485	四垄山地精量播种机	CN200920099125.9	20090214	刘连飞

续表

实用新型 513 项

序号	专利名称	申请号	申请日	发明人
486	田间机插秧盘高速精量播种机	CN200920122463.X	20090614	象山县农业机械管理总站；顾光耀
487	双垄开沟全覆膜施肥精量播种机	CN201020668053.8	20110421	张卿
488	旋转式精量播种器	CN201020189230.4	20100513	姜万国；孔新军；唐胜东
489	钳夹式膜上精量穴播器	CN200620007007.7	20060311	石河子大学
490	精量播种机	CN200620021540.9	20060823	吴占伟
491	半自动精量播种机	CN200720123434.6	20070126	王永泉
492	通用精量播种器	CN200820214631.3	20081217	江苏云马农机制造有限公司
493	轮吸式棉花精量播种机	CN200820226883.8	20081217	山东棉花研究中心
494	多功能机械式精量穴播器	CN200820103745.0	20080702	徐志品
495	可调式精量播种器	CN200820103791.0	20080721	蔡胜国
496	夹持式精量穴播器	CN200820103792.5	20080721	石河子大学
497	气吸式穴盘精量点播器	CN200820103532.8	20080319	新疆塔里木农业综合开发股份有限公司南口农场
498	精密播种机	CN200820089214.0	20080127	陈永喜
499	夹持式精密点播轮	CN200920139996.9	20090326	石河子大学
500	2BM 棉花抗旱节水精量播种机	CN200920168540.5	20090803	白城市农牧机械化研究院
501	洋葱精量膜上点播机	CN200920167677.9	20090728	新疆生产建设兵团农业建设第十三师红星二场
502	气吸式精量取种穴播器	CN200920177525.7	20090824	郭存文
503	变量深施肥精密播种机	CN200920092814.7	20090107	吉林农业大学
504	导管升降式精量播种器	CN200920283547.1	20091217	刘兴明
505	精密点播施肥器	CN201020658315.2	20101214	华泽龙
506	膜下滴灌精量播种器	CN201020574831.7	20101025	黄国春；于国荣；宋志民
507	可调式单行小粒作物精量穴播机	CN201020551416.X	20100930	赵明

实用新型 513 项

序号	专利名称	申请号	申请日	发明人
508	唇衔式和型孔式互换机械精量穴播器	CN201020547962.6	20100929	韩凤臣；杨宗仁
509	一种棉花精量播种机	CN201020298324.5	20100820	河北省农业机械化研究所有限公司
510	机械式精量穴播器拐臂	CN201120033968.6	20110126	阮士云；阮吉富
511	精量播种机	CN201120115612.7	20110419	新疆科神农业装备科技开发有限公司
512	棉花精量播种施肥器	CN201120048114.5	20110225	江西省棉花研究所
513	精量穴播器壳体挡帘	CN201120045564.9	20110223	阮士云；阮吉富
514	一种机械式精量穴播器	CN201120045540.3	20110223	阮士云；阮吉富
515	外置式精量膜上点播器	CN200620119850.4	20060615	韦成跃
516	可逆精量播种盘	CN200620147941.9	20061027	陈立凡
517	机插秧盘精量播种器	CN200620140361.7	20061127	顾光耀
518	番茄准精量点播器	CN200620144592.5	20061229	凌均强
519	气吸式精密播种机	CN200820027933.X	20080909	山东宁联机械制造有限公司
520	一种气力式精密播种器	CN200820050035.6	20080701	华南农业大学
521	精密播种机	CN200820020798.6	20080424	王伟均
522	可调精量穴播器	CN200720030552.2	20071113	郭宝堂
523	自动仿型精密播种机	CN200520021701.X	20050928	王庆怀
524	一种气吸式精量取种穴播器	CN200520115561.2	20050726	詹发海
525	可调气吸精量播种盘	CN200520109209.8	20050531	陈立凡
526	气吸式精量播种控制器	CN200520101391.2	20050404	浙江大学
527	一种多行连动式精量播种机	CN200820076681.X	20080331	李茂江
528	可调式开沟铺膜精量点播机	CN200820149638.1	20081009	郭西臣
529	多功能精密播种机	CN200820125023.5	20080709	王伟均
530	一种精量施肥播种机	CN201220123460.X	20120328	杨东

实用新型 513 项

序号	专利名称	申请号	申请日	发明人
531	高效穴盘精量播种机	CN201220016394.6	20120113	重庆航宇实业有限公司
532	齿轮传动式精量点播器	CN201220216225.7	20120515	吴江
533	外拨齿式精量穴播器	CN201220389642.1	20120808	马存洪
534	气吸式精量播种器	CN201220431800.5	20120829	潍坊市德达合金制品有限公司
535	一种轻便精量点播机	CN201120150570.0	20110512	李仙雨
536	精密点播施肥机	CN201120285338.8	20110808	华泽龙
537	气吸式精量播种机	CN201120329080.7	20110905	许剑平
538	一种小型气吸式精量播种机	CN201120478720.0	20111127	成都市农林科学院
539	一种手持式精量播种器	CN201120518020.X	20111210	西安文理学院
540	一种钳夹式机械精量播种机	CN201220035741.X	20120206	石河子大学
541	一种用于精量播种的种子带	CN201220156107.1	20120413	塔里木大学
542	覆膜式精量播种机	CN201120448428.4	20111114	四平禾丰农机制造有限公司
543	精密播种机监测系统	CN201220334585.7	20120712	成都创图科技有限公司
544	一种滚筒式精量播种机	CN201220327985.5	20120709	曾廷刚
545	雷达测控精量播种机	CN201220551427.7	20121026	北京德邦大为科技有限公司
546	机械式多功能精量穴播器	CN200720141993.X	20070316	奥盾巴土文明
547	一种大颗粒作物单粒精量穴播器	CN201420104198.3	20140310	赵海志；兰州鑫远农业装备有限公司；甘肃省农业机械鉴定站
548	穴盘式精量点播器	CN201520805964.3	20151019	博尔塔拉蒙古自治州乐鑫农牧机械有限公司
549	改进型全自动精量播种流水线的生产设备	CN201520967657.5	20151130	浙江博仁工贸有限公司
550	精量播种器	CN201420174541.1	20140411	博尔塔拉蒙古自治州乐鑫农牧机械有限公司

续表

实用新型 513 项

序号	专利名称	申请号	申请日	发明人
551	一种多功能电动精量播种机	CN201420167173.8	20140409	郭卫
552	精密播种机仿形限深覆土镇压器	CN201520231632.9	20150417	李金泽
553	经济作物精量播种机	CN201020158651.0	20100412	王文柱
554	一种精量播种机	CN201520791616.5	20151014	博尔塔拉蒙古自治州乐鑫农牧机械有限公司
555	一种棉花双行错位苗带精量穴播机	CN201420540775.3	20140920	滨州市农业机械化科学研究所
556	气力式可扩展组合精密播种机	CN201420207978.0	20140425	同济大学
557	一种牛蒡精密播种机	CN201521135884.8	20151215	西北农林科技大学
558	一种改进型穴盘式精量点播机	CN201520791731.2	20151014	博尔塔拉蒙古自治州乐鑫农牧机械有限公司
559	多功能施肥覆膜精密穴播机	CN201320261841.9	20130514	白银帝尧农业机械制造有限责任公司
560	真空吸附式精量播种器	CN201420311148.2	20140611	史丹希中国有限公司
561	滚筒精量穴播器	CN201420306691.3	20140531	石河子大学
562	机械式滚筒精量穴播器	CN201420306695.1	20140531	石河子大学
563	机械式精量穴播器	CN200620117972.X	20060601	新疆天诚农机具制造有限公司
564	双垄开沟全覆膜施肥精量播种机	CN201220233374.4	20120523	赤峰赫原农林机械制造有限公司
565	一种勺轮式精密播种机	CN201220273532.9	20120612	昌图县世福农机有限公司
566	多用途精量穴播器	CN201420319681.3	20140617	郭西晨
567	一种娃娃菜覆膜精量穴播机	CN201420341001.8	20140620	周忠禄
568	一种用于精量播种的种子绳	CN200920305084.4	20090625	韩凤臣
569	气吸式萝卜精量播种机	CN201120225969.0	20110630	河北农业大学

续表

实用新型 513 项

序号	专利名称	申请号	申请日	发明人
570	机械式精量点播器	CN201120238244.5	20110707	姚九胜
571	具有自动检测的气吸式精量播种机	CN201520262922.X	20150428	新疆新朗迪科技发展有限责任公司
572	一种手推式三七精密播种机	CN201420377429.8	20140709	昆明理工大学
573	高密度精量播种机	CN201520244348.5	20150421	新疆科神农业装备科技开发股份有限公司；新疆农垦科学院
574	连接式整盘精确制穴播种器	CN201420387985.3	20140715	重庆钧壮农业开发有限公司
575	一种气吸式精量穴播器的清种调整机构	CN201521021821.X	20151210	新疆科神农业装备科技开发股份有限公司
576	多盒式快速精确播种器	CN201420422633.7	20140730	重庆钧壮农业开发有限公司
577	机械外调式精量穴播器	CN201120355010.9	20110822	刘军江；郑秋辉
578	一种应用在棉花精量穴播器上的多用途取种轮	CN201220476055.6	20120919	郭西晨
579	多功能高粱精量播种机	CN201420530267.7	20140916	杨玲；白立新
580	一种改进的机械式多功能精量穴播器	CN200720182736.0	20070923	永文明
581	吸气式精量播种机	CN201220525557.3	20121015	周连虎
582	胶帘可调换式透明精量穴播器	CN200920254028.2	20091015	李校周
583	一种精量播种器	CN201420566085.5	20140929	张家港市沙洲绿农业科技发展有限公司
584	取种器可调换透明式精量穴播器	CN200820106621.8	20081119	李建涛
585	一种与微耕机配套的可调节小粒种子精量直播机	CN201120511308.4	20111209	武汉黄鹤拖拉机制造有限公司

实用新型 513 项

序号	专利名称	申请号	申请日	发明人
586	胶帘调换插板式精量穴播器	CN201020671619.2	20101221	李建涛
587	大芸精量播种机	CN201220727527.0	20121226	新疆生产建设兵团农八师149团
588	一种基于丘陵山区电动单行精量播种施肥机	CN201520028654.5	20150115	安徽农业大学
589	穴盘式精量点播器的取种器	CN201520039259.7	20150120	博尔塔拉蒙古自治州乐鑫农牧机械有限公司
590	穴盘式精量点播器的布种盘	CN201520039267.1	20150120	博尔塔拉蒙古自治州乐鑫农牧机械有限公司
591	一种吸附式微粒精量播种机	CN201120062484.4	20110301	刘灯秋
592	一种手推气吸式精量点播机	CN201520777858.9	20151009	甘肃武威兴旺农机制造有限公司
593	气吸式精量取种穴播器	CN200820055979.2	20080306	陈恒
594	组合式多功能精密排种器	CN200420063290.6	20040815	郝琦波
595	组合内窝孔精密排种器	CN200420012498.5	20040917	吉林大学
596	夹持自锁式精量排种器	CN200520003948.9	20050127	石河子大学
597	顶杆式精量变量排种器	CN200520050435.3	20050309	湖南农业大学；吴明亮
598	柔性凸耳式精量变量排种器	CN200520051418.1	20050718	湖南农业大学
599	型孔深度可变式精密排种器	CN200920024684.3	20090513	山东理工大学
600	侧充重力清种圆盘型孔式精密排种器	CN02283930.5	20021029	刘宏新
601	多功能组合型孔精密排种器	CN01220459.5	20010330	黑龙江省勃农机械有限责任公司
602	一种小颗粒作物精密排种器	CN201220607144.X	20121116	河北农哈哈机械集团有限公司

实用新型 513 项

序号	专利名称	申请号	申请日	发明人
603	一种滑动永磁组合磁系结构精密排种单元	CN201220655341.9	20121203	江苏大学
604	一种复合式多用途精量排种器	CN201220493338.1	20120926	李留年
605	一种磁吸式精密排种器	CN201220373882.2	20120731	江苏大学
606	一种电动可调气吸式精量排种器	CN201220430966.5	20120828	葛俊峰
607	气吸式精量排种器	CN201220430969.9	20120828	葛俊峰
608	新型精密排种器	CN200620117496.1	20060606	高德深
609	大粒种子精量排种器	CN200720131967.9	20071226	农业部南京农业机械化研究所
610	一种种勺可调式精量排种器	CN201520056514.9	20150127	河北农业大学；河北省农机化技术推广服务总站
611	基于 GPS 的精密排种器	CN201320273429.9	20130520	葛俊峰
612	一种内嵌入导种条气力式精量排种盘	CN201320606854.5	20130929	华中农业大学
613	两次充种两次分离机械式多功能高速精密排种器	CN201420098399.7	20140302	董臣
614	分片叠层组合式多功能精密排种器	CN201420214611.1	20140429	山东农业大学
615	指夹式精量排种器	CN201420213113.5	20140429	刘晓义
616	一种两用精密排种器	CN201420229976.1	20140428	李永升
617	一种搅拌式窝眼轮三七精密排种器	CN201420451039.0	20140812	昆明理工大学
618	多功能精量排种器结构	CN201420427668.X	20140731	上海市上海农场
619	水平往复式多行胡麻精量排种器	CN201320820828.2	20131215	谢亚萍；牛俊义
620	精密高速可调式多功能排种器	CN201020670347.4	20101221	董臣

实用新型 513 项

序号	专利名称	申请号	申请日	发明人
621	密闭精量排种器	CN201120194408.9	20110610	杨生
622	鸭嘴式精量排种器	CN201120576625.4	20111221	河北永发鸿田农机制造有限公司
623	一种滚筒气吸阵列式精量排种器	CN201420673818.5	20141113	石河子大学
624	变气压式精密窝眼排种盒	CN201420533786.9	20140917	北京市农业机械研究所
625	一种精密排种器	CN201420560747.8	20140928	山西省农业机械化科学研究院
626	带勺式精量排种器	CN201420385354.8	20140711	北京禾惠农科技有限公司；赵明；郭艳军
627	一种孔带式精密排种器	CN201420699658.1	20141120	昆明理工大学
628	小粒种子精量排种盘	CN201420374395.7	20140708	内蒙古农业大学机电工程学院
629	一种气吸式精量排种器	CN201420517654.7	20140911	湖北玉柴发动机有限公司
630	往复式胡麻精量排种器	CN201320590410.7	20130925	谢亚萍
631	往复式双行胡麻精量排种器	CN201320820592.2	20131215	牛俊义；谢亚萍
632	一种非圆种子单粒精密排种器	CN201520240034.8	20150420	中国农业大学
633	一种径向调节气吸式精量排种器	CN201520188221.6	20150331	湖北易欣机械科技有限公司
634	一种负压式精量排种器	CN201420601003.6	20141017	河北农业大学
635	小籽粒种子精量排种器	CN201320304070.7	20130530	上海大学
636	分流式宽幅精量排种器	CN201320629849.6	20131012	山东理工大学
637	一种立式螺旋精量排种器	CN201520122752.5	20150303	磴口县生产力促进中心；磴口县祥丰农机厂
638	一种防伤种型精量排种器	CN201520066576.8	20150130	刘继泽；赵忠良
639	一种新型小籽粒精密排种器	CN201520333989.8	20150513	西北农林科技大学
640	一种三七精密排种器	CN201520524970.1	20150720	张鸽

续表

实用新型 513 项

序号	专利名称	申请号	申请日	发明人
641	高填充精量窝眼轮式排种器	CN201520638736.1	20150824	甘肃农业大学
642	一种气吸式三七精密排种器	CN201520698075.1	20150910	昆明理工大学
643	一种气力滚筒式异形种子精量排种器	CN201520694810.1	20150909	浙江理工大学
644	机械倾斜圆盘型孔式精密排种器	CN201520744529.4	20150924	山东常林派克机械有限公司
645	一种气流扰动式精量排种器	CN201320562140.9	20130911	中国农业大学
646	窝眼式精密排种器	CN201220704743.3	20121219	王宇智
647	小籽粒多功能精量排种器	CN201220705185.2	20121219	安徽省农业科学院农业工程研究所
648	多功能精密排种器	CN200820172823.2	20081007	王伟均
649	高速精密排种器	CN201020044749.3	20100111	东北农业大学
650	气力式精量排种器	CN200920084250.2	20090318	东风汽车股份有限公司
651	一种多功能电子控制高精度排种器	CN200920254848.1	20091202	闫文宣
652	往复式精量排种器	CN200920305620.0	20090703	姜万国；孔新军
653	高速多功能精量排种器	CN201020677096.2	20101223	王曦
654	精密高速可调式多功能排种器上的强力清种片	CN201020700499.4	20101225	董臣
655	精密高速可调式多功能排种器上的可旋转调整式导种管	CN201020700498.X	20101225	董臣
656	宽幅精密排种器	CN201020169852.0	20100420	王伟均
657	种穴可调式精量排种轮	CN200620020978.5	20060531	赵金军
658	新型精密排种器	CN200720117718.4	20071220	沈玉才
659	新型结构的精量排种器	CN200720116113.3	20070423	赵金军
660	种穴可调的精量排种器	CN200720116236.7	20070517	于小坤

实用新型 513 项

序号	专利名称	申请号	申请日	发明人
661	精密排种检测传感器	CN200720063470.8	20070611	湖南农业大学
662	重力夹板式精量排种器	CN200720146464.9	20070402	石河子大学
663	新型精量排种器	CN200820104622.9	20080505	高德深
664	一种多品种种植的精量排种器	CN200820089670.5	20080402	周存苓
665	转仓式精量排种器	CN200820076222.1	20080129	王义永
666	轮输式精准排种器	CN200920014101.9	20090601	沈阳市实丰农业机械厂
667	指夹式精准排种器	CN200920203326.9	20090915	王冀
668	针状气吸式精量排种器柔性护盘	CN200920246557.8	20091104	中国农业大学
669	一种多功能精量排种器	CN201020500410.X	20100823	河南豪丰机械制造有限公司
670	电子监控精量排种器	CN200620147960.1	20061030	新疆科神农业装备科技开发有限公司
671	重力夹持式精量排种器	CN200620159035.0	20061101	石河子大学
672	多功能精量调节排种器	CN200620022107.7	20061124	赵金军
673	双盘气吸式精密排种器	CN200620028682.8	20060428	吉林大学
674	机械式精密排种器	CN200820013645.9	20080625	辽宁省农业机械化研究所
675	电动气吸式精密排种器	CN200720011354.1	20070324	全莉平
676	多功能精密排放轮	CN200720019042.5	20070224	王伟均
677	一种精量排种器	CN200820103637.3	20080509	石河子大学
678	鸭嘴式精密排种器	CN201120288508.8	20110810	山西省农业机械化科学研究院
679	气吸式精量排种器	CN201120343152.3	20110914	谢宇峰
680	智能监控气吸式精量排种器	CN201120396053.1	20111014	内蒙古民族大学
681	电容式精密排种器性能检测传感器	CN201220341127.6	20120713	吉林大学
682	一种气吸式精量排种器	CN201420160979.4	20140404	昆明理工大学

续表

实用新型 513 项

序号	专利名称	申请号	申请日	发明人
683	一种双行勺式错位精量排种器	CN201521017311.5	20151210	河北农业大学
684	非圆种子单粒定向投种精密排种器	CN201420821615.6	20141222	中国农业大学
685	一种水平往复式精量排种器	CN201420267609.0	20140525	谢亚萍
686	一种精量排种器	CN201521067028.3	20151221	四川农业大学
687	一种气缸作用式精量排种器	CN201320345359.3	20130617	湖北工业大学
688	充种沟式精密排种器	CN201320559409.8	20130910	河北农业大学
689	一种鸭嘴式滚筒精密排种器	CN201420610364.7	20141022	山西省农业机械化科学研究院
690	链勺式精密排种器	CN201320801033.7	20131209	吴允安
691	随动清种式精密排种器	CN201420836365.3	20141216	陕西理工学院
692	喷气清种组合槽轮精密排种器	CN201420044100.X	20140124	张宇文
693	种勺式精量排种器	CN201520123044.3	20150303	甘肃农业大学

外观设计 20 项

序号	专利名称	申请号	申请日	发明人
694	离心集排式精播器	CN201430013526.4	20140117	武汉黄鹤拖拉机制造有限公司
695	播种机（山地精播）	CN200930123689.7	20090406	杨胜贤
696	施肥精播机	CN201430210626.6	20140618	刘新宁
697	花生精播机	CN200930011553.7	20090112	王梅忠
698	侧冲式坚盘精量穴播器	CN200430000948.4	20040116	毛金辉
699	播种器（精准）	CN200530113538.5	20050725	梁慧明
700	与手扶拖拉机配套的油菜籽精量联合直播机	CN200930222260.3	20090827	华中农业大学
701	多功能精量穴播器	CN201330537031.7	20131111	李立广
702	全覆膜精量播种机	CN201330404008.0	20130823	边建华

续表

外观设计 20 项

序号	专利名称	申请号	申请日	发明人
703	水稻精量穴旱地直播机	CN201330175714.2	20130514	现代农装株洲联合收割机有限公司
704	油菜精量联合直播机	CN201030609342.6	20101106	华中农业大学
705	精量播种机	CN201230026079.7	20120210	永昌县恒源农机制造有限公司
706	精密播种机	CN201130032552.8	20110301	应华
707	针式精量播种机	CN01308412.7	20010403	胖龙（邯郸）温室工程有限公司
708	精量穴播器	CN201430138320.4	20140519	杨新源；杨宗仁
709	小麦精量撒播机	CN201230644611.1	20121221	山西省农业科学院棉花研究所
710	高精度播种机	CN200930007126.1	20090420	庞家绍
711	半自动精量播种机	CN200730134899.7	20070126	贾代伦
712	精量排种器	CN200830081165.1	20080614	曹景文
713	塑料滚桶精量排种器	CN200930005517.X	20090302	蒋会云

附表3　关于田间管理、节水灌溉技术设备中国专利

发明专利 46 项

序号	专利名称	申请号	申请日	专利权人
1	适用于极端干旱区葡萄滴灌与微喷灌叠加的节水灌溉技术方式	CN201010117501.X	20100304	新疆水利水电科学研究院
2	一种番茄膜下滴灌节水技术	CN201110321125.0	20111015	无锡喜洋洋果蔬专业合作社
3	基于机器视觉的葡萄冬剪作业装置	CN201210110455.X	20120413	浙江工业大学
4	一种新型葡萄剪梢机	CN201310656677.6	20131209	任波
5	葡萄剪枝法	CN201410136174.0	20140407	寇彩琴
6	一种棚架式葡萄残枝修剪机	CN201310063178.6	20130228	中国农业大学

	发明专利46项			
序号	专利名称	申请号	申请日	专利权人
7	一种葡萄免埋土防寒越冬及配套整形修剪栽培模式	CN201010545085.3	20101116	新疆农业大学
8	一种用于蛇龙珠葡萄品种的整形修剪方式	CN201210366338.X	20120926	中法合营王朝葡萄酿酒有限公司
9	一种葡萄修剪机	CN201410189768.8	20140507	江苏农林职业技术学院
10	一种葡萄残枝修剪机	CN201210459366.6	20121115	中国农业大学
11	喂料型高效能葡萄枝剪切机	CN201510502750.3	20150814	乌鲁木齐优尼克生物科技有限公司
12	水晶葡萄坡地TU形整形修剪技术	CN201410345828.0	20140721	三都水族自治县葡萄研究所;蒙祥周
13	一种葡萄栽培的整形修剪技术	CN201410145668.5	20140411	郎溪县侯村大千生态农业开发有限公司
14	一种基于机械化修剪架式的葡萄篱架	CN201410530399.4	20141010	江苏徐淮地区徐州农业科学研究所
15	一种葡萄栽培的整形修剪技术	CN201510249228.9	20150518	唐冠
16	一种葡萄果实外部枝叶修剪机	CN201510012696.4	20150112	中国农业大学
17	一种用于提高番茄安全品质和商品品质的果袋套袋技术	CN200910142418.5	20090604	河北农业大学
18	一种葡萄灌溉技术	CN201510465498.3	20150731	李尧
19	电力驱动式棉花智能打顶装置及构成的多行棉花打顶机	CN201510302458.7	20150604	山东省农业机械科学研究院
20	智能精准棉花打顶装置及构成的多行棉花打顶机	CN201510074367.2	20150212	山东省农业机械科学研究院
21	一种天然增加红提葡萄果实糖含量的施肥技术	CN201410135675.7	20140407	湖南农业大学;湖南省新东方生态农业科技发展有限公司;湖南新东方生物科技开发有限公司

续表

发明专利 46 项

序号	专利名称	申请号	申请日	专利权人
22	遥控式葡萄园深埋施肥机	CN201510234079.9	20150508	河海大学常州校区
23	葡萄开沟施肥一体机	CN201510318728.3	20150611	青铜峡市民乐农业机械有限公司
24	一种营养节水型番茄无土育苗专用基质	CN201210053739.X	20120305	枣庄市伊禾果蔬科学研究所；山东农业大学
25	适用于葡萄园的车载式风送喷雾机	CN200910046329.0	20090219	解禄观
26	葡萄果着色改善品质套袋	CN201210339726.9	20120914	中国农业科学院果树研究所
27	一种半自动葡萄套袋机	CN201310344430.0	20130730	西北农林科技大学
28	一种葡萄套袋机械手	CN201110161246.3	20110615	中国农业大学
29	棉花移栽地下滴灌技术	CN200710180389.2	20071022	石河子大学
30	双管滴灌棉花隔板盆	CN201310081534.7	20130307	新疆农垦科学院
31	双管滴灌棉花隔板盆	CN201310116025.3	20130325	新疆农垦科学院
32	一项新型棉花打顶心技术	CN201110167859.8	20110620	浙江省农业科学院作物与核技术利用研究所
33	自控仿形棉花打顶机	CN201110319598.7	20111020	新疆石河子离合器厂；石河子开发区天明农机制造有限公司
34	棉花打顶装置	CN201310493610.5	20131017	山东农业大学
35	一种棉花打顶机	CN200810072925.1	20080725	新疆大学；新疆农业科学院农业机械化研究所
36	一种单体仿形棉花打顶机	CN201510383463.5	20150703	农业部南京农业机械化研究所
37	一种推力式顶芽可收集棉花打顶机	CN201510394902.2	20150708	山东理工大学
38	一种手推式棉花打顶机及其构造	CN201510766828.2	20151105	河南科技学院
39	全控仿形升降棉花打顶机	CN201510906563.1	20151202	石河子大学

发明专利46项

序号	专利名称	申请号	申请日	专利权人
40	一种双目识别式棉花打顶机	CN201510948718.8	20151217	石河子大学
41	仿形棉花打顶机	CN200910113205.X	20090109	石河子大学
42	棉花顶部仿形打顶机	CN201010148027.7	20100416	石河子开发区天明农机制造有限公司
43	垂直升降式单体仿形棉花打顶机	CN201210382667.3	20121011	石河子大学
44	一种重度盐碱地棉花施肥法	CN201210054108.X	20120305	山东棉花研究中心
45	滨海盐碱地棉花经济施肥法	CN200810015823.6	20080425	山东棉花研究中心
46	一种棉花专用风筒及其喷雾器	CN201510728480.8	20151030	南通黄海药械有限公司

实用新型101项

序号	专利名称	申请号	申请日	专利权人
47	一种葡萄树修剪喷药多功能装置	CN200720148357.X	20070531	中国长城葡萄酒有限公司
48	葡萄滴灌与微喷叠加的节水装置	CN201220258779.3	20120604	新疆水利水电科学研究院
49	车用棉花施肥、喷药机	CN200820067082.1	20080512	雍家红
50	基于机器视觉的葡萄冬剪作业装置	CN201220160040.9	20120413	浙江工业大学
51	一种后置仿形葡萄剪梢机	CN201020545247.9	20100928	高密市益丰机械有限公司；山东农业大学
52	一种前置葡萄剪梢机	CN201020547012.3	20100929	山东农业大学；高密市益丰机械有限公司
53	葡萄剪枝机	CN201520845270.2	20151028	孙兴立
54	葡萄副梢修剪机	CN201520036398.4	20150120	孟祥岩
55	用于酿酒葡萄树的修剪机	CN201420397064.5	20140718	国家林业局哈尔滨林业机械研究所
56	一种葡萄修剪机	CN201420230619.7	20140507	江苏农林职业技术学院

实用新型 101 项

序号	专利名称	申请号	申请日	专利权人
57	一种葡萄树修剪机	CN201520409737.9	20150615	重庆市和兆山生态农业有限责任公司
58	葡萄藤条剪刀	CN201520674426.5	20150823	钟杨
59	葡萄穗尖修剪机	CN201520614328.2	20150817	唐军
60	一种后悬挂式篱架葡萄残枝预修剪机	CN201520917651.7	20151117	中国农业大学
61	一种供单人使用的葡萄高枝修剪工具	CN201420027115.5	20140116	嘉兴职业技术学院
62	葡萄蔬果摘心修枝电动修剪机	CN201020217167.0	20100603	谭汉卿
63	手持式葡萄穗尖剪切机	CN200520105997.3	20051219	谭汉卿
64	一种开沟、施肥、覆土一体化葡萄施肥机	CN201521093566.X	20151225	鄯善德丽然目农机有限公司
65	一种用于葡萄园的灌溉装置	CN201220699706.8	20121218	湖南省新东方生态农业科技发展有限公司
66	智能精准棉花打顶装置及构成的多行棉花打顶机	CN201520101193.X	20150212	山东省农业机械科学研究院
67	电力驱动式棉花智能打顶装置及构成的多行棉花打顶机	CN201520381247.2	20150604	山东省农业机械科学研究院
68	种植葡萄用滴灌带地膜综合铺设机	CN201521075844.9	20151221	山东志昌农业科技发展有限公司
69	葡萄树施肥机	CN201520410061.5	20150615	重庆市和兆山生态农业有限责任公司
70	一种用于葡萄开沟施肥的工具	CN201520323057.5	20150519	云南利农现代农业科技有限责任公司
71	葡萄综合施肥机	CN201520669988.0	20150901	宁夏工商职业技术学院
72	一种葡萄种植施肥机	CN201520827537.5	20151023	赣州江洪果业发展有限公司
73	葡萄中耕施肥机	CN201220082942.5	20120307	宁夏禾禾农机有限公司

实用新型 101 项

序号	专利名称	申请号	申请日	专利权人
74	葡萄旋耕施肥机	CN201220139017.1	20120405	殷喜文
75	一种葡萄园专用施肥机	CN201020291160.3	20100809	孙星钊
76	一种葡萄施肥、开沟、镗土机	CN201420636714.7	20141030	甘肃黄羊河农机专业合作社
77	葡萄施肥机	CN201320188613.3	20130416	牛占山
78	一种手扶式葡萄园施肥机	CN201320553902.9	20130906	河海大学常州校区
79	葡萄园手扶式施肥机	CN201420259847.7	20140520	河海大学常州校区
80	一种双行葡萄施肥机	CN201320759445.9	20131128	龙口市农业机械推广站
81	葡萄种植施肥装置	CN201320000051.5	20130103	宁夏大学
82	一种便携式多用葡萄施肥手推车	CN201320554194.0	20130907	枞阳县白云生态园林有限责任公司
83	葡萄施肥机	CN201520392372.3	20150609	青铜峡市民乐农业机械有限公司
84	一种葡萄种植施肥装置	CN201520759241.4	20150929	云南绿汁江农业投资开发有限公司
85	葡萄开沟施肥一体机	CN201520400914.7	20150611	青铜峡市民乐农业机械有限公司
86	一种便携式单人葡萄施肥器	CN201320555407.1	20130907	枞阳县白云生态园林有限责任公司
87	一种有机肥葡萄施肥机	CN201520898673.3	20151112	宁夏大学;宁夏腾辉名远农机设备有限公司
88	一种基于叶片式排肥器的葡萄无机肥施肥机	CN201520888414.2	20151109	宁夏大学;宁夏腾辉名远农机设备有限公司
89	一种葡萄园用施肥装置	CN201521033657.4	20151214	山东省葡萄研究院
90	一种用于葡萄开沟施肥的工具	CN201521131580.4	20151217	倪凤君
91	一种改进型双行葡萄施肥机	CN201521093567.4	20151225	鄯善德丽然目农机有限公司
92	一种大田葡萄用叶面施肥装置	CN201520360385.2	20150529	周发友

续表

			实用新型 101 项	
序号	专利名称	申请号	申请日	专利权人
93	一种葡萄树专用施肥机	CN201420463845.X	20140815	祝建飞
94	自走式葡萄专用喷雾机	CN201020640752.1	20110526	中国农业科学院植物保护研究所；北京丰茂植保机械有限公司
95	一种吊杆式葡萄喷雾机	CN02256105.6	20021217	临清市农业机械化研究所
96	风送式葡萄喷雾机	CN200920277332.9	20091224	石河子大学
97	葡萄生长期套袋	CN02274361.8	20020725	元世杰
98	一种半自动葡萄套袋机	CN201320477909.7	20130730	西北农林科技大学
99	葡萄果穗套袋用果袋	CN200820013855.8	20080707	杨秀文
100	透视型葡萄套袋	CN201120561401.6	20111229	刘允伟
101	一种环抱式葡萄喷药机	CN201220034237.8	20120203	中国农业大学
102	棉花打顶机的升降打顶装置	CN201420601397.5	20141017	新疆农业大学
103	一种多角度喷药的葡萄架	CN201521127950.7	20151231	赵淑琴
104	棉花播种机开沟滴灌装置	CN201020127119.2	20100310	陈林善
105	双管滴灌棉花隔板盆	CN201320116310.0	20130307	新疆农垦科学院
106	一种适用于棉花垂向分根区交替滴灌的实验设备	CN201120550482.X	20111226	新疆农垦科学院
107	棉花顶部仿形打顶机	CN201020160818.7	20100416	石河子开发区天明农机制造有限公司
108	棉花打顶机	CN02233880.2	20020518	石河子大学
109	棉花打顶作业机	CN200620116671.5	20060513	石河子大学
110	折叠式棉花打顶作业机	CN200620116604.3	20060509	石河子大学
111	一种手持式棉花打顶机	CN201520113848.5	20150216	新疆恒丰现代农业科技股份有限公司
112	一种可拆卸式棉花打顶机机架	CN201320392891.0	20130703	新疆农垦科学院
113	棉花打顶装置	CN201320642157.5	20131017	山东农业大学
114	一种自走式棉花打顶机	CN201020631191.9	20101129	现代农装科技股份有限公司；中国农业机械化科学研究院

序号	专利名称	申请号	申请日	专利权人
		实用新型 101 项		
115	伸缩轴形活结烟斗型电动棉花打顶机	CN201520122342.0	20150303	黄健
116	可行走棉花打顶机切顶装置	CN201520352425.9	20150527	天津昊瑞佳机械设备开发有限公司
117	一种棉花打顶器	CN201320217376.9	20130426	王鑫
118	自动控制高度的棉花打顶装置	CN201420321754.2	20140617	新疆农业大学
119	一种单体仿形棉花打顶机	CN201520470652.1	20150703	农业部南京农业机械化研究所
120	一种棉花打顶机	CN201520470428.2	20150703	农业部南京农业机械化研究所
121	一种传动灵活的棉花打顶机	CN201520691691.4	20150902	石河子大学
122	可移动式仿形的棉花打顶机	CN201520691692.9	20150902	石河子大学
123	一种棉花打顶机切顶装置	CN201320127848.1	20130320	新疆农垦科学院
124	斜压自弹式高精准棉花打顶机	CN201020163619.1	20100420	黄培龙
125	新型手持式棉花打顶机	CN200920119759.6	20090512	浙江亚特电器有限公司
126	自动调整高度的棉花打顶机	CN200720126953.8	20070716	石河子大学
127	手提式棉花打顶机	CN200720127132.6	20070728	陈延阳
128	棉花打顶器	CN200720189855.9	20071012	刘速成
129	棉花打顶机	CN200720091461.X	20070814	杨发展
130	棉花打顶机切割装置	CN200820103811.4	20080729	新疆大学；新疆农业科学院农业机械化研究所
131	棉花打顶器	CN200520008113.2	20050301	徐生英
132	前悬挂式液压棉花打顶机	CN200620146839.7	20061009	石河子大学
133	一种行距可调式棉花打顶机机架	CN201120267846.3	20110713	石河子大学

续表

实用新型 101 项

序号	专利名称	申请号	申请日	专利权人
134	全控仿形升降棉花打顶机	CN201521015972.4	20151202	石河子大学
135	一种双目识别式棉花打顶机	CN201521057261.3	20151217	石河子大学
136	一种便携式电动棉花打顶机	CN201520568505.8	20150731	黄健
137	便携式棉花打顶机	CN201320285941.5	20130523	李鹏
138	自动调节式棉花打顶机	CN200920164577.0	20091021	石河子市光大农机有限公司
139	棉花铺膜施肥播种机	CN200520123123.0	20051117	王金秀
140	一种棉花免耕深松施肥覆膜精播机	CN201420142710.3	20140327	苏洪忠
141	小麦玉米棉花深松分层施肥精播机	CN201420248351.X	20140515	窦乐智
142	一种棉花钵苗栽种施肥机	CN201020213982.X	20100523	李朝华
143	棉花精量穴式施肥机	CN200820226882.3	20081217	山东棉花研究中心
144	棉花精量播种施肥器	CN201120048114.5	20110225	江西省棉花研究所
145	棉花脱叶剂专用喷雾机	CN201220517200.0	20121011	新疆科神农业装备科技开发有限公司
146	一种棉花专用风筒及其喷雾器	CN201520859672.8	20151030	南通黄海药械有限公司
147	2BM棉花抗旱节水精量播种机	CN200920168540.5	20090803	白城市农牧机械化研究院

外观设计 124 项

148	行走式灌溉车	CN201330438453.9	20130912	中国农业大学
149	农业物联网灌溉控制器	CN201330486691.7	20131015	北京派得伟业科技发展有限公司
150	农业灌溉喷头	CN201130423358.2	20111117	林艺宾
151	灌溉控制器（FJ8801）	CN201330166232.0	20130507	余姚市富金文具礼品有限公司
152	旋沟式灌溉机	CN201330438444.X	20130912	中国农业大学

外观设计 124 项

序号	专利名称	申请号	申请日	专利权人
153	灌溉控制器	CN200630180505.7	20061215	雷鸟有限公司
154	农用施肥机（深松施肥）	CN201030169625.3	20100511	北京兴农天力农机服务专业合作社
155	套袋机（苹果套袋机）	CN201530500969.0	20151204	杨卉
156	滴灌带滴头（内镶片式）	CN201130487811.6	20111219	唐山市致富塑料机械有限公司
157	复合施肥器	CN201430037019.4	20140228	遵义市烟草公司务川县分公司；贵州瑞欣现代农业有限公司
158	农田施药施肥一体机	CN201430051955.0	20140316	吴志海
159	施肥耧	CN201430282748.6	20140812	赵付增
160	自走式施肥机	CN201430332139.7	20140901	青岛圣坤机械有限公司
161	施肥机控制器	CN201330432073.4	20130909	李谟军
162	开沟施肥机	CN201230034444.9	20120221	朱意友；朱昱龙；李秋实
163	自动浇水施肥器	CN201530055719.0	20150310	邢义长
164	施肥精播机	CN201430210626.6	20140618	刘新宁
165	施肥机	CN201430210627.0	20140618	刘新宁
166	施肥器（文丘里）	CN201430351820.6	20140922	林凯
167	施肥机	CN201330073498.0	20130321	张培坤
168	施肥机（小区精量）	CN201530197951.8	20150616	山西省农业科学院棉花研究所
169	起垄施肥铺膜联合作业机	CN201530150014.7	20150519	张培坤
170	施肥量调节装置	CN201530328786.5	20150828	井关农机株式会社
171	联合作业机（起垄施肥铺膜带动力）	CN201530149770.8	20150519	张培坤
172	枸杞施肥机	CN201530253332.6	20150715	张虎
173	施肥圆盘	CN201530413617.1	20151023	西安亚澳农机股份有限公司
174	中耕施肥机（1）	CN201530413728.2	20151023	西安亚澳农机股份有限公司

续表

外观设计 124 项

序号	专利名称	申请号	申请日	专利权人
175	施肥箱	CN201330628583.9	20131217	锦州名悦机械制造有限公司
176	施肥机	CN201330658524.6	20131231	李峰
177	施肥机（1）	CN201230041614.6	20120228	宁波大业动力机械有限公司
178	施肥机（2）	CN201230041627.3	20120228	宁波大业动力机械有限公司
179	果树施肥机	CN201530348415.3	20150910	赵艳宁
180	施肥机（1）	CN200930120057.5	20091210	平顶山市奇力王农机有限公司
181	施肥机（2）	CN200930120058.X	20091210	平顶山市奇力王农机有限公司
182	施肥器	CN200530012473.5	20050412	董永茂
183	烟草起垄施肥组合机	CN201130230383.9	20110719	湖南省烟草公司衡阳市公司；湖南省衡阳市农业机械研究所
184	中耕施肥机（2）	CN201530413694.7	20151023	西安亚澳农机股份有限公司
185	施肥机	CN201430313972.7	20140828	林爱国
186	幼果套袋机	CN201530071209.2	20150324	四川阔程科技有限公司
187	动力喷雾机（OS-60）	CN01341402.X	20011022	张家港市新海农林机械厂
188	自走式喷雾机	CN201430045458.X	20140310	株式会社筑水佳梦
189	自走式葡萄喷雾机（2）	CN201430299801.3	20140821	常州东风农机集团有限公司
190	自走式葡萄喷雾机（1）	CN201430299954.8	20140821	常州东风农机集团有限公司
191	自走式四轮高杆喷雾机	CN201430558791.0	20141229	烟台嘉华车辆部件有限公司
192	自走式四轮高杆智能喷雾机	CN201430559224.7	20141229	烟台嘉华车辆部件有限公司

外观设计 124 项

序号	专利名称	申请号	申请日	专利权人
193	喷雾机（400）	CN201330150123. X	20130428	安徽江淮重工机械有限公司
194	拖车式动力喷雾机（2）	CN201330141502. 2	20130412	李中雷
195	自走式喷杆喷雾机	CN201330603648. 4	20131206	陕西省植物保护工作总站；深圳市隆瑞科技有限公司
196	喷雾耙	CN201330439454. 5	20130912	中国商用飞机有限责任公司；中国商用飞机有限责任公司上海飞机设计研究院
197	自走式喷雾车	CN201330017363. 2	20130122	安徽江淮重工机械有限公司
198	拖车式动力喷雾机（1）	CN201330140755. 8	20130412	李中雷
199	动力喷雾机（1）	CN201230542260. 3	20121029	李中雷
200	风送式果林喷雾机（3WGF - 300B 型）	CN201230105739. 0	20120412	南通黄海药械有限公司
201	悬挂式风送农药喷雾机	CN201530021981. 3	20150126	宋素云
202	车载式风送农药喷雾机	CN201530021982. 8	20150126	宋素云
203	电动喷雾机	CN201530020848. 6	20150123	东莞市松庆智能自动化科技有限公司
204	自走式高地隙喷杆喷雾机	CN201530075143. 4	20150326	现代农装科技股份有限公司；中国农业机械化科学研究院
205	自走式喷雾机	CN201130074228. 2	20110413	安徽江淮重工机械有限公司
206	履带自走式风送喷雾机（3WGF - 300FL 型）	CN201130444912. 5	20111129	南通黄海药械有限公司
207	喷雾器（果园风送）	CN201230048405. 4	20120306	台州信溢农业机械有限公司
208	喷雾机	CN01351415. 6	20011101	薛永文
209	动力喷雾机（AHP - 35N）	CN200930687639. 1	20091228	物理农林机械科技（苏州）有限公司

续表

外观设计 124 项

序号	专利名称	申请号	申请日	专利权人
210	可移动喷雾装置	CN200930058944.4	20090807	物理农林机械科技（苏州）有限公司
211	水旱两用喷杆喷雾机	CN201130449532.0	20111130	临沂三禾永佳动力有限公司
212	自走式喷雾机	CN201530132805.7	20150501	株式会社筑水佳梦
213	喷雾机	CN201430017287.X	20140122	柳玉民
214	自走式农药喷雾机	CN201530097728.6	20150414	金坛柴油机有限公司
215	自走式水旱田两用喷雾机（3WP500）	CN201530150291.8	20150519	烟台嘉华车辆部件有限公司
216	自走式喷杆喷雾机	CN201530129145.7	20150506	江苏闪锐现代农业设备制造有限公司
217	推车式静电喷雾机（3WMJ－2D50T）	CN201130099195.7	20110429	苏州稼乐植保机械科技有限公司
218	喷雾器（自动泄压）	CN201130113161.9	20110510	陈美琴
219	动力喷雾机（2）	CN201230542266.0	20121029	李中雷
220	喷雾机	CN201530282600.7	20150730	乌鲁木齐市牧丰伟业农业机械制造有限公司
221	风送喷雾机（1）	CN201530384615.4	20150930	浙江勇力机械有限公司
222	自走式喷雾打药机	CN201530199501.2	20150617	哈尔滨市开元节水喷灌设备制造有限公司
223	喷雾器水箱（甲虫系列）	CN201530430559.3	20151102	叶鸿荫
224	玉米抽雄喷雾一体机	CN201530480257.7	20151125	酒泉奥凯种子机械股份有限公司
225	喷杆喷雾机	CN201530384558.X	20150930	浙江勇力机械有限公司
226	风送喷雾机（2）	CN201530384621.X	20150930	浙江勇力机械有限公司
227	民用喷雾机（外骨骼）	CN201530410177.4	20151022	杭州万向职业技术学院
228	自走式喷杆喷雾机	CN201330570154.0	20131122	浙江铃木机械有限公司
229	农用喷雾机的控制器（TH－M610B）	CN201530397850.5	20151015	戴添华
230	便携式动力喷雾机组	CN200430015501.4	20040515	杨翼龙

外观设计 124 项

序号	专利名称	申请号	申请日	专利权人
231	喷雾器（15X）	CN200830002781.3	20080116	台州信溢农业机械有限公司
232	喷雾器（NS－15W）	CN200830137587.6	20081119	台州信溢农业机械有限公司
233	喷雾喷粉机（3WF－18AC）	CN201030218192.6	20100624	王富斌
234	喷雾机	CN200830108240.9	20080414	重庆宏美科技有限公司
235	担架式机动喷雾机（CY－22D）	CN201030253829.5	20100728	王富斌
236	电动喷雾机（CY－18D）	CN201030540259.8	20100930	浙江程阳机电有限公司
237	动力喷雾机	CN200630310673.3	20061219	物理农林机械科技（苏州）有限公司
238	喷雾喷粉机	CN200530092740.4	20050615	公维科
239	喷雾机（1）	CN200730189947.2	20071030	姜国芳
240	静电喷雾机（3WMJ－2D50TA）	CN201130259192.5	20110805	苏州稼乐植保机械科技有限公司
241	自走式风送喷雾机	CN201130042276.3	20110314	北京百瑞盛田环保科技发展有限公司
242	推车式静电喷雾机（3WMJ－2D150T）	CN201130099062.X	20110429	苏州稼乐植保机械科技有限公司
243	喷雾喷粉机（Ⅲ）	CN201230174489.6	20120516	临沂三禾永佳动力有限公司
244	喷雾喷粉机（Ⅱ）	CN201230174491.3	20120516	临沂三禾永佳动力有限公司
245	喷雾喷粉机（Ⅰ）	CN201230174550.7	20120516	临沂三禾永佳动力有限公司
246	静电喷雾机（3WMJ－2D150TA）	CN201130259212.9	20110805	苏州稼乐植保机械科技有限公司
247	喷杆喷雾机（自走式）	CN201430313407.0	20140828	佳木斯市华成机械制造有限公司
248	喷雾机	CN201230419063.2	20120823	李中雷

续表

外观设计 124 项

序号	专利名称	申请号	申请日	专利权人
249	自走式喷杆喷雾机	CN201430374280.3	20141005	黑龙江索伦农机制造有限公司
250	喷雾喷粉机	CN201230542802.7	20121109	临沂三禾永佳动力有限公司
251	履带式风送喷雾机	CN201230543676.7	20121109	临沂三禾永佳动力有限公司
252	自走式风送喷雾机	CN201230543538.9	20121109	临沂三禾永佳动力有限公司
253	喷雾喷粉机	CN201230542800.8	20121109	临沂三禾永佳动力有限公司
254	自走式喷杆喷雾机	CN201430558602.X	20141229	浙江枫泽源农业科技有限公司
255	自走式高秆作物喷杆喷雾机	CN201430535128.9	20141218	北京丰茂植保机械有限公司
256	喷雾机（自走式葡萄用）	CN201030538444.3	20100929	中国农业科学院植物保护研究所；北京丰茂植保机械有限公司
257	遥控式电动喷药机	CN201430074593.7	20140327	范明合
258	喷药机	CN201430366367.6	20140923	潍坊爱地植保机械有限公司
259	水田运苗喷药机	CN201030669229.7	20101209	山东华山拖拉机制造有限公司
260	喷药器	CN201530114246.7	20150424	李广喜
261	喷药机（2）	CN201430176516.2	20140611	孙建伟
262	喷药机（1）	CN201430176544.4	20140611	孙建伟
263	水田自走式运苗喷药机	CN201130033386.3	20110303	山东华山拖拉机制造有限公司
264	喷药机	CN201530096975.4	20150414	张亚洲
265	喷药机	CN201530170405.5	20150529	雷沃重工股份有限公司

外观设计 124 项

序号	专利名称	申请号	申请日	专利权人
266	农田喷药装置	CN201230156851.7	20120508	浙江工商职业技术学院；肖国华；单春艳
267	喷药覆膜打孔机	CN201330303117.3	20130703	山东五征集团有限公司；山东烟草研究院有限公司
268	中耕喷药机	CN201330303133.2	20130703	山东烟草研究院有限公司；山东五征集团有限公司
269	喷药车	CN201330348988.7	20130724	刘军廷
270	喷药机	CN201130489564.3	20111220	朱连波
271	喷药机器人	CN201530037131.2	20150209	聊城大学

附表 4 关于收获技术装备中国专利

发明专利 283 项

序号	专利名称	申请号	申请日	专利权人
1	用于大棚的西红柿采摘机	CN201210586494.7	20121231	辛慰
2	一种西红柿采收分选运输装置	CN201310403635.1	20130906	张传生
3	差速带式番茄收获分离装置及该装置所构成的番茄收获机	CN201210029978.1	20120211	石河子大学
4	番茄收获分离装置及该装置所构成的番茄收获机	CN201010578942.X	20101208	石河子大学
5	回转式番茄收获分离装置及该装置所构成的番茄收获机	CN201010578923.7	20101208	石河子大学
6	一种番茄收获机调平系统	CN201210561332.8	20121221	石河子大学；武汉威明德科技股份有限公司
7	用于自走式番茄收获机的液压系统	CN201010230866.3	20100717	石河子大学；武汉威明德科技发展有限公司
8	一种用于番茄收获机上的采摘头	CN201110176010.7	20110628	石河子贵航农机装备有限责任公司

续表

发明专利 283 项

序号	专利名称	申请号	申请日	专利权人
9	一种用于番茄收获机上的果实分离装置	CN201110148396.0	20110603	石河子贵航农机装备有限责任公司
10	一种牵引喂入式番茄收获机	CN201510191309.8	20150421	新疆汉源机械制造有限公司
11	番茄收获机	CN201110445433.4	20111227	石河子贵航农机装备有限责任公司
12	一种大棚栽培番茄采摘机械装置	CN201410054851.4	20140218	浙江机电职业技术学院
13	一种大棚栽培番茄采摘机构	CN201410055061.8	20140218	浙江机电职业技术学院
14	番茄采摘盛装车	CN201510860088.9	20151126	陈瑛
15	智能番茄采摘机	CN201310239128.9	20130618	沈阳创达技术交易市场有限公司
16	一种番茄采收装置	CN201310039177.8	20130201	石河子大学
17	包厢式辣椒采摘机	CN200910203012.3	20090511	蒋毅蕾
18	一种辣椒收获机清选分离装置	CN201110048822.3	20110301	石河子大学
19	自切式辣椒收获机	CN201310543576.8	20131106	代国胜
20	辣椒采摘机	CN201410257108.9	20140611	李东海；韩全立；刘志宏
21	手推小辣椒收割机	CN201510712523.3	20151020	河南省粮源农业发展有限公司
22	一种自走式辣椒联合收获机	CN201110402934.4	20111207	石河子大学
23	对行辣椒采摘机头	CN201310161954.6	20130415	蒋毅蕾
24	一种辣椒收割机	CN201210357127.X	20120924	代国胜
25	弹齿型辣椒采摘器	CN201010045514.0	20100119	新疆机械研究院股份有限公司
26	辣椒采摘器	CN201010045515.5	20100119	新疆机械研究院股份有限公司
27	牵引式打瓜联合收获机	CN201210005411.0	20120109	高银锋

续表

发明专利283项			
序号	专利名称	申请号	申请日	专利权人
28	打瓜收获集条机	CN201110130546.5	20110519	孟宪珍
29	一种全自动打瓜收获机	CN201310440452.7	20130924	游成勇
30	一种打瓜收获脱籽联合作业机	CN201210378918.0	20121008	玛纳斯县双丰农牧机械有限公司
31	用于扎取打瓜的捡拾齿及具有该捡拾齿的捡拾齿辊	CN201410086204.1	20140310	玛纳斯县双丰农牧机械有限公司
32	甜菜收获机料仓翻斗助卸料机构	CN201210580383.5	20121226	农业部南京农业机械化研究所
33	一种牵引式甜菜联合收获机及其控制系统	CN201110308991.6	20111013	中机美诺科技股份有限公司
34	甜菜起拔机	CN201110171906.6	20110624	普志超
35	甜菜收获机	CN200810166614.1	20081015	格里梅农业机械厂有限及两合公司
36	自捡式甜菜装载机	CN201210378627.1	20121006	王辉
37	一种甜菜联合收获机	CN201210362600.3	20120926	中国农业大学
38	一种甜菜收获机	CN201110005129.8	20110106	西北农林科技大学
39	甜菜收获机	CN200910074448.7	20090522	李永录
40	一种甜菜挖掘装置	CN201210141569.0	20120509	中国农业大学
41	甜菜挖掘捡拾收获机	CN201410379057.7	20140804	新疆文彦高科机电设备有限公司
42	一种无人甜菜收获机	CN201510942458.3	20151216	无锡同春新能源科技有限公司
43	一种甜菜切根切缨收获机	CN201410071321.0	20140302	山东理工大学
44	自走式甜菜堆装清杂机	CN201510049384.0	20150131	新疆文彦高科机电设备有限公司
45	包括用于自动地调整收割单元的装置的、并用于收割根部例如甜菜的机器	CN201580014498.X	20150318	EXEL工业公司
46	打瓜子联合收获机	CN201310584989.0	20131114	昌吉州西域金马农业机械制造有限责任公司

续表

发明专利 283 项

序号	专利名称	申请号	申请日	专利权人
47	青湿棉桃剥取洁净棉絮一体机	CN201010541640.5	20101031	陈华松
48	全自动采棉机的采棉摘锭以及由该摘锭构成的采棉机采摘头	CN200710088892.5	20070402	黄军干
49	采棉机集棉清理输送装置及所构成的棉花收获机械	CN200810072990.4	20081103	新疆科神农业装备科技开发有限公司
50	一种用于大型采棉机的棉朵收采装置	CN200810079583.6	20081020	武志生
51	棉花采摘机脱棉板	CN201210318222.9	20120901	益阳富佳科技有限公司；周红灯
52	棉花采摘机脱棉装置	CN201210391998.3	20121016	益阳富佳科技有限公司；周红灯
53	一种采棉机棉箱门	CN201110047544.X	20110228	浙江亚特电器有限公司
54	一种软摘锭采棉机的分离脱棉装置及其构成的软摘锭采摘头	CN201310086663.5	20130319	新疆胜凯采棉机制造有限公司
55	采棉针及采棉装置和棉花采摘机	CN201310304953.2	20130719	陈资益
56	一种采棉针及脱棉套	CN201510620316.5	20150926	田永军
57	一种采棉机的升降式卸棉装置	CN201310706260.6	20131219	常州市胜比特机械配件厂
58	摘棉机刮棉装置	CN201510770605.3	20151112	迪尔公司
59	采棉头及具有该采棉头的梳齿选收式采棉机	CN201510129391.1	20150324	湖南农业大学
60	采棉机的气缸式储棉装置	CN201410805352.4	20141220	天津市元圣达金属制品有限公司
61	用于采棉机的脱棉装置	CN201510129288.7	20150324	湖南农业大学
62	一种机载棉纤抑损高效清棉装置	CN201410493276.8	20140924	农业部南京农业机械化研究所

发明专利 283 项

序号	专利名称	申请号	申请日	专利权人
63	用于棉花收获单元的脱棉器调节装置	CN201310168495.4	20130506	迪尔公司
64	一种采棉针及装有该采棉针的机械采棉装置	CN201110026223.1	20110125	田永军
65	一种摘棉装置	CN201210015772.3	20120118	李建华
66	一种棉壳分离机用网板	CN200610070372.7	20061129	张纪国
67	一种摘棉器	CN201310523676.4	20131216	江苏堂皇集团有限公司
68	用于拔出和剁碎棉株和类似农作物残桩的农业机械系统	CN200680000366.2	20060404	J. F. 马奎纳斯阿格瑞科勒斯有限公司
69	棉花收获机的集棉箱	CN201210346228.7	20120918	新疆科神农业装备科技开发有限公司
70	一种用于棉花采集的拖车式采棉机	CN200810055097.0	20080617	武志生
71	一种棉桃联合收获机	CN201410122591.X	20140321	石河子大学
72	一种自走式棉桃收获机	CN201410122614.7	20140321	石河子大学
73	用于棉花收获机的棉花调节器	CN200610125758.3	20060829	迪尔公司
74	一种耙棉装置	CN201210045115.3	20120227	农业部南京农业机械化研究所
75	棉桃清分装置	CN201210014556.7	20120118	农业部南京农业机械化研究所
76	双层梳齿旋转棉桃采收装置	CN201210268586.0	20120730	绍兴市世联机械有限公司
77	一种采棉机棉箱改进结构	CN201110085329.9	20110406	浙江亚特电器有限公司
78	一种高效棉朵收采器	CN200910074529.7	20090625	武志生
79	一种简易棉桃采摘机	CN201310170519.X	20130509	杨义玲
80	一种棉桃分离输送装置	CN201410185032.3	20140504	农业部南京农业机械化研究所

续表

发明专利283项				
序号	专利名称	申请号	申请日	专利权人
81	构造为用于棉花收割、清洁和调节的一体单元的自动剥离器型棉花收割机	CN201310646359.1	20131204	国家农业技术研究院
82	一种脱棉盘	CN201410343094.2	20140717	许保康
83	一种机采棉棉花开清筒	CN201510870120.1	20151127	新疆维吾尔自治区纤维检验局
84	用于棉花收获机的棉花输送结构	CN201410092472.4	20140313	迪尔公司
85	棉絮收集装置	CN201510941912.3	20151216	马海洋
86	全自动采棉机的采棉头	CN200310100905.8	20031009	黄军干
87	棉桃剥花机转针	CN201310701713.6	20131219	谢圣远
88	轴预紧力改善的质量减轻的高速脱棉柱	CN201110295870.2	20110928	迪尔公司
89	一种用于采棉机的吹吸式输棉管道	CN201410357707.8	20140724	常州派森采棉机有限公司
90	一种高效低损籽棉清桃输送装置	CN201510124608.X	20150320	农业部南京农业机械化研究所
91	一种采棉机中输棉风管的升降机构	CN201410424533.2	20140826	浙江亚特电器有限公司；嘉兴亚特园林机械研究所；新疆钵施然农业机械科技有限公司
92	一种联动式采棉机机头及其采棉机	CN201310428965.6	20130918	孙骏
93	一种采棉爪部件及其采棉机	CN201310285745.2	20130709	孙骏
94	电动排杂捡棉器	CN201410040005.7	20140120	付兵远
95	一种机械采棉机的采棉头	CN201410049992.7	20140213	乌鲁木齐蓝天绿城新能源科技有限公司
96	一种机械采棉头的棉花抓取机构	CN201410048264.4	20140212	乌鲁木齐蓝天绿城新能源科技有限公司

发明专利 283 项				
序号	专利名称	申请号	申请日	专利权人
97	一种机械采棉头内的输棉机构	CN201410049967.9	20140213	乌鲁木齐蓝天绿城新能源科技有限公司
98	一种分级统收式采棉机摘头及采棉机	CN201510855980.8	20151130	周潘玉
99	基于传感网上的高精度智能化棉花采摘机	CN201010144529.2	20100412	四川大学锦江学院；田野；任锦呈
100	离心式棉花采摘机	CN201010533082.8	20101105	毕仁贤
101	高采净率气缸抽吸式自走采棉机	CN201010190578.X	20100603	王志强；朱华彬
102	氢燃料电池新能源应用在采棉机上的动力装置	CN201010274261.4	20100901	无锡同春新能源科技有限公司
103	风氢新能源应用在采棉机上的动力装置	CN201010286815.2	20100915	无锡同春新能源科技有限公司
104	锂离子电池新能源应用在采棉机上的动力装置	CN201010275463.0	20100904	无锡同春新能源科技有限公司
105	太阳氢新能源应用在采棉机上的动力装置	CN201010286550.6	20100913	无锡同春新能源科技有限公司
106	风力发电系统应用在电动采棉机上的动力装置	CN201010286562.9	20100911	无锡同春新能源科技有限公司
107	真空输送摘棉机	CN201010296160.7	20100929	郝媛
108	电动棉花采收机	CN201010296165.X	20100929	郝媛
109	棉花采摘机	CN201010174279.7	20100518	黄廷湘
110	用于采棉机的刮板	CN201010111558.9	20100222	迪尔公司
111	采棉机	CN201110253517.8	20110831	南通市双隆农业发展有限公司
112	用于生产可被自动识别与定向的模块的棉花收获机	CN201110235551.2	20081028	迪尔公司
113	一种棉花收获机采收台	CN201110201486.1	20110719	江苏宇成动力集团有限公司
114	一种棉花采摘机	CN201110200773.0	20110718	李茹茹

续表

发明专利 283 项

序号	专利名称	申请号	申请日	专利权人
115	手持式棉花采摘机	CN201210058981.6	20120308	黄昆明
116	新概念棉花收割机	CN200610005240.6	20060105	陈少毅
117	全自动采棉机的采摘头	CN200510081212.8	20050620	石河子开发区福顺安防电器科技有限责任公司
118	拔棉花机	CN200610167611.0	20061215	王西龙
119	一种便携式采棉机辅助装置	CN201310429342.0	20130909	吴乐敏
120	统收式采棉机分离系统	CN201310486650.7	20131017	陕西盛迈石油有限公司
121	一种自动倒齿滚筒采棉机	CN201310472677.0	20130926	吴乐敏
122	自走式不受种植模式和品种限制的采棉机	CN200910151019.5	20090702	陈华松
123	采棉机	CN200910303850.8	20090630	张争鸣
124	一种手持长棒状采棉头	CN200710100544.5	20070408	陈华松
125	棉花智能采摘收获机	CN200710131412.9	20070907	南京工程学院
126	大中型采棉机	CN200710084855.7	20070215	陈华松
127	由独立驱动单元运行的拖拉型棉花收割机	CN200710091721.8	20070329	农牧业技术国家研究所
128	棉花收获机机架结构	CN200780027913.0	20070725	迪尔公司
129	一种采棉机	CN201310192539.7	20130522	周芬
130	手持式棉花采摘机	CN201410037380.6	20140120	朱德青
131	手持式采棉花机	CN201310088046.9	20130320	黄昆明
132	行星齿轮式采棉机头	CN201310079621.9	20130313	浙江大学
133	一种自走式全自动棉花采摘机	CN201310097990.0	20130326	王焕飞
134	筒式采棉器	CN201010585624.6	20101202	金英俊
135	铁扇风洞采棉机	CN200810072919.6	20080716	张淑昆
136	悬挂式棉花采摘机	CN200810072906.9	20080626	新疆科神农业装备科技开发有限公司
137	一种机载式全自动采棉机	CN200810079584.0	20081020	武志生
138	采棉机	CN200910013918.9	20090112	山东天鹅棉业机械股份有限公司

序号	专利名称	申请号	申请日	专利权人
	发明专利 283 项			
139	一种采棉机的复采装置——自旋棒推移辊	CN200910132852.5	20090412	陈华松
140	棉花自动采收法	CN200910128086.5	20090320	孙瑞明
141	棉花采摘机的筒内筋螺旋过滤装置	CN200910200335.7	20091211	徐森良
142	棉花采摘机的螺旋式伞形过滤装置	CN200910200334.2	20091211	徐森良
143	背负式电动气流棉花、果实采摘机的清选机构	CN200910055242.X	20090723	徐森良
144	全自动采棉机杂质分离机构	CN200910104745.1	20090831	黄晖；重庆箭驰机械有限公司
145	棉花采摘头弹簧输送机构	CN200910104744.7	20090831	黄晖；重庆箭驰机械有限公司
146	全自动采棉机采摘装置	CN200910104749.X	20090831	黄晖；重庆箭驰机械有限公司
147	全自动采棉机	CN200910104751.7	20090831	黄晖；重庆箭驰机械有限公司
148	全自动采棉机采摘头总成	CN200910104750.2	20090831	黄晖；重庆箭驰机械有限公司
149	具有油脂储器以及油脂和泥土密封的摘棉机锭子	CN200910162535.8	20090803	迪尔公司
150	棉花收获机	CN200910206121.0	20091009	廖运燕
151	棉花采摘指套	CN200910208239.7	20091018	高红卫
152	一种石墨烯电动采棉机	CN201210304959.5	20120826	无锡同春新能源科技有限公司
153	采棉机	CN201210373924.7	20121005	南通旺鑫新材料有限公司
154	棉花收获机摘锭	CN201210429438.2	20121031	迪尔公司
155	双偏心滚筒式采棉器	CN201210457061.1	20121114	山东理工大学
156	棉花收获机的采摘装置	CN201210346224.9	20120918	新疆科神农业装备科技开发有限公司

续表

发明专利 283 项

序号	专利名称	申请号	申请日	专利权人
157	梳齿自走式棉花联合收获机	CN201210346203.7	20120918	新疆科神农业装备科技开发有限公司
158	便携式手持采棉机	CN201110351792.3	20111022	吴乐敏
159	一种手提式采棉机	CN201110458687.X	20111231	陈朋海
160	便携式手持采棉机	CN201110353292.3	20111031	吴乐敏
161	棉花采摘器	CN200810047967.X	20080611	孙凯
162	棉花选摘机	CN200810182264.8	20081119	王瑞林
163	高速摘棉机滚筒	CN200810126372.3	20080627	迪尔公司
164	用于生产可被自动识别与定向的模块的棉花收获机	CN200810171977.4	20081028	迪尔公司
165	牵引式摘棉机	CN200780038410.3	20071018	迪尔公司
166	一种采棉机	CN201410207301.1	20140515	杨帆
167	拖拉机悬挂式棉花收获机	CN201110043905.3	20110224	迪尔公司
168	棉花壳叶采收机	CN201410665523.8	20141112	张伟；张飞
169	采棉头拉索组件	CN201410801523.6	20141222	贵州平水机械有限责任公司
170	一种机采棉除杂控制系统	CN201510205729.7	20150427	山东棉花研究中心
171	一种带有降温装置的背负式采棉机	CN201310169711.7	20130508	徐建钢
172	棉花传送滚轮结构	CN200410090200.7	20041028	迪尔公司
173	棉花收获机行装置的空气清扫	CN200410057868.1	20040820	迪尔公司
174	用于摘棉机的分离罩	CN200410087789.5	20041028	迪尔公司
175	机载高效清棉装置	CN201210014731.2	20120118	农业部南京农业机械化研究所
176	自走复指式采棉机	CN201210037033.4	20120217	农业部南京农业机械化研究所
177	自控集棉箱	CN201210034575.6	20120216	农业部南京农业机械化研究所
178	模块化总线化智能采棉机自动对行系统	CN201210248024.X	20120718	上海大学

发明专利 283 项

序号	专利名称	申请号	申请日	专利权人
179	棉花收割机刮板	CN03148759.9	20030625	迪尔公司
180	一种带有两个打包室的棉花收获机	CN01139410.2	20011113	迪尔公司
181	采棉机改进结构	CN201110047557.7	20110228	浙江亚特电器有限公司
182	一种牵引式采棉机	CN201110047179.2	20110228	浙江亚特电器有限公司
183	采棉机喷淋系统改进	CN201110047152.3	20110228	浙江亚特电器有限公司
184	采棉机传动机构	CN201110076545.7	20110329	浙江亚特电器有限公司
185	棉花收获机行单元速度的同步控制	CN200710138164.0	20070731	迪尔公司
186	棉花采摘头	CN200810304989.X	20081017	新疆机械研究院（有限责任公司）
187	采棉滚筒	CN200810304991.7	20081017	新疆机械研究院（有限责任公司）
188	一种背肩式采棉机	CN201310163874.4	20130507	孙永兰
189	摘锭速度与滚筒速度比可控的棉花采摘单元驱动装置和皮带驱动装置	CN201110325990.2	20111024	迪尔公司
190	便携式采棉机	CN201210126099.0	20120416	吴乐敏
191	吸采抓采结合式采棉机	CN201110247510.5	20110826	周进友
192	用于棉花圆形模块成型机的湿度传感器	CN201310381727.4	20130828	迪尔公司
193	离心式棉花采摘机	CN201210579533.0	20121228	毕仁贤；毕文毅
194	一种全自动采棉机	CN201310170626.2	20130509	杨义玲
195	具有油脂储器以及油脂和泥土密封的摘棉机锭子	CN201310176183.8	20090803	迪尔公司
196	可视牵引机下采摘器单元的牵引机在顶部的摘棉机	CN201380060210.3	20131011	凯斯纽荷兰（中国）管理有限公司
197	有后采摘器单元升高和倾斜机构的牵引机在顶部的摘棉机	CN201380060222.6	20131011	凯斯纽荷兰（中国）管理有限公司

续表

发明专利 283 项

序号	专利名称	申请号	申请日	专利权人
198	一种带有折叠椅的采棉机	CN201310166698.X	20130508	徐建丰
199	一种全自动采棉机用摘头	CN201210528915.0	20121211	吴为飞
200	一种采棉机摘锭组件	CN201410125218.X	20140331	李溢军
201	棉花储存系统	CN201310666814.4	20131209	迪尔公司
202	一种侧卸式集棉箱	CN201410529713.7	20141009	农业部南京农业机械化研究所
203	棉花采摘机	CN201310400399.8	20130906	昆山市玉山镇仕龙设计工作室
204	具有同步于地速的单元速度的低成本棉花收获机	CN201110045797.3	20110225	迪尔公司
205	往复接力电动采棉器	CN201310340190.7	20130807	梁运跃
206	棉花采摘装置	CN201210559083.9	20121220	杭州亿脑智能科技有限公司
207	采棉机机架装配调节装置	CN201310233078.3	20130613	石河子贵航农机装备有限责任公司
208	组合式采棉机	CN201410354393.6	20140720	谢成海
209	一种采棉机的给力结构	CN201510620324.X	20150926	田永军
210	一种防缠绕棉花采摘机	CN201410270327.0	20140618	上海萍韵科技有限公司
211	一种防堵塞的棉花采摘机	CN201410270318.1	20140618	上海众点科技有限公司
212	一种便携式采棉机清理装置	CN201510688281.9	20151013	吴乐敏
213	棉花收割机	CN201510628633.1	20150723	凯斯纽荷兰（中国）管理有限公司
214	一种曲柄滑块式便携式采棉机手持部	CN201510755776.9	20151106	济南大学
215	一种便携式采棉机手持部	CN201510755153.1	20151106	济南大学
216	一种效率高含杂率低的棉花采摘装置	CN201410773114.X	20141215	王才丰
217	一种无人采棉机	CN201510942460.0	20151216	无锡同春新能源科技有限公司

发明专利 283 项

序号	专利名称	申请号	申请日	专利权人
218	一种采棉机减速机	CN201210279392.0	20120808	江苏泰隆减速机股份有限公司
219	一种双手电动采摘器自充电式棉花收获机	CN201210268629.5	20120720	陈绍勇；丁朝霞
220	一种电动自走自充电式棉花收获机系统装置	CN201210268603.0	20120720	陈绍勇；丁朝霞
221	一种组装式采棉机摘锭	CN201310705693.X	20131219	常州市胜比特机械配件厂
222	一种采棉机	CN201410414796.5	20140821	江苏兴宏植保机械有限公司
223	一种用于棉花收获机的水箱	CN201510064251.0	20150209	郭健
224	自走型棉花采摘机	CN201510489794.7	20150727	秦文海
225	组合式采棉机	CN201410528465.4	20140720	谢成海
226	便携式采棉机	CN201410123882.0	20140331	济南大学
227	手提式摘棉机	CN201310122339.4	20130328	蒋步群
228	一种采棉机用组合式风道	CN201310703381.5	20131219	常州市胜比特机械配件厂
229	一种可伸缩的采棉箱体	CN201310705235.6	20131219	常州市胜比特机械配件厂
230	手持式采棉机	CN201310384389.X	20130829	李茂正
231	小型采棉机	CN200910095436.2	20090109	浙江亚特电器有限公司
232	脉冲式真空发生装置、棉花收获装置及系统	CN201010546099.7	20101116	汪京涛；李天维
233	具有自清理功能的组合型梳齿式采棉装置	CN201010541306.X	20101112	新疆农业科学院农业机械化研究所
234	一种鼠笼式电动气流背负棉花、果实采摘机	CN201010536570.4	20101109	徐森良
235	双伸缩全自动采棉机	CN201010117319.4	20100304	乌鲁木齐九安科技有限公司
236	一种高效采棉机头	CN200910029948.9	20090330	孙骏
237	伸缩齿滚筒采棉机	CN201110091891.2	20110413	连丰源
238	棉花采摘机	CN200610041137.7	20060808	李寿清

发明专利 283 项

序号	专利名称	申请号	申请日	专利权人
239	履带式摘棉机	CN200810040768.6	20080718	吴为飞
240	背负式电动气流棉花、果实采摘机	CN200810041442.5	20080807	徐森良
241	偏摆牵引式棉花收获机	CN201110428331.1	20111220	新疆农业科学院农业机械化研究所
242	负压气动视频色差采摘头及茶、红花、棉花采摘机	CN201210110269.6	20120416	丁于
243	机械式定序的棉花处理系统	CN201510736978.9	20151103	迪尔公司
244	一种安装在拖拉机上的摘棉机	CN201180009406.0	20110325	CNH 美国有限责任公司
245	气动摘棉机	CN201410749489.2	20141210	扬州明博钢结构有限公司
246	摘棉花机械手	CN201410161661.2	20140414	任国祚
247	一种采棉机用电子仿形装置	CN201310703384.9	20131219	常州市胜比特机械配件厂
248	一种保证安装同心度的采棉机机头用摘锭装置	CN201310705810.2	20131219	常州市胜比特机械配件厂
249	阳极氧化铝制摘棉机摘锭螺母	CN201210265254.7	20120727	迪尔公司
250	自动采棉头	CN200910099140.8	20090525	浙江亚特电器有限公司
251	棉花采摘机	CN201210210641.0	20120617	杨学强
252	一种控制自走式采棉机传动系统的液压装置	CN201210545617.2	20121213	张林德
253	一种抓头式摘棉机	CN201410316353.2	20140704	杨文辉
254	一种具有时间提醒功能的采棉机	CN201310447873.2	20130927	陕西山泽农业科技有限公司
255	挂式风吸梳板摘棉机	CN201110338321.9	20111031	王建生
256	手持式采棉机	CN201310400359.3	20130905	连伟；刘文华；王章兴
257	一种便携式采棉机	CN201310036819.9	20130107	吴乐敏
258	一种采棉摘锭	CN201310592699.0	20131122	上海技龙计算机科技有限公司

发明专利 283 项

序号	专利名称	申请号	申请日	专利权人
259	采棉摘锭	CN201410652232.5	20141118	周潘玉
260	一种便携式采棉机	CN201410617328.8	20141030	吴乐敏
261	背负式采棉机新型吸风系统	CN200910101239.7	20090724	浙江亚特电器有限公司
262	一种便携式采棉机	CN201310057856.8	20130202	吴乐敏
263	吸入式采棉机	CN201110185160.4	20110621	周进友
264	一种新型采棉机	CN201210292645.8	20120817	龚培生
265	一种气吸式空气射流采棉机	CN201310090418.1	20130307	姚建福
266	一种手持式自动采棉机	CN201510294418.2	20150602	南京农业大学
267	具有地速同步行单元的低成本拖拉机安装的摘棉机	CN201410606117.4	20141031	凯斯纽荷兰（中国）管理有限公司
268	一种采棉机的驾驶室	CN201410425310.8	20140826	浙江亚特电器有限公司；嘉兴亚特园林机械研究所；新疆钵施然农业机械科技有限公司
269	一种刷辊式采棉机	CN201410495339.3	20140924	农业部南京农业机械化研究所
270	一种背负式采棉机	CN201510547839.1	20150831	安徽农业大学
271	手持式棉花收获机	CN201310124009.9	20130410	昌邑市兴源铸造有限公司
272	带有止回针刺吸口的棉花采摘机	CN201310169589.3	20130425	孙华云；孙攀
273	小型采棉机	CN201310178922.7	20130515	薄朝礼
274	采棉机的除杂、采净装置	CN200810179625.3	20081123	陈华松
275	一种采棉机的行走侧挡料装置	CN201410425308.0	20140826	浙江亚特电器有限公司；嘉兴亚特园林机械研究所；新疆钵施然农业机械科技有限公司
276	一种简易采棉机	CN201310229746.5	20130609	贾红梅

发明专利 283 项

序号	专利名称	申请号	申请日	专利权人
277	用于棉花收获机行单元的润湿柱门压缩结构	CN201310388891.8	20130830	迪尔公司
278	一种棉花采摘装置	CN201510317702.7	20150611	盐城工学院
279	一种便携式采棉机	CN201410272422.4	20140609	吴乐敏
280	一种自走式棉花采摘机	CN200610070059.3	20061110	山东常林机械集团股份有限公司
281	搓式棉花采收机	CN201310422538.7	20130917	毕仁贤
282	一种棉花采收机械	CN201510851999.5	20151130	周潘玉
283	一种采棉摘锭	CN201510825691.3	20151125	周潘玉

实用新型 625 项

序号	专利名称	申请号	申请日	专利权人
284	自捡式甜菜、西红柿装载机	CN201020622081.6	20101124	王辉
285	番茄收获分离装置及该装置所构成的番茄收获机	CN201020647977.X	20101208	石河子大学
286	回转式番茄收获分离装置及该装置所构成的番茄收获机	CN201020647986.9	20101208	石河子大学
287	差速带式番茄收获分离装置及该装置所构成的番茄收获机	CN201220043487.8	20120211	石河子大学
288	辣椒采摘机可拆卸辣椒采摘装置	CN201320086770.3	20130205	杜金峰
289	无人机供农田航空影像信息给收获甜菜的无人甜菜收获机	CN201521051456.7	20151216	无锡同春新能源科技有限公司
290	一种大棚栽培番茄采摘机械手爪	CN201420069626.3	20140218	浙江机电职业技术学院
291	一种大棚栽培番茄采摘收集倒料机构	CN201420069627.8	20140218	浙江机电职业技术学院

	实用新型 625 项			
序号	专利名称	申请号	申请日	专利权人
292	一种大棚栽培番茄采摘机械装置驱动机构	CN201420069771.1	20140218	浙江机电职业技术学院
293	一种果秧分离装置及具有该装置的番茄收获机	CN201320807480.3	20131210	现代农装科技股份有限公司
294	用于自走式番茄收获机的液压系统	CN201020263730.8	20100717	石河子大学；武汉威明德科技发展有限公司
295	一种牵引喂入式番茄收获机	CN201520244235.5	20150421	新疆汉源机械制造有限公司
296	一种番茄收获机	CN201120556293.3	20111227	石河子贵航农机装备有限责任公司
297	番茄收获机上的采摘头	CN201120221450.5	20110628	石河子贵航农机装备有限责任公司
298	用于番茄收获机上的果实分离装置	CN201120185531.4	20110603	石河子贵航农机装备有限责任公司
299	加工番茄联合收获机	CN200820103965.3	20081107	石河子大学
300	大棚栽培番茄采摘机械装置	CN201420070574.1	20140218	浙江机电职业技术学院
301	大棚栽培番茄采摘机构	CN201420070225.X	20140218	浙江机电职业技术学院
302	番茄采摘刀	CN201320022702.0	20130116	卢永琳
303	基于机器视觉的番茄智能采摘装置	CN201320616318.3	20131008	仲恺农业工程学院
304	翻板式番茄收获车斗	CN201520831913.8	20151026	新疆农垦科学院
305	番茄收割机	CN201520695712.X	20150910	张国保
306	一种用于番茄花粉收集的装置	CN201520666911.8	20150831	云南农业大学
307	一种用于番茄收获机的异色果实收集装置	CN201520876645.1	20151105	新疆天业农业高新技术有限公司
308	一种用于番茄采摘的系统	CN201220479840.7	20120920	王俊
309	番茄采摘机器人系统	CN201120169742.9	20110524	中国农业大学

实用新型 625 项

序号	专利名称	申请号	申请日	专利权人
310	加工番茄模块式联合收获机	CN201120520649.8	20111214	王茂博
311	一种自走式番茄收获机	CN201520825721.6	20151025	吴婉霞
312	番茄采摘盛装车	CN201520976113.5	20151126	陈瑛
313	适合采摘番茄树果实的系统	CN201521003498.3	20151204	青岛我的小菜园农业科技有限公司
314	自走式辣椒收获机	CN201220161111.7	20120417	河北雷肯农业机械有限公司
315	辣椒收获机	CN201220253296.4	20120531	王兵
316	弹齿型辣椒采摘器	CN201020060659.3	20100119	新疆机械研究院股份有限公司
317	辣椒采摘器	CN201020060660.6	20100119	新疆机械研究院股份有限公司
318	辣椒收获机	CN201020060661.0	20100119	新疆机械研究院股份有限公司
319	辣椒收获机	CN201020287925.6	20100807	王速
320	辣椒采收机	CN201220199869.X	20120507	石河子市光大农机有限公司
321	辣椒采收机	CN201120224741.X	20110629	王速
322	自走式辣椒收获机	CN201420606755.1	20141009	李杨
323	三行辣椒采摘收获机割台	CN201420187266.7	20140417	河北雷肯农业机械有限公司
324	辣椒采摘装置	CN201120303637.X	20110819	新疆中收农牧机械公司
325	辣椒采摘净化机	CN201420308667.3	20140611	李东海；韩全立；刘志宏
326	辣椒采摘机	CN201420308489.4	20140611	李东海；韩全立；刘志宏
327	带辣椒水喷射器的镰刀	CN201320283914.4	20130522	王金淀
328	辣椒摘果机	CN201520388377.9	20150609	青岛凯普农业装备有限公司
329	辣椒采摘机构	CN201520775704.6	20151008	石河子市天山机械制造有限公司

实用新型 625 项

序号	专利名称	申请号	申请日	专利权人
330	辣椒摘果机	CN201520444411.X	20150626	日照市立盈机械制造有限公司
331	单人实用型辣椒采摘爪	CN201520430756.X	20150623	杨世成
332	手推小辣椒收割机	CN201520844524.9	20151020	河南省粮源农业发展有限公司
333	辣椒收获机的传输皮带组	CN201320695361.3	20131106	代国胜
334	辣椒收获机的切土装置	CN201320695476.2	20131106	代国胜
335	自切式辣椒收获机	CN201320695506.X	20131106	代国胜
336	辣椒采摘机	CN200820228832.9	20081205	朱德利
337	对列组合式辣椒摘收机	CN200820103599.1	20080421	李伯隆；于春山
338	侧向抓拔式辣椒采收机	CN200820103467.9	20080218	孔德荣
339	辣椒采摘装置	CN200920140213.9	20090603	石河子大学
340	辣椒收获机	CN200920140343.2	20090724	石河子大学
341	辣椒收获机	CN200920164434.X	20090907	赵永明
342	辣椒采摘输送台	CN201020505393.9	20100823	郭敏荣
343	拨叉式辣椒采摘装置	CN201020505395.8	20100823	郭敏荣
344	车载式辣椒收获机	CN201120023487.7	20110125	赵永明
345	一种小型辣椒秧收割机	CN201120045368.1	20110223	李文耀
346	辣椒收割机	CN200620024180.8	20060419	薛跃强
347	辣椒机	CN200520056075.8	20050317	丁山峰
348	链条辣椒收获机	CN201220133504.7	20120324	杨苏强
349	辣椒采摘机	CN201220482759.4	20120920	朱泽
350	辣椒采收机	CN201220478318.7	20120918	付温平
351	新式辣椒收获机	CN201120453207.6	20111116	黑龙江八一农垦大学
352	小型自走式不对行辣椒联合收获机	CN201220142188.X	20120406	杨金亮
353	辣椒收获机	CN201120359618.9	20110923	王兵
354	自走手扶辣椒收割机	CN201220338754.4	20120705	乔文龙
355	一种自走式小型辣椒收获机	CN201220326766.5	20120708	陈绍杰

续表

实用新型 625 项

序号	专利名称	申请号	申请日	专利权人
356	一种辣椒收获割台	CN201220326761.2	20120708	陈绍杰
357	小型辣椒采摘机采摘装置	CN201420229682.9	20140429	刘振昌
358	辣椒采摘机	CN201420208339.6	20140420	高志宝
359	一种辣椒收割机	CN201220488032.7	20120924	代国胜
360	一种自走式辣椒联合收获机	CN201120505271.4	20111207	石河子大学
361	双级输送辣椒采摘收获台	CN201020060663.X	20100119	新疆机械研究院股份有限公司
362	单级输送辣椒采摘收获台	CN201020060662.5	20100119	新疆机械研究院股份有限公司
363	一种打瓜收获脱籽联合作业机	CN201220513932.2	20121008	玛纳斯县双丰农牧机械有限公司
364	一种联合收获打瓜上料机	CN201220341181.0	20120710	玛纳斯县双丰农牧机械有限公司
365	前悬挂农机具的传动装置及所构成的打瓜收获集条机	CN201320579787.2	20130918	孟庆印
366	用于扎取打瓜的捡拾齿及具有该捡拾齿的捡拾齿辊	CN201420106850.5	20140310	玛纳斯县双丰农牧机械有限公司
367	打瓜收获集条机	CN201120161121.6	20110519	孟宪珍
368	一种适用打瓜的联合收获机	CN201520210268.8	20150409	新疆源森农业开发有限公司
369	联合打瓜收获脱籽机	CN200420008632.4	20040324	佐剑波
370	改进的联合打瓜收获脱籽机	CN200520111419.0	20050614	佐剑波
371	一种双辊式打瓜收获机	CN201220633056.7	20121127	王峰
372	自走式自动捡拾打瓜收获机	CN201220371069.1	20120730	姜有新
373	一种全自动打瓜收获机	CN201320592961.7	20130924	游成勇
374	捡拾滚筒及包括该捡拾滚筒的打瓜收获机	CN201320243849.2	20130507	刘永波

续表

实用新型 625 项

序号	专利名称	申请号	申请日	专利权人
375	打瓜收获机械	CN03243757.9	20030407	孟宪珍
376	打瓜收获机	CN201020675881.4	20101216	敖日格乐
377	打瓜收获机	CN200620022892.6	20060418	高银峰
378	一种打瓜拾取装置	CN200720183121.X	20071105	朱玉宝
379	一种打瓜集条收获机	CN200820103723.4	20080620	新疆维吾尔自治区塔城地区农牧机械技术推广站
380	打瓜收获机	CN200920140139.0	20090507	佐剑波
381	打瓜收获机	CN201120022408.0	20110124	李志勇
382	全喂入自走式打瓜收获机	CN201220419416.3	20120823	于贵军
383	一种打瓜机离合器	CN201120184568.5	20110531	新疆玛纳斯县双丰农牧机械有限公司
384	打瓜收获自动上料机	CN201120326974.0	20110902	王明飞
385	打瓜或无核葫芦拾捡机	CN201120430124.5	20111028	陈文华
386	一种新型手工打瓜收取机	CN201521131962.7	20151230	宣晨
387	打瓜联合收获机	CN201320039455.5	20130125	蒋行宇；秦天荣
388	分离筛式甜菜挖掘机	CN201020046800.4	20100112	中机美诺科技股份有限公司
389	一种甜菜收获机	CN201020277448.5	20100802	黑龙江北大荒众荣农机有限公司
390	甜菜捡拾去土升运机	CN201020232381.3	20100622	刘凤勇
391	甜菜打叶机	CN201120504102.9	20111207	常州汉森机械有限公司
392	牵引式起甜菜机	CN200520145605.6	20051202	刘福清
393	牵引式甜菜挖掘脱泥机	CN03269036.3	20030714	山东华兴机械集团有限责任公司
394	改进的甜菜挖削机	CN02230584.X	20020403	常财刚
395	甜菜联合收割机	CN03278378.7	20030908	侯尧兴
396	自捡式甜菜装载机	CN201220513687.5	20121006	王辉
397	自走式甜菜堆装清杂机	CN201520067620.7	20150131	新疆文彦高科机电设备有限公司
398	用于甜菜捡拾机的捡拾架部件	CN201420092363.8	20140228	常州汉森机械有限公司

续表

实用新型 625 项

序号	专利名称	申请号	申请日	专利权人
399	甜菜联合捡拾装卸一体机	CN201420090218.6	20140228	常州汉森机械有限公司
400	甜菜捡拾机的车架焊合结构	CN201420090224.1	20140228	常州汉森机械有限公司
401	甜菜机的提升部件	CN201420090350.7	20140228	常州汉森机械有限公司
402	一种甜菜起拔收获机	CN201420374518.7	20140708	酒泉科德尔农业装备科技有限责任公司
403	甜菜联合收获机	CN201420861119.3	20141231	青岛畅隆电力设备有限公司
404	六行甜菜传送装置	CN201320889559.5	20131231	常州汉森机械有限公司
405	甜菜捡拾去土装车机	CN201320127012.1	20130320	贾敏杰
406	六行甜菜起拔机	CN201320890387.3	20131231	常州汉森机械有限公司
407	甜菜收割机自动纠偏对行探测机构改良结构	CN201220728687.7	20121226	农业部南京农业机械化研究所
408	甜菜收获机料仓翻斗助卸料机构	CN201220728712.1	20121226	农业部南京农业机械化研究所
409	甜菜起拔装置	CN201120408471.8	20111024	常州汉森机械有限公司
410	甜菜起拔机	CN201120407123.9	20111024	常州汉森机械有限公司
411	甜菜捡拾装车机	CN201420009603.3	20140108	焉耆县天成农业机械制造有限公司
412	六行甜菜起拔装置	CN201420006561.8	20140106	常州汉森机械有限公司
413	甜菜捡拾机	CN201120073110.2	20110318	乌鲁木齐亿能达机械制造有限公司
414	一种甜菜叶清除机	CN201320016422.9	20130114	常财刚
415	一种自走式甜菜收获机	CN201320016424.8	20130114	常财刚
416	一种甜菜挖削机	CN201020594201.6	20101105	常财刚
417	甜菜联合收割机打叶刀片	CN201520046810.0	20150115	任军
418	一种甜菜挖掘捡拾清杂收获机	CN201520427288.0	20150619	新疆文彦高科机电设备有限公司
419	一种前置式甜菜装车除土机	CN201520462059.2	20150701	酒泉科德尔农业装备科技有限责任公司

续表

实用新型 625 项

序号	专利名称	申请号	申请日	专利权人
420	一种甜菜收获机的导向装置	CN201520556950.2	20150729	江西科技学院
421	一种甜菜收获机转载装置	CN201520683684.X	20150906	黑龙江北大荒众荣农机有限公司
422	甜菜挖掘捡拾收获机	CN201420435426.5	20140804	新疆文彦高科机电设备有限公司
423	一种甜菜机械化收获自动对行实验装置	CN201320531211.9	20130828	农业部南京农业机械化研究所
424	一种自动除膜的甜菜收获机	CN201520949082.4	20151125	李云
425	甜菜收获机	CN200820116931.8	20080517	董鹏源
426	甜菜削叶机	CN201020696945.9	20101223	买廷虎
427	甜菜起拔装置	CN200620020505.5	20060331	唐凤成
428	甜菜收获机	CN200720116423.5	20070613	王汉武
429	甜菜收获机挖掘装置	CN200820090686.8	20080816	王汉武
430	甜菜收获机	CN200920102947.8	20090522	李永录
431	甜菜收割机	CN201020649287.8	20101127	夏特克·多尔肯
432	背扶式甜菜收割机	CN201120124217.5	20110425	付国忠
433	一种甜菜收获机	CN201120006424.0	20110106	西北农林科技大学
434	分体式甜菜除土装载设备	CN200820076615.2	20080321	冯成
435	甜菜起拔机	CN200820186936.8	20080917	常州市金洲机电制造有限公司
436	甜菜收获机	CN201120275826.0	20110801	黑龙江省农业机械工程科学研究院
437	甜菜收割机	CN201220081983.2	20120222	库尔曼艾力·俄拉恩别克
438	一种双行甜菜联合收获机	CN201220077580.0	20120305	胡国永
439	一种牵引式甜菜联合收获机及其控制系统	CN201120387755.3	20111013	中机美诺科技股份有限公司
440	甜菜起拔机	CN201120216406.5	20110624	普志超
441	甜菜清顶机	CN201220114688.2	20120325	富锦龙江拖拉机有限责任公司

续表

实用新型 625 项				
序号	专利名称	申请号	申请日	专利权人
442	甜菜起收机	CN201220114694.8	20120325	富锦龙江拖拉机有限责任公司
443	用于甜菜收获机上的起拔轮总成	CN201220376117.6	20120801	欧洪斌
444	一种甜菜收获机	CN201220707627.7	20121220	李纯伟
445	甜菜起收机	CN201220725672.5	20121226	朱宝会
446	软摘辣子机	CN200620019279.9	20060208	邹修发
447	打瓜子自动收获器	CN01205456.9	20010111	朱玉宝
448	前推式棉壳、棉叶采收机	CN02204210.5	20020118	毕砚恒
449	一种改进的棉桃棉壳采收机	CN201520054521.5	20150127	裴继成
450	采棉分棉装置和气流式采棉机	CN200820300029.1	20080107	田欢
451	气吸式采棉机用棉气分离器	CN02292644.5	20021224	邢文强
452	棉花采摘机脱棉装置	CN201220528538.6	20121016	益阳富佳科技有限公司；周红灯
453	棉花采摘机脱棉板	CN201320431835.3	20130719	益阳富佳科技有限公司
454	采棉机卸棉装置改进结构	CN201420182951.0	20140416	贵州益众兴业实业有限责任公司
455	一种采棉机上的新型摘棉机构	CN201420369993.5	20140704	浙江红佳吉管道科技有限公司
456	一种采棉针及装有该采棉针的机械采棉装置	CN201120023165.2	20110125	田永军
457	一种机载棉纤抑损高效清棉装置	CN201420553150.0	20140924	农业部南京农业机械化研究所
458	采棉机摘锭的脱棉分离装置及其构成的采摘装置	CN201520195173.3	20150402	新疆胜凯采棉机制造有限公司
459	采棉集棉输送装置及所构成的棉花收获机	CN201020252793.3	20100709	新疆胜凯采棉机制造有限公司

序号	专利名称	申请号	申请日	专利权人
460	采棉针及采棉装置和棉花采摘机	CN201320431639.6	20130719	益阳富佳科技有限公司
461	一种采棉针及脱棉套	CN201520751211.9	20150926	田永军
462	采棉机械手及含该采棉机械手的采棉机	CN201020046941.6	20100119	丁学正
463	剐棉钉筒采棉装置	CN200920277261.2	20091214	孟宝山
464	籽棉棉籽装车机	CN200720125421.2	20070705	张新启
465	一种用于大型采棉机的棉朵收采装置	CN200820106213.2	20081020	武志生
466	采棉机全风压籽棉输送装置	CN201120113967.2	20110418	吕炎霖
467	一种采棉机棉箱门	CN201120049860.6	20110228	嘉兴亚特园林机械研究所；新疆钵施然农业机械科技有限公司
468	采棉头及具有该采棉头的梳齿选收式采棉机	CN201520166429.8	20150324	湖南农业大学
469	一种采棉机的升降式卸棉装置	CN201320843792.X	20131219	常州市胜比特机械配件厂
470	用于采棉机的脱棉装置	CN201520166799.1	20150324	湖南农业大学
471	农用采棉机上的摘棉结构	CN201420473997.8	20140822	陈斌
472	棉花采摘机脱棉板	CN201220441013.9	20120901	益阳富佳科技有限公司；周红灯
473	全自动采棉机的采棉头	CN200320101091.5	20031009	黄军干
474	采棉机的采棉头	CN200620003411.7	20060110	高建林；高伟龙
475	一种高效棉朵收采器	CN200920103416.0	20090625	武志生
476	一种气吸囊式籽棉采摘器	CN01206894.2	20010720	成都市农业机械研究所
477	棉壳分离机	CN03262633.9	20030818	雷旺泉
478	棉花收获机的集棉箱	CN201220475719.7	20120918	新疆科神农业装备科技开发有限公司
479	脱棉盘	CN201420287782.7	20140530	许保康

实用新型 625 项

实用新型 625 项

序号	专利名称	申请号	申请日	专利权人
480	籽棉打垛机可调式牵引架	CN201420113528.5	20140314	玛纳斯天合机械设备制造有限公司
481	机采棉地回收桃、棉机	CN201420156539.1	20140325	王成福
482	一种棉桃联合收获机	CN201420151748.7	20140321	石河子大学
483	一种自走式棉桃收获机	CN201420147629.4	20140321	石河子大学
484	一种与棉花收获机配套的棉花采摘机构	CN201120360363.8	20110924	山东常林农业装备股份有限公司
485	棉桃回收机	CN201420686855.X	20141117	吾甫尔·库尔班
486	改进的手持式捡棉装置	CN200520115411.1	20050714	纳斯哈提
487	手持式捡棉机械手	CN200520007504.2	20050225	纳斯哈提
488	棉桃清分装置	CN201220021954.7	20120118	农业部南京农业机械化研究所
489	一种耙棉装置	CN201220064024.X	20120227	农业部南京农业机械化研究所
490	一种采棉机中输棉风管的升降机构	CN201420484445.7	20140826	浙江亚特电器有限公司；嘉兴亚特园林机械研究所；新疆钵施然农业机械科技有限公司
491	一种采棉机的输棉风路	CN201420484506.X	20140826	浙江亚特电器有限公司；嘉兴亚特园林机械研究所；新疆钵施然农业机械科技有限公司
492	摘棉桃机	CN201320278329.5	20130521	王相岑
493	一种棉花采摘装置的采棉箱	CN201320461515.2	20130731	杭州亿脑智能科技有限公司
494	棉桃剥花机转针	CN201320840278.0	20131219	谢圣远
495	一种棉桃分离输送装置	CN201420224961.6	20140504	农业部南京农业机械化研究所
496	采棉机用采棉头电子仿形装置	CN201320317820.4	20130604	黄梅生

实用新型 625 项

序号	专利名称	申请号	申请日	专利权人
497	一种采棉爪部件及其采棉机	CN201320405292.8	20130709	孙骏
498	采棉机用升降式棉箱	CN201320317979.6	20130604	黄梅生
499	前悬挂棉桃收获机	CN201320004370.3	20130106	塔里木大学
500	在地棉桃回收机头	CN201520685074.3	20150907	洪建龙
501	棉絮收集装置	CN201521050818.0	20151216	马海洋
502	采棉机的双层升降棉箱	CN201320531970.5	20130829	黄梅生
503	后牵引棉桃收获机	CN201420089209.5	20140228	塔里木大学
504	一种联动式采棉机机头及其采棉机	CN201320581311.2	20130918	孙骏
505	一种脱棉盘	CN201520889587.6	20151110	浙江亚嘉采棉机配件有限公司
506	一种新型脱棉盘	CN201520889596.5	20151110	浙江亚嘉采棉机配件有限公司
507	一种棉膜压实机	CN02203259.2	20020131	中国农业机械化科学研究院
508	小型采棉机新型采棉头	CN200920192405.4	20090907	浙江亚特电器有限公司
509	收棉桃机	CN200720139858.1	20070304	明巴特
510	机械手摘棉器	CN200920144009.4	20090819	王建生
511	一种棉桃分离装置	CN201020651199.1	20101210	江苏宇成动力集团有限公司
512	一种采棉机棉箱改进结构	CN201120097813.9	20110406	嘉兴亚特园林机械研究所；新疆钵施然农业机械科技有限公司
513	用于采棉机的采棉轮	CN200720029856.7	20071028	魏玉岐
514	采棉机采棉头箱体	CN200520006309.8	20050921	贵州平水机械有限责任公司
515	棉花收获机的棉花采摘平台	CN200820103959.8	20081103	新疆科神农业装备科技开发有限公司
516	一种用于棉花采集的拖车式采棉机	CN200820077555.6	20080617	武志生

续表

实用新型 625 项

序号	专利名称	申请号	申请日	专利权人
517	双层梳齿旋转棉桃采收装置	CN201220371828.4	20120730	绍兴市世联机械有限公司
518	手提式采棉机的采棉头结构	CN201120230762.2	20110703	陈朋海
519	一种压棉桃机	CN201120136014.8	20110503	王有成
520	自动寻找棉花的机械臂摘棉机	CN201120220973.8	20110628	潘笃志
521	圆盘搓板式脱棉盘	CN201220106091.3	20120315	邓学才
522	棉桃回收自动脱绒机	CN201420190143.9	20140418	李振华
523	手持式采棉机用采棉爪	CN201420248530.3	20140515	上海海洋大学
524	一种用于采棉机的吹吸式输棉管道	CN201420412439.0	20140724	常州派森采棉机有限公司
525	一种高效低损籽棉清桃输送装置	CN201520161122.9	20150320	农业部南京农业机械化研究所
526	一种机采棉棉花开清筒	CN201520984962.5	20151127	新疆维吾尔自治区纤维检验局
527	采棉机用翻转式集棉箱	CN200620109581.3	20060818	贵州平水机械有限责任公司
528	一种拔棉梗机	CN201420458233.1	20140814	鲜开文
529	一种棉桃采摘装置	CN201520051419.X	20150115	石河子大学
530	一种机械采棉头的棉花抓取机构	CN201420062475.9	20140212	乌鲁木齐蓝天绿城新能源科技有限公司
531	一种机械采棉头内的棉花输送机构	CN201420064444.7	20140213	乌鲁木齐蓝天绿城新能源科技有限公司
532	一种用于机械采棉机的采棉头	CN201420064499.8	20140213	乌鲁木齐蓝天绿城新能源科技有限公司
533	棉花采摘机头	CN200420120321.7	20041217	王海双
534	手提电动摘棉机	CN200420120426.2	20041220	韦毅
535	采棉机负压增压分离装置	CN200320101036.6	20031008	黄军干
536	组合式棉花摘果机	CN03253746.8	20030925	于泉令

实用新型 625 项

序号	专利名称	申请号	申请日	专利权人
537	棉花自动采摘器	CN03235868.7	20030318	汪武东
538	手持式采棉机	CN200320121045.1	20031129	卢灿贵
539	拾棉花机	CN200420071129.3	20040705	黄晖
540	抓吸式电磁摘棉机	CN200420091941.2	20041011	杜瑛；王安学
541	一种便携式采棉机	CN200420073225.1	20040702	杜俊成；王彦坤
542	复梳式棉花收获机	CN201020180364.X	20100506	农业部南京农业机械化研究所；江苏宇成动力集团有限公司
543	棉花收获机	CN201320133509.4	20130322	山东天鹅棉业机械股份有限公司
544	一种行星齿轮式采棉机头	CN201320113457.4	20130313	浙江大学
545	双轴套定位的采棉机用摘锭	CN201320097987.4	20130302	浙江亚嘉汽车零部件有限公司
546	小型棉花收摘机	CN201320154090.0	20130328	孙梅
547	自动摘棉机	CN200520024692.X	20050816	李凤乾
548	棉花风力采摘机头	CN200520024247.3	20050610	王海双
549	微型自动摘棉花机	CN200520024458.7	20050711	胡宗昆；石国顺
550	手提式采棉机	CN200520083575.0	20050525	王哲民
551	双效点触式采棉机	CN200520008820.1	20050321	孙子安
552	一种棉花采摘用吸枪	CN200620063987.2	20060907	黄晖
553	自动摘棉机	CN200620010036.9	20060918	王维震；霍成伟；周鲁华
554	一种采棉机	CN200920305326.X	20090630	张争鸣
555	采棉机	CN200920017924.7	20090112	山东天鹅棉业机械股份有限公司
556	采棉机	CN200920019326.3	20090217	山东天鹅棉业机械股份有限公司
557	采棉机主传动轴的辅助支撑装置	CN200920125987.4	20091228	贵州平水机械有限责任公司
558	电力单工采棉装置	CN01205619.7	20010216	肖会峰

续表

序号	专利名称	申请号	申请日	专利权人
		实用新型 625 项		
559	高架气吸采棉及喷雾多用机	CN02281669.0	20021017	新疆石河子柴油机厂
560	手提式摘棉机	CN02282372.7	20021028	张卫明；张良训
561	一种小型摘棉机	CN03269972.7	20030925	杜忠诚
562	背负式棉花摘果机	CN03217919.7	20030528	于泉令
563	一种摘棉花机	CN01220573.7	20010330	王保平
564	立式转子气流采棉机	CN01225928.4	20010531	刘普生
565	改进的手持电动采棉机	CN01225367.7	20010525	郑清荣
566	摘棉机	CN02203351.3	20020125	杜忠诚
567	改进型高架气吸采棉及喷雾多用机	CN03263842.6	20030604	新疆石河子柴油机厂
568	采棉机的动力分配机构	CN201220534337.7	20121018	石河子贵航农机装备有限责任公司
569	一种摘棉花机	CN201220691654.X	20121214	李祖冠
570	一种采棉机减速机	CN201220389395.5	20120808	江苏泰隆减速机股份有限公司
571	一种棉花采摘装置	CN201220387047.4	20120807	大英天骄高新棉产业有限公司
572	一种棉花摘采器	CN201220387061.4	20120807	大英天骄高新棉产业有限公司
573	棉花收获机的杂质清理装置	CN201220475738.X	20120918	新疆科神农业装备科技开发有限公司
574	棉花收获机的采摘装置	CN201220475864.5	20120918	新疆科神农业装备科技开发有限公司
575	棉花采摘机	CN201220301652.5	20120617	杨学强
576	电动拾棉机	CN200620162021.4	20061121	李宝贵
577	棉花桃采摘器	CN200620162023.3	20061121	李宝贵
578	抓钩式摘棉机	CN200620167869.6	20061207	刘振林
579	螺旋采棉装置	CN201520055418.2	20150127	王文明
580	螺旋采棉机	CN201520055419.7	20150127	王文明

实用新型 625 项

序号	专利名称	申请号	申请日	专利权人
581	一种低成本棉花收获机	CN201520116801.4	20150226	邱县恒新机械有限责任公司
582	一种高效高速棉花收获机	CN201520136136.5	20150311	邱县恒新机械有限责任公司
583	棉花采摘收获机	CN201520216450.4	20150410	阿拉尔万达农机有限公司
584	手提便携式采棉机	CN201320404340.1	20130709	陈伟利
585	带有止回针刺吸口的棉花采摘机	CN201320250179.7	20130425	孙华云；孙攀
586	一种背负式单人采棉机	CN201320270528.1	20130517	永康市威力园林机械有限公司
587	一种采棉机用防绒圈	CN201320283143.9	20130522	周芬
588	一种采棉机用分离栅	CN201320283338.3	20130522	周芬
589	一种采棉机用采针组件	CN201320283265.8	20130522	周芬
590	棉花采摘机传动装置	CN201320431656.X	20130719	益阳富佳科技有限公司
591	棉花采摘机	CN201320476339.X	20130806	巩洪彦
592	手持式采棉机	CN201320532941.0	20130829	李茂正
593	风吸式采棉机的采摘头	CN201320302497.3	20130529	德阳浈农机械有限公司
594	锥形螺旋锥齿采棉机	CN201420305954.9	20140610	邓学才
595	一种棉花收获机	CN201420076993.6	20140224	于代传
596	采棉头驱动装置改进结构	CN201420171688.5	20140410	贵州益众兴业实业有限责任公司
597	扣盘式采棉头	CN201420159077.9	20140323	托乎达洪·玉米西
598	便携式采棉机	CN201420149037.6	20140331	济南大学
599	棉花收获机分禾器	CN201420054238.8	20140128	贵州平水机械有限责任公司
600	自动化采棉机	CN201420141531.8	20140319	刘春旺
601	棉花采摘装置	CN201420247406.5	20140503	托乎达洪·玉米西
602	一种抓头式摘棉机	CN201420367872.7	20140704	杨文辉
603	棉花采摘机	CN201420426851.8	20140731	王翰书
604	可行式小型采棉机	CN201320872653.X	20131227	徐昌城

续表

实用新型 625 项

序号	专利名称	申请号	申请日	专利权人
605	一种棉花打包收获机	CN201320860292.7	20131225	中国农业机械化科学研究院；现代农装科技股份有限公司
606	一种自走式全自动棉花采摘机	CN201320139322.5	20130326	王焕飞
607	手持式采棉花机	CN201320125588.4	20130320	黄昆明
608	一种手持式棉花采摘器	CN201320800669.X	20131129	钱源
609	棉花采摘机	CN201020301174.9	20100121	周红灯
610	能保证采棉头框架同轴度的垫板	CN201020655594.7	20101213	贵州平水机械有限责任公司
611	伸缩齿滚筒采棉机	CN201120106925.6	20110413	连丰源
612	吸入式采棉机	CN201120244101.5	20110627	周进友
613	悬挂式棉花采摘机	CN200820103727.2	20080626	新疆科神农业装备科技开发有限公司
614	一种机载式全自动采棉机	CN200820106214.7	20081020	武志生
615	牵引式采棉机	CN200820077495.8	20080605	邯郸金狮棉机有限公司
616	吸抓采结合式采棉机	CN201120318318.6	20110829	周进友
617	便携式手持采棉机	CN201120339336.2	20110831	吴乐敏
618	一种棉花专用收割机	CN201420010440.0	20140108	王菊胜
619	一种棉花采摘清杂机	CN201420658299.5	20141106	张崇荣
620	一种采棉机械手	CN201420525712.0	20140915	河北科技大学
621	轻便背负式高采净率采棉机	CN201420401967.6	20140721	陈世虎
622	棉花壳叶采收机	CN201420708504.4	20141112	张伟；张飞
623	针式采棉器	CN200520128484.4	20051011	龙步云；梁运跃
624	一种棉花采摘器	CN201220617595.1	20121120	安徽国盛农业科技有限责任公司
625	一种棉花采摘夹	CN201220617606.6	20121120	安徽国盛农业科技有限责任公司
626	机载高效清棉装置	CN201220022524.7	20120118	农业部南京农业机械化研究所

序号	专利名称	申请号	申请日	专利权人
	实用新型 625 项			
627	应用于棉花采摘装置的颜色识别装置	CN201220558070.5	20121029	杭州亿脑智能科技有限公司
628	自控集棉箱	CN201220050028.2	20120216	农业部南京农业机械化研究所
629	采棉机传动机构	CN201120087179.0	20110329	嘉兴亚特园林机械研究所；新疆钵施然农业机械科技有限公司
630	一种牵引式采棉机	CN201120049471.3	20110228	嘉兴亚特园林机械研究所；新疆钵施然农业机械科技有限公司
631	具有自清理功能的组合型梳齿式采棉装置	CN201020603382.4	20101112	新疆农业科学院农业机械化研究所
632	偏摆牵引式棉花收获机	CN201120534938.3	20111220	新疆农业科学院农业机械化研究所
633	手提式摘棉机	CN02283899.6	20021024	黄文元
634	背负式棉花采摘机	CN200420055097.8	20041223	章卫东
635	便携式棉花采摘机	CN201120098329.8	20110407	刘增全
636	小型采棉机	CN200920112388.9	20090109	浙江亚特电器有限公司
637	自动采棉头	CN200920120683.9	20090525	浙江亚特电器有限公司
638	采棉车	CN201420285222.8	20140530	王志军
639	一种棉花采摘机构同步装置	CN201420262508.4	20140522	杭州亿脑智能科技有限公司
640	采棉机摘锭组件装配机	CN201420853678.X	20141229	清华大学
641	一种刷辊式采棉机	CN201420552415.5	20140924	农业部南京农业机械化研究所
642	一种采棉机的行走侧挡料装置	CN201420484461.6	20140826	浙江亚特电器有限公司；嘉兴亚特园林机械研究所；新疆钵施然农业机械科技有限公司

序号	专利名称	申请号	申请日	专利权人
		实用新型 625 项		
643	一种采棉机的驾驶室	CN201420484493.6	20140826	浙江亚特电器有限公司；嘉兴亚特园林机械研究所；新疆钵施然农业机械科技有限公司
644	一种采棉机的清理装置	CN201420484660.7	20140826	浙江亚特电器有限公司；嘉兴亚特园林机械研究所；新疆钵施然农业机械科技有限公司
645	棉花采摘设备	CN201320274976.9	20130520	杭州亿脑智能科技有限公司
646	往复接力电动采棉器	CN201320478431.X	20130807	梁运跃
647	一种便携式采棉机	CN201320861408.9	20131225	深圳市路易丰科技有限公司
648	棉花采摘机	CN201320826047.4	20131216	哈密市浩邦建材有限公司
649	用于采棉机的梳齿装置	CN201520166635.9	20150324	湖南农业大学
650	便携式棉花收集装置	CN201520380599.6	20150605	山东棉花研究中心
651	可适时采收也可统收的采棉机	CN201520281114.8	20150505	殷燕
652	一种全自动采棉机用摘头	CN201220677452.X	20121211	上海菊城机械科技有限公司
653	棉花采摘机	CN200620075560.4	20060808	李寿清
654	一种侧卸式集棉箱	CN201420581908.1	20141009	农业部南京农业机械化研究所
655	棉花采摘装置	CN201220712316.X	20121220	杭州亿脑智能科技有限公司
656	自走式采棉机	CN201120410438.9	20111025	酒泉市林德机械制造有限责任公司
657	挂式风吸梳板摘棉机	CN201120424204.X	20111031	王建生
658	便携式手持采棉机	CN201120432776.2	20111022	吴乐敏
659	便携式手持采棉机	CN201120455515.2	20111031	吴乐敏

序号	专利名称	申请号	申请日	专利权人
		实用新型 625 项		
660	链条式手提采棉机	CN201120477131.0	20111125	陈朋海
661	拖拉机逆驶型梳齿式棉花收获机	CN201120534771.0	20111220	新疆农业科学院农业机械化研究所
662	一种手提转叶式自动摘棉机	CN201320120686.9	20130318	肖晓平
663	便携式混合动力采棉机	CN201320227283.4	20130429	严保林
664	手持转盘式采棉机	CN201320200622.X	20130420	曹立国
665	手持滚筒式采棉机	CN201320200626.8	20130420	曹立国
666	采棉机的传动系统调心装置	CN201320317898.6	20130604	黄梅生
667	新型采棉机	CN201320317928.3	20130604	黄梅生
668	手持式棉花采摘机	CN201320393862.6	20130627	朱德青
669	采棉器	CN201320053891.8	20130121	谢志华
670	一种气吸式空气射流采棉机	CN201320132726.1	20130307	姚建福
671	一种机采棉自动荷电装置控制器	CN201320110033.2	20130312	塔里木大学
672	一种滑槽式采棉机头	CN201320113472.9	20130313	陈江春
673	一种手提式凸轮轴采棉机头	CN201320113473.3	20130313	陈江春
674	棉花采摘装置	CN201320385562.3	20130701	重庆晴点农业开发有限公司
675	一种小型摘棉花机	CN201320323666.1	20130606	董建优
676	小型采棉机	CN201320263364.X	20130515	薄朝礼
677	采棉机用拆卸式护板	CN201320317977.7	20130604	黄梅生
678	采棉机用拆装式风道	CN201320317722.0	20130604	黄梅生
679	一种手持式采棉机	CN201220507289.2	20120929	潘玲兵
680	一种便携式采棉机辅助装置	CN201320585184.3	20130909	吴乐敏
681	一种具有时间提醒功能的采棉机	CN201320600870.3	20130927	陕西山泽农业科技有限公司

实用新型 625 项

序号	专利名称	申请号	申请日	专利权人
682	统收式采棉机分离系统	CN201320640848.1	20131017	陕西盛迈石油有限公司
683	一种自动倒齿滚筒采棉机	CN201320626854.1	20130926	吴乐敏
684	采棉机机架装配调节装置	CN201320337393.6	20130613	石河子贵航农机装备有限责任公司
685	采棉机分动离合装置	CN201420817479.3	20141222	贵州平水机械有限责任公司
686	钢针推卸式采棉头	CN201520084301.7	20150125	托乎达洪·玉米西
687	自走式棉花采集及饲料回收机	CN201520598017.1	20150810	李振华
688	可自行走式小型采棉机	CN201520071860.4	20150202	徐昌城
689	一种棉花采摘器	CN201520419546.0	20150617	姚敬旭
690	一种采棉机	CN201520602068.7	20150812	沙湾县宏基农机服务专业合作社
691	一种滚轮式采棉机用电子仿形装置	CN201521033636.2	20151214	石河子大学
692	一种棉花采摘装置	CN201520427487.1	20150619	湖南机电职业技术学院
693	一种采棉机摘锭	CN201520568128.8	20150731	泰兴市和庆机械配件厂
694	一种新型棉花采摘装置	CN201520494637.0	20150709	民勤县宏通机械制造有限公司
695	一种采棉机摘锭	CN201520493205.8	20150710	石河子大学
696	一种手持式采棉机	CN201520468487.6	20150703	李茂正
697	一种采棉机的给力结构	CN201520751212.3	20150926	田永军
698	一种间距可调节的机采棉扫叶机	CN201520842839.X	20151025	新疆农业科学院土壤肥料与农业节水研究所
699	一种采棉机用电子仿形装置	CN201320842962.2	20131219	常州市胜比特机械配件厂
700	一种保证安装同心度的采棉机机头用摘锭装置	CN201320843909.4	20131219	常州市胜比特机械配件厂
701	一种便携式采棉机手持部	CN201520881576.3	20151106	济南大学
702	一种便携式采棉机清理装置	CN201520815947.8	20151013	吴乐敏

实用新型 625 项

序号	专利名称	申请号	申请日	专利权人
703	基于电磁力的机采棉除杂控制器	CN201420060491.4	20140210	塔里木大学
704	小型摘棉机	CN201220096012.5	20120305	李生龙
705	采棉机的驾驶室	CN201320531725.4	20130829	黄梅生
706	双层采棉机	CN201320531726.9	20130829	黄梅生
707	手提式电动采棉机	CN201320477649.3	20130807	胡加清
708	一种便携式手持采棉机	CN201320030062.8	20130121	台州市虹靖盛塑料模具有限公司
709	便携式棉花采摘机	CN201320076943.3	20130219	王建明
710	一种背肩式采棉机	CN201320241996.6	20130507	孙永兰
711	一种便携式采棉机	CN201320079553.1	20130202	吴乐敏
712	一种便携式采棉机	CN201320074045.4	20130110	吴乐敏
713	手持式棉花收获机	CN201320178183.7	20130410	昌邑市兴源铸造有限公司
714	一种控制自走式采棉机传动系统的液压装置	CN201220706867.5	20121219	张林德
715	一种便携式采棉机	CN201520965514.0	20151127	湖南工程学院
716	一种背负式采棉机	CN201520986099.7	20151203	石鸿娟
717	一种采棉机座管总成	CN201520889585.7	20151110	浙江亚嘉采棉机配件有限公司
718	一种采棉机用摘锭	CN201520889616.9	20151110	浙江亚嘉采棉机配件有限公司
719	一种曲柄滑块式便携式采棉机手持部	CN201520885893.2	20151106	济南大学
720	机械采棉机机头用摘锭装置	CN02290206.6	20021130	新疆新联科技有限责任公司
721	机械采棉机机头	CN02251467.8	20021209	新疆新联科技有限责任公司
722	一种自走式采棉机	CN02235276.7	20020524	中国农业机械化科学研究院

实用新型 625 项

序号	专利名称	申请号	申请日	专利权人
723	一种自走式采棉机	CN02239783.3	20020710	中国农业机械化科学研究院
724	棉花采摘头	CN200820302455.9	20081017	新疆机械研究院（有限责任公司）
725	一种微型采棉装置	CN200820229477.7	20081216	游图明
726	手持采棉机	CN201020255811.3	20100709	纳斯哈提
727	一种采棉滚筒	CN201020254441.1	20100712	陈竹
728	双伸缩全自动采棉机	CN201020125969.9	20100309	乌鲁木齐九安科技有限公司
729	采棉作业车	CN201020246367.9	20100630	杨春年
730	伸缩式分层采棉装置	CN201020206745.0	20100528	阿克苏润泽农业科技开发有限责任公司
731	全自动机械采棉机	CN201020204855.3	20100527	阿克苏润泽农业科技开发有限责任公司
732	手持式摘棉花机	CN200920126355.X	20090219	田永军；孙定忠
733	一种气吸式采棉机	CN200920117150.5	20090402	梁瑞潮
734	小型背式采棉机	CN200920143385.1	20090318	孙骏
735	小型风吸采棉机	CN200920277323.X	20091228	朱华彬
736	一种棉花收获机采收台	CN201020651227.X	20101210	江苏宇成动力集团有限公司
737	手持式摘棉花机	CN200920128517.3	20090818	孙定忠；田永军
738	一种采棉机	CN200920119831.5	20090514	王茂斌；黄益斌；黄总富
739	手持式摘棉花机	CN200920127599.X	20090608	田永军；孙定忠
740	高采净率气缸抽吸式自走采棉机	CN201020213490.0	20100603	王志强；朱华彬
741	盘式伸缩采棉机构	CN201020199865.2	20100524	阿克苏润泽农业科技开发有限责任公司
742	半自动棉花采摘机	CN200620024457.7	20060519	崔全喜
743	风吸式采棉机	CN200620004888.7	20060125	邓学才

实用新型 625 项

序号	专利名称	申请号	申请日	专利权人
744	一种三点螺旋便携式采棉机	CN200720169581.7	20070705	北京纳欧科技发展有限公司
745	推拉式机械采棉机	CN200720306689.6	20071129	王华
746	气吸式大、中、小型采棉机	CN200720312352.6	20071220	张懋华
747	吸气式简易采棉机	CN200720152441.9	20070530	马万生
748	棉花智能采摘收获机	CN200720045370.2	20070907	南京工程学院
749	小型气吸式采棉机	CN200720041428.6	20070806	常州亚美柯机电装备有限公司
750	小型气吸式采棉机的采摘头	CN200720041429.0	20070806	常州亚美柯机电装备有限公司
751	小型气吸式采棉机的机头	CN200720041430.3	20070806	常州亚美柯机电装备有限公司
752	全自动棉花采摘头	CN200720058569.9	20071022	黄晖
753	分体式采棉摘锭组件	CN200720153163.9	20070622	新疆科力先进制造技术有限责任公司
754	便携式采棉机	CN200720156883.0	20070711	杜俊成;王彦坤
755	手提式小型高速棉花采摘机	CN200720156733.X	20070626	纳斯哈提;张姚忠;刘成明;许启明
756	采棉机	CN200720156783.8	20070701	谷宪斌
757	悬挂式小型采棉机	CN200720183207.2	20071226	吐地·托哈
758	一种手持式采棉机	CN200820229562.3	20081222	游图明
759	弹性梳齿式棉花采摘台	CN200820103717.9	20080613	新疆农业科学院农业机械化研究所
760	方便换向的牵引式棉花收获机	CN200820103793.X	20080722	新疆农业科学院农业机械化研究所
761	轻便电力采棉机	CN200820103810.X	20080728	陈世虎
762	采棉机	CN200820103426.X	20080118	新疆科神农业装备科技开发有限公司

实用新型 625 项

序号	专利名称	申请号	申请日	专利权人
763	牵引式棉花收获机	CN200820103447.1	20080131	新疆农业科学院农业机械化研究所
764	装棉机抓斗传动机构	CN200820103459.4	20080204	宋友和
765	气吸式轻便采棉机	CN200820105254.X	20080414	田青山
766	手持式摘棉花机	CN200820099845.0	20080829	田永军；孙定忠
767	自行式摘铃棉花收获机	CN200820302468.6	20081017	新疆大学
768	采棉滚筒	CN200820302469.0	20081017	新疆机械研究院（有限责任公司）
769	组合式棉花清理装置	CN200820302456.3	20081017	新疆机械研究院（有限责任公司）
770	背负式采棉机新型吸风系统	CN200920189699.5	20090724	浙江亚特电器有限公司
771	气吸采棉机	CN200920140081.X	20090416	张淑伦
772	气吸式小型悬挂采棉机	CN200920140169.1	20090518	吾甫尔·库尔班
773	便携式棉花采摘器	CN200920139866.5	20090213	艾买尔·亚森
774	电动辊针采棉器	CN200920139966.8	20090317	梁运跃
775	新型采棉装置	CN200920164554.X	20091016	安新
776	手提采棉机	CN200920164604.4	20091103	郑玉
777	便携筒式采棉器	CN200920173842.1	20090822	武步文
778	手持式电动采棉机	CN200920169685.7	20090911	艾买尔·亚森；买买提热依木·阿卜杜热西提
779	象鼻采棉机	CN200920164642.X	20091112	孟宝山
780	一种新型采棉机	CN200920144360.3	20091201	剡德胜
781	筒式采棉器	CN201020656394.3	20101202	金英俊
782	太阳能光伏发电系统应用在电动采棉机上的动力装置	CN201020529649.X	20100907	无锡同春新能源科技有限公司
783	一种将太阳氢新能源作为动力装置的采棉机	CN201020535110.5	20100913	无锡同春新能源科技有限公司
784	风力发电系统应用在电动采棉机上的动力装置	CN201020535146.3	20100911	无锡同春新能源科技有限公司

实用新型 625 项

序号	专利名称	申请号	申请日	专利权人
785	一种将风氢新能源作为动力装置的采棉机	CN201020535148.2	20100915	无锡同春新能源科技有限公司
786	锂离子电池新能源应用在采棉机上的动力装置	CN201020521241.8	20100904	无锡同春新能源科技有限公司
787	氢燃料电池新能源应用在采棉机上的动力装置	CN201020519631.1	20100901	无锡同春新能源科技有限公司
788	改进型轻便电动采棉机	CN201020528271.1	20100914	陈世虎
789	全自动采棉机	CN201020530490.3	20100916	杨崇学
790	悬挂伸缩式半自动采棉机	CN201020060656.X	20100119	乌鲁木齐九安科技有限公司；田永军
791	采棉机清花筒	CN201020049547.8	20100115	梁春友
792	一种高效采棉机	CN201020049548.2	20100115	梁春友
793	脉冲式真空发生装置、棉花收获装置及系统	CN201020609633.X	20101116	汪京涛；李天维
794	破壳采棉机	CN201020587759.1	20101102	吕炎霖
795	小型机动采棉机	CN201020559335.4	20101013	薄朝礼
796	虎爪式电动摘棉机	CN201120091615.1	20110324	王哲民
797	多爪式采棉头	CN201120081175.1	20110324	刘静
798	采棉车的便携车架	CN201120081188.9	20110324	刘静
799	棉花理桃理壳机	CN201120026807.4	20110127	启东市供销机械有限公司
800	自动摘棉花机	CN201120131379.1	20110427	周文
801	采棉机喷淋系统改进	CN201120049957.7	20110228	嘉兴亚特园林机械研究所；新疆钵施然农业机械科技有限公司
802	采棉机改进结构	CN201120049870.X	20110228	嘉兴亚特园林机械研究所；新疆钵施然农业机械科技有限公司
803	简易采棉机	CN201120046855.X	20110220	何丽萍
804	小型采棉机	CN201120038472.8	20110215	薄叶飞
805	小巧型采棉机	CN201120060661.5	20110304	何丽萍

实用新型 625 项

序号	专利名称	申请号	申请日	专利权人
806	一种采棉机的动力分配装置	CN200520006311.5	20050921	贵州平水机械有限责任公司
807	背负式手提摘棉机	CN200620139208.2	20060906	张卫明；张良训
808	轻型背负式采棉机	CN200620119553.X	20060620	楚金福
809	风吸式采棉机	CN200620129652.6	20060723	邓学才
810	摘棉机	CN200620149670.0	20061008	杨五明
811	小型机动采棉机	CN200620160278.6	20061121	薄朝礼
812	自走双效点触式采棉机	CN200620114547.5	20060514	孙子安
813	一种棉花旋风吸取器	CN200620173440.8	20061216	蔡敏萍
814	全自动采棉机的采摘头	CN200620008593.7	20060324	石河子开发区福顺安防电器科技有限责任公司
815	采棉机	CN200620008594.1	20060324	石河子开发区福顺安防电器科技有限责任公司
816	摘棉花机	CN200620032656.2	20060922	李发宾
817	一种摘棉机	CN200620095813.4	20060323	杨国才
818	采棉车	CN200820020315.2	20080408	王焕飞
819	坐式采棉车	CN200820029714.5	20080723	杜文俊
820	摘棉花手套	CN200820018516.9	20080304	赵强强
821	摘铃式自动采棉机	CN200820005576.7	20080306	韦毅
822	气旋式小型采棉机	CN200820029015.0	20080505	周永胜
823	梳齿式机械采棉机	CN200820023235.2	20080526	济南闰通安吉机械有限公司
824	多次采摘采棉机	CN200820007561.4	20080406	许辉
825	蛙舌式微型采棉机	CN200720003890.7	20070206	王哲民
826	棉花采摘器	CN200720021588.4	20070506	南兆民
827	摘棉机	CN200520024364.X	20050622	杜瑛
828	机械采棉机	CN200520082445.5	20050418	田其贵
829	便携负压吸管式采棉机	CN200520017470.5	20050421	毕向阳
830	背负式机动采棉机	CN200520128533.4	20051003	公维科
831	手提式电动摘棉花机	CN200520104154.1	20050822	崔路兴；崔理性

实用新型 625 项

序号	专利名称	申请号	申请日	专利权人
832	全自动采棉机的采摘头	CN200520111091.2	20050621	石河子开发区福顺安防电器科技有限责任公司
833	采棉机	CN200820103897.0	20080922	刘玉祥
834	手持式摘棉花机	CN200820099834.2	20080826	田永军；孙定忠
835	用于手持式摘棉机的离心风箱	CN200820103095.X	20080716	游图明
836	小型机动采棉机	CN200820180672.5	20081208	薄朝礼
837	循环气流式吸棉机	CN200820148930.1	20080902	杨和平
838	手工采棉器	CN200820154611.1	20081030	杨春年
839	棉花采摘机	CN200820151706.8	20080807	徐森良
840	高架自走式气吸采棉机	CN200820141668.8	20080819	天津市农业机械试验鉴定站
841	一种便携背负式内燃摘棉机	CN201220135423.0	20120401	王长明；王秋生
842	一种小型棉花吸取器	CN201220053154.3	20120217	吴长城
843	一种采棉头	CN201220367530.6	20120727	浙江大宇电器有限公司
844	一种新型采棉机	CN201220407569.6	20120817	龚培生
845	一种轻便采棉机	CN201220367399.3	20120727	浙江大宇电器有限公司
846	半自动棉花采摘机	CN201120176458.4	20110527	袁谱
847	手提式采棉机	CN201120230761.8	20110703	陈朋海
848	微电机电动锥形螺旋锥齿采棉齿	CN201120293657.3	20110723	邓学才
849	背负式棉花采摘机	CN201120297912.1	20110812	李希鹏
850	一种棉花采摘机	CN201120253263.5	20110718	李茹茹
851	采棉机	CN201120322323.4	20110831	南通市双隆农业发展有限公司
852	便携式采棉机	CN201220194423.8	20120416	吴乐敏
853	微型气动机锥形螺旋锯齿采棉齿	CN201220106093.2	20120315	邓学才
854	采棉机	CN201220296262.3	20120620	乐清市天茂机电有限公司

实用新型 625 项

序号	专利名称	申请号	申请日	专利权人
855	拔棉花植株的装置	CN201220360548.3	20120724	德州市第二中学
856	一种手提式采棉机	CN201120572443.X	20111231	陈朋海
857	自走复指式采棉机	CN201220053349.8	20120217	农业部南京农业机械化研究所
858	一种采棉机机头	CN201220068068.X	20120228	王延平
859	一种采棉机	CN201120168297.4	20110524	孙定华
860	棉花落叶喷施器	CN201420039193.7	20140122	石河子市骏鑫农机有限责任公司
861	手持式棉花采摘机	CN201220084071.0	20120308	黄昆明
862	清花机及应用其的采棉机	CN201320107328.4	20130311	丁恺
863	一种便携式采棉机	CN201320140112.8	20130313	吴乐敏
864	机采棉除杂机的自动喂料装置	CN201420117333.8	20140317	塔里木大学
865	一种采摘棉花行走辅助装置	CN201420129413.5	20140321	赵春武
866	一种采棉头压紧调节装置	CN201521071943.X	20151221	石河子大学
867	新型筒式采棉器	CN201320169014.7	20130408	何心怡
868	一种农用式高效率采棉机	CN201521059512.1	20151219	冯德栋
869	手持自动摘棉机	CN201320115802.8	20130314	雷光生
870	一种便携式采棉机	CN201320140113.2	20130314	吴乐敏
871	小型采棉机	CN201320245444.2	20130421	杨贵民
872	新型采棉机	CN201420251257.X	20140515	杨帆
873	一种新型手持式摘棉花机	CN201220210697.1	20120511	孙树为
874	一种可伸缩的采棉箱体	CN201320842013.4	20131219	常州市胜比特机械配件厂
875	一种采棉机用组合式风道	CN201320842085.9	20131219	常州市胜比特机械配件厂
876	一种拿取方便的牵引式采棉机的车箱外护板	CN201320842706.3	20131219	常州市胜比特机械配件厂
877	一种组装式采棉机摘锭	CN201320844640.1	20131219	常州市胜比特机械配件厂
878	一种便携式采棉机	CN201420321469.0	20140609	吴乐敏
879	高效采棉装置	CN201420325648.1	20140612	林素霞

实用新型 625 项

序号	专利名称	申请号	申请日	专利权人
880	一种采棉摘锭	CN201320742781.2	20131122	上海技龙计算机科技有限公司
881	采棉摘锭	CN201420687273.3	20141118	周潘玉
882	一种棉花便携式田间收获装置	CN201420373262.8	20140707	中国农业科学院棉花研究所
883	锥形螺旋锥齿采棉齿	CN201120293634.2	20110723	邓学才
884	锥形螺旋锥齿采棉齿	CN201120293659.2	20110723	邓学才
885	一种石墨烯电动采棉机	CN201220424384.6	20120826	无锡同春新能源科技有限公司
886	棉花采摘机	CN201220441014.3	20120901	益阳富佳科技有限公司；周红灯
887	手握摘棉机的拖曳式集花袋	CN201420479704.7	20140819	王景辉
888	一种棉花采摘机	CN201320547309.3	20130830	朱启岳
889	一种便于携带的手持式采棉机	CN201320538862.0	20130902	潘玲兵
890	棉花采摘机	CN201320550860.3	20130906	昆山市玉山镇仕龙设计工作室
891	棉花采摘夹	CN201120357355.8	20110922	韩伟
892	一种轻便式采棉机	CN201020532735.6	20100917	德阳旌农机械有限公司
893	梳齿自走式棉花联合收获机	CN201220475708.9	20120918	新疆科神农业装备科技开发有限公司
894	单人手动式采棉机	CN201320630838.X	20131014	李双坪
895	一种便携式采棉机	CN201420653701.0	20141030	吴乐敏
896	棉花采摘机	CN201120456650.9	20111117	周红灯
897	机械式小型采棉机	CN200820228801.3	20081126	马万生
898	一种棉花装载机	CN201420736216.X	20141128	孙建新
899	一种农作物棉花收割机水平采摘端头	CN201420729798.9	20141129	胡文杰
900	采棉头拉索组件	CN201420817431.2	20141222	贵州平水机械有限责任公司

实用新型 625 项

序号	专利名称	申请号	申请日	专利权人
901	一种手持式棉花选摘装置	CN201420864925.6	20141222	朱京坤
902	一种棉花采摘装置	CN201520024576.1	20150109	德州市农业科学研究院
903	一种用于棉花收获机的水箱	CN201520087509.4	20150209	郭健
904	一种机械采棉装置	CN201220311649.1	20120629	田永军
905	手持式采棉机	CN201420075584.4	20140221	张代果
906	机械采棉滚筒	CN201320337696.8	20130613	新疆华冠绿野农业科技有限公司
907	改进的机械采棉装置	CN201320336101.7	20130613	新疆华冠绿野农业科技有限公司
908	采棉盘	CN201120410490.4	20111025	田永军

外观设计 35 项

序号	专利名称	申请号	申请日	专利权人
909	辣椒收获机	CN201230464934.2	20120918	付温平
910	收割机（辣椒）	CN201230452038.4	20120920	陈贵辉
911	打瓜机（自捡式）	CN201130256351.6	20110803	玛纳斯县双丰农牧机械有限公司
912	棉花采摘机脱棉板	CN201230417847.1	20120901	益阳富佳科技有限公司；周红灯
913	棉朵采摘装置	CN200930235301.2	20090930	武志生
914	棉柴收获机	CN01308729.0	20010406	孙建义
915	旋转梳齿式棉花采摘清理机	CN200930235302.7	20090930	武志生
916	风力采棉机	CN200630148862.5	20060929	朱英钢
917	采棉针	CN201330341294.0	20130719	益阳富佳科技有限公司
918	棉花拔柴机	CN201330566757.3	20131115	朱长林
919	采棉机用摘锭	CN201330064753.5	20130308	浙江亚嘉汽车零部件有限公司
920	棉花剥壳机	CN201230048245.3	20120302	南漳县恒达机械制造销售有限公司
921	采棉机	CN201230461961.4	20120925	潘玲兵
922	扒指采棉机	CN201230252586.2	20120615	乐清市天茂机电有限公司

外观设计 35 项

序号	专利名称	申请号	申请日	专利权人
923	采棉袋	CN201230248568.7	20120614	倪幸洁
924	采棉机摘锭	CN201530263338.1	20150721	迪尔公司
925	自动摘棉机	CN201330035406.X	20130201	雷光生
926	棉花机	CN201330310301.0	20130705	黄昆明
927	采棉机	CN201330563368.5	20131120	常州安凯得电机有限公司
928	拾棉机	CN201330546972.7	20131114	雷光生
929	采棉机摘锭	CN201530445629.2	20151110	浙江亚嘉采棉机配件有限公司
930	采棉机齿盘（2）	CN201530445630.5	20151110	浙江亚嘉采棉机配件有限公司
931	采棉机座管总成	CN201530445640.9	20151110	浙江亚嘉采棉机配件有限公司
932	采棉机齿盘（1）	CN201530445643.2	20151110	浙江亚嘉采棉机配件有限公司
933	采棉机摘锭杆	CN201530445509.2	20151110	浙江亚嘉采棉机配件有限公司
934	采棉机（YT7921）	CN200930151195.X	20090828	浙江亚特电器有限公司
935	机动采棉机（小型）	CN201030551691.7	20101013	薄朝礼
936	采棉机	CN200530006189.7	20050921	贵州平水机械有限责任公司
937	采棉机	CN200530138524.9	20051003	公维科
938	采棉机（YT7922）	CN201130029732.0	20110228	嘉兴亚特园林机械研究所；新疆钵施然农业机械科技有限公司
939	采棉机（红）	CN201330639778.3	20131223	常州市胜比特机械配件厂
940	采棉机（绿）	CN201330639786.8	20131223	常州市胜比特机械配件厂
941	棉花采摘机	CN201230417844.8	20120901	益阳富佳科技有限公司；周红灯
942	采棉机（1）	CN201330423232.4	20130827	潘玲兵
943	棉花采摘机（Ⅱ）	CN201230493155.5	20121016	益阳富佳科技有限公司；周红灯

附表5　关于特色经济作物（特色林果、果蔬等）深加工技术装备中国专利

发明专利44项

序号	专利名称	申请号	申请日	申请人
1	一种西红柿籽粒烘干装置	CN201110335419.9	20111028	酒泉奥凯种子机械股份有限公司
2	番茄皮渣分离机的自动控制机构	CN201410811227.4	20141212	石河子大学
3	防滑花纹传送带式番茄酱生产线自动除杂选果装置	CN201410402729.1	20140817	刘智勇；刘俊霞；王晓辉
4	一种番茄分选除草装置	CN200910113570.0	20091211	新疆事必德科技开发有限公司
5	加工番茄色选机	CN201210048722.5	20120229	石河子大学
6	番茄色选机清扫装置	CN201210048684.3	20120229	石河子大学
7	一种三层番茄原料挑选台	CN201410273607.7	20140618	新疆万选千挑农产有限公司
8	一种用于番茄检测与分级的图形采集装置	CN201510410857.5	20150714	河北农业大学
9	一种用于红枣烘干设备的微波发生器	CN201310520487.1	20131026	天津兴润科技发展有限公司
10	移动式红枣除杂振动分级机	CN201310005410.0	20130108	塔里木大学
11	红枣皱皮的自动分选设备	CN201310734848.2	20131227	天津市光学精密机械研究所
12	葡萄干除尘器	CN201310408712.2	20130910	吐鲁番市迈德果业有限责任公司
13	一种葡萄筛选机	CN201510874350.5	20151202	中法合营王朝葡萄酿酒有限公司
14	光电池及电磁铁构成的冬枣生熟识别及分离器	CN201210555402.9	20121219	张涵
15	光电漏管式冬枣生熟及大小自动分离设备	CN201210556530.5	20121219	魏树桂
16	网格皮带式冬枣生熟自动分拣设备	CN201210556420.9	20121219	王海磊

<table>
<tbody>
<tr><td colspan="5" align="center">发明专利 44 项</td></tr>
<tr><td>序号</td><td>专利名称</td><td>申请号</td><td>申请日</td><td>申请人</td></tr>
<tr><td>17</td><td>轻微损伤鲜枣的快速无损在线检测与分选装置</td><td>CN201410396678.6</td><td>20140813</td><td>山西农业大学</td></tr>
<tr><td>18</td><td>波动斜漏管式冬枣大小挑选器</td><td>CN201210555419.4</td><td>20121219</td><td>王传慧</td></tr>
<tr><td>19</td><td>斜挡板式冬枣大小挑选设备</td><td>CN201210556123.4</td><td>20121219</td><td>尹伟彬</td></tr>
<tr><td>20</td><td>一种不同颜色枣的自动筛选装置</td><td>CN201210476500.3</td><td>20121121</td><td>孙中国</td></tr>
<tr><td>21</td><td>成排管式冬枣大小筛选设备</td><td>CN201210556527.3</td><td>20121219</td><td>王传慧</td></tr>
<tr><td>22</td><td>联杆振动式多漏管冬枣自动筛选设备</td><td>CN201310020509.8</td><td>20130121</td><td>王兴刚</td></tr>
<tr><td>23</td><td>冬枣筛选自动称重设备</td><td>CN201410385685.6</td><td>20140807</td><td>王津</td></tr>
<tr><td>24</td><td>振动式多漏管冬枣大小自动筛选设备</td><td>CN201210553340.8</td><td>20121219</td><td>魏立凯</td></tr>
<tr><td>25</td><td>大枣管道式常温干燥器</td><td>CN200610022204.0</td><td>20061106</td><td>四川大学</td></tr>
<tr><td>26</td><td>一种智能冬枣分拣机</td><td>CN201210150065.5</td><td>20120515</td><td>陈延鹏；袁景和；袁方宇</td></tr>
<tr><td>27</td><td>大枣分级机</td><td>CN201110340860.6</td><td>20111102</td><td>山东瑞帆果蔬机械科技有限公司</td></tr>
<tr><td>28</td><td>近红外冬枣成熟度品质分拣仪</td><td>CN201410059495.5</td><td>20140221</td><td>山东省农业科学院农业质量标准与检测技术研究所</td></tr>
<tr><td>29</td><td>近红外光谱冬枣等级分拣装置</td><td>CN201410738045.9</td><td>20141205</td><td>天津市傲景农业科技发展有限公司</td></tr>
<tr><td>30</td><td>振动盘上料式冬枣分拣设备</td><td>CN201210553337.6</td><td>20121219</td><td>吴延超</td></tr>
<tr><td>31</td><td>气缸支撑式冬枣分拣设备</td><td>CN201210556528.8</td><td>20121219</td><td>张朋朋</td></tr>
<tr><td>32</td><td>一种大枣光电分级生产线</td><td>CN201310131054.7</td><td>20130415</td><td>扬州福尔喜果蔬汁机械有限公司</td></tr>
<tr><td>33</td><td>网格传送带式冬枣大小分拣设备</td><td>CN201210555622.1</td><td>20121219</td><td>侯小雨</td></tr>
</tbody>
</table>

发明专利 44 项

序号	专利名称	申请号	申请日	申请人
34	一种蜜枣加工用双向同步筛分机构	CN201510921610.X	20151214	朱孝军
35	一种蜜枣加工用筛分机构	CN201510921614.8	20151214	朱孝军
36	近红外光谱冬枣等级分拣仪	CN201410059392.9	20140221	山东省农业科学院农业质量标准与检测技术研究所
37	一种全自动红枣精选装置	CN201510530730.7	20150827	昆山亨少食品机械有限公司
38	一种红枣筛选装置	CN201510819764.8	20151123	上海电机学院
39	一种红枣外观在线视觉检测及分级系统的剔除及分级装置	CN201310589854.3	20131119	中国科学院沈阳自动化研究所
40	并行在线红枣自动分级设备	CN201310655192.5	20131206	刘扬
41	一种红枣分级的全面图像信息采集装置	CN201410345634.0	20140711	西北农林科技大学
42	风机红枣分拣机	CN201410665526.1	20141108	丁辉义
43	一种红枣外观在线视觉检测及分级系统	CN201310589828.0	20131119	中国科学院沈阳自动化研究所
44	红枣自动分级设备	CN201310734662.7	20131227	天津市光学精密机械研究所

实用新型 102 项

序号	专利名称	申请号	申请日	申请人
45	用于番茄的破碎及籽皮分离的装置	CN201020647673.3	20101208	陈绍杰
46	番茄籽皮分离机	CN201120090363.0	20110331	刘哲
47	番茄渣籽皮分离器	CN201420272593.2	20140527	新疆托美托番茄科技开发有限公司
48	番茄籽和番茄皮的分离装置	CN200620005943.4	20060213	石河子大学
49	一种番茄籽皮清洗分离系统	CN201220736246.1	20121228	新疆新光油脂有限公司

序号	专利名称	申请号	申请日	申请人
	实用新型 102 项			
50	番茄皮渣分离机的自动控制机构	CN201420827078.6	20141212	石河子大学
51	一种西红柿分级排列装置	CN201220537972.0	20121022	北京市农业机械研究所
52	组合式葡萄干杂土沉降分离装置	CN201020663795.1	20101216	卡哈尔·买合木提
53	番茄辣椒等细小作物种子圆打分离机	CN200520111696.1	20050706	冯锦祥；彭智雷
54	番茄辣椒等细小作物种子分离机	CN200520111695.7	20050706	冯锦祥；彭智雷
55	高粒度光电葡萄干分选机	CN200820103854.2	20080829	卡德尔·克然木
56	甜菜草尾分离器	CN200520005301.X	20050303	潘志成
57	一种葡萄籽分离处理装置	CN201420738849.4	20141128	青岛海隆达生物科技有限公司
58	葡萄干色选机	CN200720100164.7	20071026	天津市华核科技有限公司
59	葡萄干色选机	CN201320704120.0	20131107	合肥安晶龙电子有限公司
60	葡萄干筛选机	CN201320763068.6	20131128	吐鲁番市巨星食品有限公司
61	加工番茄色选机	CN201220069758.7	20120229	石河子大学
62	番茄色选机清扫装置	CN201220069778.4	20120229	石河子大学
63	番茄色选机	CN201420131600.7	20140322	安徽中科光电色选机械有限公司
64	番茄酱生产线挑选台变频器	CN200920222137.6	20091214	甘肃省敦煌种业西域番茄制品有限公司
65	番茄色选机	CN200620136869.X	20060912	石河子大学
66	一种新型番茄色选机	CN201420349411.7	20140627	合肥盈多科光电科技有限公司
67	番茄色选机	CN201420349412.1	20140627	合肥盈多科光电科技有限公司
68	小枣烘干装置	CN01201750.7	20010120	李金领
69	小枣烘干装置	CN01231827.2	20010719	李金领

续表

序号	专利名称	申请号	申请日	申请人
		实用新型 102 项		
70	小枣烘干装置	CN01231828.0	20010719	李金领
71	一种大枣清洗烘干系统	CN201420174497.4	20140411	新疆三枣果业有限公司
72	枣类专用烘干机	CN201520318415.3	20150518	常州日晖电池有限公司
73	葡萄干分拣装置	CN200520008066.1	20050312	阿卜杜拉·卡德尔
74	番茄渣干燥机送料装置	CN201320574101.0	20130917	新疆托美托番茄科技开发有限公司
75	一种番茄分级专用模板	CN201520925790.4	20151119	北京市农业技术推广站
76	一种红枣烘干废气排放系统	CN201520268553.5	20150429	山东百枣纲目生物科技有限公司
77	红枣多层除杂分级装置	CN201520225838.0	20150415	塔里木大学
78	一种便携式红枣原料除杂分级机	CN201120001140.2	20110105	塔里木大学
79	一种红枣皱皮的自动分选设备	CN201320872152.1	20131227	天津市光学精密机械研究所
80	葡萄干脱梗去杂机	CN02230879.2	20020409	陆佳奇
81	一种无水法葡萄干洁净系统	CN201521113614.7	20151229	王蓓蓓
82	一种葡萄筛选机	CN201520984856.7	20151202	中法合营王朝葡萄酿酒有限公司
83	自然对流葡萄风干房	CN201520954269.3	20151125	邓富海
84	震荡分离筛枣机	CN201520421638.2	20150618	杨立志
85	甜菜渣颗粒粕的多隔室旋转干燥筒结构	CN201020104726.7	20100127	王旗
86	甜菜颗粒粕干燥燃烧炉拱顶循环通风结构	CN201220195142.4	20120503	王旗
87	甜菜颗粒粕干燥燃烧炉多夹层预热送风结构	CN201220195143.9	20120503	王旗
88	一种落地红枣收集分离捡拾机	CN201520446876.9	20150626	安新辉

实用新型 102 项

序号	专利名称	申请号	申请日	申请人
89	一种阿胶枣用红枣分选机	CN201420535159.9	20140917	山东鲁润阿胶药业有限公司
90	一种对冬枣分档次筛选的设备	CN201420835065.3	20141225	天津市静海县广成冬枣种植专业合作社
91	一种冬枣分选装置	CN201520110043.5	20150215	滨州市生产力促进中心
92	鲜枣分选装置	CN201420293616.8	20140605	山西省农业科学院农产品加工研究所
93	提高上果率的枣分选装置	CN201020292180.2	20100811	扬州福尔喜果蔬汁机械有限公司
94	红枣收集除杂装置	CN201420609785.8	20141013	陈龙珍
95	一种阿胶枣用红枣风选机	CN201420566086.X	20140928	山东鲁润阿胶药业有限公司
96	一种阿胶枣用大枣循环分拣机	CN201420561067.8	20140928	山东鲁润阿胶药业有限公司
97	一种红枣筛选分级机	CN201420571602.8	20140930	永和县芝河久兴源农产品开发有限责任公司
98	红枣密实度检测分选装置	CN201520925054.9	20151119	天津市信诺美博科技发展有限公司
99	一种区分红枣大小的分级导正走枣稳定机构	CN201420835833.5	20141225	天津市光学精密机械研究所
100	一种环保型自动枣核粉机	CN201520263368.7	20150428	陈振艺
101	冬枣选形机	CN200620162020.X	20061121	李宝贵
102	选枣机	CN200620084244.3	20060516	王长刚
103	一种选枣机	CN201320589923.6	20130924	无棣县华龙食品有限公司
104	一种选枣装置	CN201120149252.2	20110502	吕树岐
105	新型选枣机	CN201120149257.5	20110502	吕树岐
106	新型选枣机	CN201220329542.X	20120709	天津滨海新区大港翠果冬枣开发有限公司
107	一种筛网孔大小可调式选枣机	CN201420003699.2	20140102	石家庄川奇工贸有限公司

实用新型 102 项

序号	专利名称	申请号	申请日	申请人
108	冬枣筛选自动称重设备	CN201420443125.7	20140807	王津
109	大枣简易风干器	CN200620036184.8	20061110	梁德富
110	冬枣大小分类机	CN200620025493.5	20060306	王建国
111	大枣分级机	CN201120427445.X	20111102	山东瑞帆果蔬机械科技有限公司
112	近红外光谱冬枣等级分拣装置	CN201420761684.2	20141205	天津市傲景农业科技发展有限公司
113	大枣光电分级生产线	CN201320190339.3	20130415	扬州福尔喜果蔬汁机械有限公司
114	大枣光电分级上果生产线	CN201420796517.1	20141216	扬州福尔喜果蔬汁机械有限公司
115	一种大枣分级设备	CN201520412039.4	20150615	陕西科技大学
116	大枣分级机	CN201521042500.8	20151214	山东华誉机械设备有限公司
117	近红外光谱冬枣等级分拣仪	CN201420075623.0	20140221	山东省农业科学院农业质量标准与检测技术研究所
118	近红外冬枣成熟度品质分拣仪	CN201420075427.3	20140221	山东省农业科学院农业质量标准与检测技术研究所
119	一种全自动红枣精选装置	CN201520650377.1	20150827	昆山亨少食品机械有限公司
120	一种红枣筛选设备	CN201520034378.3	20150119	方家铺子（莆田）绿色食品有限公司
121	一种多层红枣筛选系统	CN201520034487.5	20150119	方家铺子（莆田）绿色食品有限公司
122	滚筒式红枣筛选机	CN201120541605.3	20111221	严积业
123	红枣筛选机	CN201320512077.8	20130821	艾比布拉·尼亚孜
124	一种区分红枣大小的分级检测执行机构	CN201220714041.3	20121221	天津市光学精密机械研究所
125	一种红枣自动去皮的检测装置	CN201521112176.2	20151227	浙江机电职业技术学院

实用新型 102 项

序号	专利名称	申请号	申请日	申请人
126	搅拌型红枣干燥装置	CN201520812194.5	20151013	中南林业科技大学
127	红枣外观在线视觉检测及分级系统的剔除及分级装置	CN201320736087.X	20131119	中国科学院沈阳自动化研究所
128	红枣田间快速分级装置	CN201420441602.6	20140806	新疆农业科学院园艺作物研究所
129	基于视觉识别系统的红枣自动分级装置	CN201420865690.2	20141231	天津市信诺美博科技发展有限公司
130	红枣外观在线视觉检测及分级系统	CN201320735603.7	20131119	中国科学院沈阳自动化研究所
131	风机红枣分拣机	CN201420705976.4	20141108	丁辉义
132	红枣分级机	CN201120352782.7	20110920	苏真明
133	红枣体积大小分级装置	CN201420776204.X	20141211	常雯晴
134	机械式红枣分级装置	CN201520925290.0	20151119	天津市信诺美博科技发展有限公司
135	红枣分级机	CN200720100783.6	20070317	贾吉明
136	变距螺旋栅条式红枣分级机	CN201120205818.9	20110617	塔里木大学
137	一种红枣分级的全面图像信息采集装置	CN201420399817.6	20140711	西北农林科技大学
138	差速带式红枣分级机	CN201020541488.6	20100926	石河子大学
139	一种新型红枣自动分级装置	CN201020541548.4	20100926	石河子大学
140	一种红枣自动分级系统	CN201220714042.8	20121221	天津市光学精密机械研究所
141	一种红枣分级的导正排序机构	CN201220713853.6	20121221	天津市光学精密机械研究所
142	一种红枣分级气动执行机构	CN201220713870.X	20121221	天津市光学精密机械研究所
143	一种红枣自动分级设备	CN201320871640.0	20131227	天津市光学精密机械研究所

续表

实用新型 102 项

序号	专利名称	申请号	申请日	申请人
144	一种红枣分级光源	CN201420834834.8	20141225	天津市光学精密机械研究所
145	红枣分级对射执行机构	CN201420835324.2	20141225	天津市光学精密机械研究所
146	一种基于 CCD 自动识别的红枣智能分级装置	CN201520081832.0	20150205	和田昆仑山枣业股份有限公司

外观设计 4 项

序号	专利名称	申请号	申请日	申请人
147	果叶分离拾捡机	CN201430022234.7	20140127	重庆宗申通用动力机械有限公司
148	剥果分离组合机	CN201430300836.4	20140822	北京中天金谷电子商务有限公司
149	电动干鲜果采收机	CN201430058300.6	20140321	杨健
150	电动果树修皮机	CN201130376656.0	20111021	杨迎宾

附表 6　关于精准种子加工技术装备国外专利

非外观专利 2 项

序号	专利名称	申请号	申请日	专利权人
1	Use of the nakedtufted mutant in upland cotton to improve fiber quality, increase seed oil content, increase ginning efficiency, and reduce the cost of delinting	PCT/US2008/074137	20080824	BECHERE EFREM; UNIV TEXAS TECH; BECHERE, EFREM; TEXAS TECH U-NIVERSITY; AULD DICK L; AULD, DICK L.
2	Apparatus for separating seed of red pepper	KR20060088323A	20060913	BAEK SUNG GI

附表 7　关于精量播种技术装备国外专利

非外观专利 17 项

序号	专利名称	申请号	申请日	专利权人
1	Precision sowing machine and relative anchorage system for holed disks	EP20030017841	20030805	PROSEM SRL; PROSEM SRL
2	Seed distribution element for precision seed drills, seed drill including said element	PCT/EP2011/069875	20111110	MASCHIO GASPARDO SPA; BRAGATTO ENRICO
3	Seed distribution element for precision seed drills, seed drill including said element	US13521896	20111110	MASCHIO GASPARDO S. P. A. (CAMPODARSEGO (PD), IT)
4	Seed distribution element for precision seed drills, seed drill including said element	EP20110779702	20111110	MASCHIO GASPARDO SPA
5	Seed distribution element for precision seed drills, seed drill including said element	EP20140187190	20111110	MASCHIO GASPARDO SPA; MASCHIO GASPARDO S. P. A.
6	Planting unit for precision seed drill	RU2014148858A	20141203	FEDERALNOE G BJUDZHETNOE OBRAZOVATELNOE UCHREZHDENIE VYSSHEGO PROFESSIONALNOGO OBRAZOVANIJA JAROSLAV
7	Precision seed planting unit rotary soaked seeds, melons and gourds	RU2014151312A	20141217	FEDERALNOE G BJUDZHETNOE OBRAZOVATELNOE UCHREZHDENIE VYSSHEGO PROFESSIONALNOGO OBRAZOVANIJA VOLG G A
8	Precision seeding machine for sprout mass production	KR20070000873A	20070104	

非外观专利 17 项

序号	专利名称	申请号	申请日	专利权人
9	Pneumatic seed metering unit for precision seeders	PCT/MX2006/000134	20061129	SERWATOWSKI HLAWINSKA, RYSZARD JERZY; SERWATOWSKI HLAWINSKA RYSZARD; CABRERA SIXTO, JOSE MANUEL; UNIVERSIDAD DE GUANAJUATO; CALDERON REYES EFRAIN; UNIV DE GUANAJUATO; CABRERA SIXTO JOSE MANUEL; CALDERON REYES, EFRAIN
10	Precision seed dispensing system	PCT/BR2015/000057	20150427	AMARAL ASSY JOSÉ ROBERTO DO; AMARAL ASSY, JOSÉ ROBERTO DO
11	Sowing element for pneumatic precision seed drills	PCT/EP2015/058401	20150417	MASCHIO GASPARDO S P A; MASCHIO GASPARDO S. P. A.
12	An improved seed dispenser for a precision automatic sower	PCT/IB2015/001908	20151008	MATERMACC S. P. A.
13	Precision super seeder	US13838004	20130315	BLOUNT, INC.
14	Pneumatic precision seed drill	EP20060006470	20060329	AMAZONEN WERKE DREYER H; AMAZONENWERKE H. DREYER GMBH & CO. KG
15	Precision pneumatic seed drill	EP20090165614	20090716	KUHN SA; KUHN S. A.
16	Holding module for holding a drive for a precision seed drill	EP20140163557	20140404	MÜLLER ELEKTRONIK GMBH & CO KG; MÜLLERELEKTRONIK GMBH & CO. KG

序号	专利名称	申请号	申请日	专利权人
	非外观专利 17 项			
17	Precision air planter for plot planting	US10010040	20011206	JIM BOGNER (6807 S. WILLISON RD., BURRTON); ROSS LARSON (305 LARSON AVE., STORY CITY); ANTHONY VAN ALLEN (704 NINTH ST., NOVADA)

附表 8　关于田间管理、节水灌溉技术装备国外专利

序号	专利名称	申请号	申请日	专利权人
	非外观专利 52 项			
1	Apparatus for obtaining continuous speed ratios in a seeding or fertilizing machine	US10059576	20020129	ANTONIO ROMAN MOSZORO (SANTA FE, AR); NOLBERTO LUIS NALDINI (SANTA FE, AR); ROBERTO CHINELLI SANTIAGO JR. (BUENOS AIRES, AR); ROBERTO CHINELLI SANTIAGO (BUENOS AIRES, AR)
2	Automatic fertilizing apparatus	US10891274	20040715	PIAZZA MICHAEL (COVINA, CA); PIAZZA SALVATORE (BREA, CA)
3	Irrigation/fertilization filter apparatus	US09814369	20010321	JOSEPH C. ASTLE (GRASS VALLEY, CA)
4	Apparatus and methodologies for fertilization, moisture retention, weed control, and seed, root, and plant propagation	US11033024	20050111	MCCRORY PHILIP (MADISON, AL); HOLLOWAY RICHARD (OWENS CROSS ROADS, AL); BLACKER BLAIR (HOMESTEAD, FL); HANSON MAURICE (CUMMING, GA); SARRIA CARLOS (HOMESTEAD, FL)

	非外观专利 52 项			
序号	专利名称	申请号	申请日	专利权人
5	Flexible sleeve for spraying apparatus in agricultural field i. e. viticulture, has several nozzles emitting jet according to spraying direction, rigid stop formed at level of supply, and flexible envelope delimiting cavity with rigid-stop	FR0957422A	20091022	GREGOIRE
6	Wrapping device for drip irrigator, has base plate with three support legs, where vertical body drip is extended down to base plate, in area defined by legs, and boxed container is provided for housing drip irrigator	FR1060963A	20101221	CLABER SPA
7	Drip irrigating dripper and drip irrigation device	US14425666	20130905	ENPLAS CORPORATION (SAITAMA JP)
8	agricultural chemicals spray apparatus	KR20120079936	20120723	
9	A guiding apparatus of spray hose for agricultural and horticultural	KR20060122084A	20061205	
10	Temperature/humidity and spray control apparatus for agricultural and stockbreeding facilities	KR20140116426A	20140902	
11	Dripper for drip irrigation and drip irrigation device	US14427328	20130927	ENPLAS CORPORATION (SAITAMA JP)

非外观专利 52 项

序号	专利名称	申请号	申请日	专利权人
12	Dripper for drip irrigation, and dripirrigation device provided with same	US14652369	20131217	ENPLAS CORPORATION
13	Floral decoration device for residence part e. g. contour of roof, has containers receiving flowers and/or plants and irrigated through pipe connected to water tank, and drip connected to pipe and placed inside containers	FR0407821A	20040713	ALBERTO JEAN JACQUES
14	Floral decoration device for residence part e. g. contour of roof, has containers receiving flowers and/or plants and irrigated through pipe connected to water tank, and drip connected to pipe and placed inside containers	FR20040007821	20040713	ALBERTO JEAN JACQUES; ALBERTO JEAN JACQUES
15	Drip irrigator for potted plants	US12801170	20100526	FRANCHINI GAETANO (FIUME VENETO (PN), IT)
16	Drip irrigation pipe	US10932324	20040902	RAANAN MOSHE (HANEGEV, IL)
17	Drip irrigation hose	US11492763	20060726	SEO WON CO., LTD.
18	Drip irrigation tape	US09970061	20011003	DANIEL W. C. DELMER (HUNTINGTON BEACH, CA)
19	Drip irrigation hose with emitters having different discharge rates	US10020006	20011030	TSYSTEMS INTERNATIONAL, INC.
20	Selfdischarging drip irrigation	US09893816	20010627	MOHAMMAD NEYESTANI (WOODLAND HINNS, CA)

序号	专利名称	申请号	申请日	专利权人
	非外观专利 52 项			
21	Selfcleaning, pressure compensating, irrigation drip emitter	US10072701	20020207	CHRISTOS BOLINIS (ATHENS, GR); ANDREAS METAXAS (LIMASSOL, CY)
22	Drip irrigation hoses of the labyrinth type and flowcontrol elements for producing such hoses	US11522445	20060918	COHEN AMIR (DOAR NA MISGAV, IL)
23	Selfcompensating drip irrigation emitter, comprising a unidirectional flow device	US10530127	20030929	MARI JUAN (BENIFAIO (VALENCIA), ES)
24	Pressure compensating drip irrigation hose	US10072315	20020208	JEFFREY A. VILDIBILL (POWAY, CA); WILLIAM C. TAYLOR JR. (EL CAJON, CA)
25	Selfcompensating drip irrigation emitter	US10475350	20031124	CARMELO GIUFFRE (CAPO D'ORLANDO, IT)
26	Drip irrigation hose with emitters having different discharge rates	US10324708	20021219	MARK HUNTLEY (SAN DIEGO, CA)
27	An on line drip irrigation emitter having an inlet filtering dvice	GB201017985A	20101025	AMIRIM PRODUCTS DEV & PATENTS LTD
28	Cylindrical drip irrigation emitter	GB20110008066	20110516	URI ALKALAY
29	An on line drip irrigation emitter having an inlet filtering dvice	GB20100017985	20101025	AMIRIM PRODUCTS DEV & PATENTS LTD; AMIRIM PRODUCTS DEVELOPMENT & PATENTS LTD.
30	Drip irrigation conduit	KR20060128483A	20061215	

非外观专利 52 项

序号	专利名称	申请号	申请日	专利权人
31	Drip irrigation emitters with manually adjustable water directing structure	US13115015	20110524	ZUJII TECH LLC（TEMECULA, CA）
32	Fluid control devices particularly useful in drip irrigation emitters	US12729477	20100323	ROSENBERG GIDEON（KIRYAT TIVON, IL）; ROSENBERG AVNER（MOSHAV BEIT SHEARIM, IL）
33	Drip irrigation emitter	US12643408	20091221	NETAFIM, LTD.（TEL AVIV, IL）
34	Disc shaped regulated drip irrigation emitter	US13090700	20110420	DEERE & COMPANY（MOLINE, IL）
35	Drip irrigation apparatus	US13470905	20120514	NAANDAN JAIN IRRIGATION（C. S.）LTD.（NAAN IL）
36	Drip irrigation pipe	US13505433	20101024	NETAFIM, LTD.（TEL AVIV IL）;
37	Liquid crystal drip irrigation device	US14235461	20131115	SHENZHEN CHINA STAR OPTOELECTRONICS TECHNOLOGY CO., LTD.（SHENZHEN, GUANGDONG CN）
38	Composite tube having drip irrigation applications	US11821720	20070625	TOH PRODUCTS LLC（EDGEWOOD, KY）
39	Drip irrigation emitter	US13587676	20120816	RON KEREN（NEGEV IL）
40	Pressure compensating drip irrigation emitter	US14044617	20131002	EURODRIP INDUSTRIAL COMMERCIAL AGRICULTURAL SOCIETE ANONYME
41	Mobile drip irrigation with precise and uniform water distribution	US14444899	20140728	MONTY J. TEETER

续表

非外观专利 52 项

序号	专利名称	申请号	申请日	专利权人
42	Drip tape irrigation emitter	US14044646	20131002	EURODRIP INDUSTRIAL COMMERCIAL AGRICULTURAL SOCIETE ANONYME;
43	Device for producing drip irrigation hoses	EP20040013099	20040603	KERTSCHER EBERHARD; THOMAS MACHINES SA
44	Drip irrigation tube	EP20020405455	20020606	KERTSCHER EBERHARD; KERTSCHER, EBERHARD
45	Drip irrigator for potted plants	EP20100163688	20100524	CLABER SPA
46	Dosing elements for a drip irrigation pipe, process and device for the production of said dosing elements	EP20060123612	20061107	THOMAS MACHINES S A; THE THOMAS MACHINES S. A.
47	Drilling assembly for drip irrigation tubes	EP20030405609	20030820	KERTSCHER EBERHARD; KERTSCHER, EBERHARD
48	Apparatus for the continuous production of drip irrigation pipes	EP20020405837	20020927	KERTSCHER EBERHARD
49	Portable device for drip irrigation and treatment of plants	EP20140382219	20140612	ESCUDERO ARCHILLA GABRIEL; ESCUDERO ARCHILLA, GABRIEL
50	Metering elements for a drip irrigation tube	EP20130154253	20130206	MACH YVONAND SA; THE MACHINES YVONAND SA
51	Drip irrigation pipe with dosing elements inserted therein	EP20140171418	20140605	MACH YVONAND SA; THE MACHINES YVONAND SA
52	Drip irrigation tube with metering elements inserted therein	EP14187499.0	20141002	THE MACHINES YVONAND SA

附表 9　关于收获技术装备国外专利

非外观专利 134 项

序号	专利名称	申请号	申请日	专利权人
1	Harvester for sugar beet in heaps in fields hasrow of wedgeshaped tines with rounded tips connected by transverse bars, roller made up of tangential strips with raised side passing beet to polygonal roller and auger mounted in trough	FR0611315A	20061222	BOTTMERSDORFER GERATEBEAU LAND; BOTTMERSDORFER GERATEBEAU LANDWIRTSCHAFTLICHES LOHNUNTERNEHMEN GMBH
2	Harvester for sugar beet in heaps in fields has row of wedgeshaped tines with rounded tips connected by transverse bars, roller made up of tangential strips with raised side passing beet to polygonal roller and auger mounted in trough	DE202006014629U	20060914	BOTTMERSDORFER GERAETEBAU UND; BOTTMERSDORFER GERAETEBAU UND LANDWIRTSCHAFTLICHES LOHNUNTERNEHMEN GMBH
3	Harvester for sugar beet in heaps has row of wedgeshaped tines with rounded tips which are connected by transverse bars, roller made up oftangential strips with raised side passing beet to polygonal roller and augers	DE202006014628U	20060914	BOTTMERSDORFER GERAETEBAU UND; BOTTMERSDORFER GERAETEBAU UND LANDWIRTSCHAFTLICHES LOHNUNTERNEHMEN GMBH
4	Harvesting vehicle e. g. sugar beet harvester, for harvesting sugar beet, has overloading device and counter weight provided on opposed sides in operational positions, where counter weight is partially formed by combustion engine of vehicle	DE102011051136A	20110617	FRANZ KLEINE VERTRIEBS & ENGINEERING GMBH

序号	专利名称	申请号	申请日	专利权人
	非外观专利 134 项			
5	Beet rowsensing apparatus for beet harvester	JP2001360805A	20011127	AKUTSU MASAYOSHI; AKUTSU YOSHITO
6	Beet row sensor of beet harvester	JP2002138656A	20020514	AKUTSU YOSHITO; AKUTSU MASAYOSHI
7	Beet row sensor of beet harvester	JP2002199853A	20020709	AKUTSU MASAYOSHI; AKUTSU YOSHITO
8	Automatically deployable and storable cover apparatus for directing cotton flow from a conveyor duct of a cotton harvester to a cotton receiver thereof	US11230045	20050919	CNH AMERICA LLC
9	Automatically deployable and storable cover apparatus for directing cotton flow from a conveyor duct of a cotton harvester to a cotton receiver thereof	US11508417	20060823	ARCHER TRACY (WEST LIBERTY, IA); MEEKS TIMOTHY (DAVENPORT, IA); SNYDER EARL (LITITZ, PA)
10		US11508418	20060823	ARCHER TRACY (WEST LIBERTY, IA); MEEKS TIMOTHY (DAVENPORT, IA); SNYDER EARL (LITITZ, PA)
11	Pepper harvesting apparatus capable of real time measuring weight of pepper	KR20120086514A	20120807	NAT UNIV HANBAT INDUSTRY
12	Tomato separation unit in tomato harvester	JP20130055272	20130318	KAGOME KK; BUNMEI NOKI KK; KAGOME CO LTD; BUNMEI NOKI KK
13	Tomato separation device of harvester for processing tomato	JP20140083262	20140415	KAGOME KK; BUNMEI NOKI KK; KAGOME CO LTD; BUNMEI NOKI KK; カゴメ株式会社; 文明農機株式会社

非外观专利134项				
序号	专利名称	申请号	申请日	专利权人
14	Apparatus for raising and lowering a lid structure of a cotton receiving basket of a cotton harvester	US09852216	20010509	MICHAEL J. HOREJSI（SHERRARD, IL）；TRAVIS A. SCHAEFFER（DAVENPORT, IA）
15	Apparatus for lifting and laterally supporting a cotton receiving basket of a cotton harvester	US09847471	20010502	MICHAEL J. HOREJSI（SHERRARD, IL）；TRAVIS A. SCHAEFFER（DAVENPORT, IA）
16	Cotton packager and unloader door arrangement for mounting on a chassis of a cotton harvester	US11095257	20050331	CNH AMERICA LLC
17	Cotton conveying structure for a cotton harvester	US13834969	20130315	DEERE & COMPANY（MOLINE, IL）
18	Mobile cotton harvester with cotton module building capability	US09989260	20011120	CASE CORPORATION（RACINE, WI）
19	Lift device of beet harvester	RU2010145283A	20101108	CHERNJAKOV JURIJ FELIKSOVICH
20	Working body for digging out sugar beet	RU2010149806A	20101203	FEDERAL NOE G BJUDZHETNOE OBRAZOVATEL NOE UCHREZHDENIE VYSSHEGO PROFESSIONAL NOGO OBRAZOVANIJA KURSK
21	Top cutter of beet harvester	RU2010144890A	20101102	CHERNJAKOV JURIJ FELIKSOVICH
22	Lift unit for beetroot	RU2010133017A	20100805	CHERNJAKOV JURIJ FELIKSOVICH
23	Cleaner of rows and heads of roots of white beet	RU2010138953A	20100921	CHERNJAKOV JURIJ FELIKSOVICH

续表

非外观专利 134 项

序号	专利名称	申请号	申请日	专利权人
24	Selfpropelled device for loading and cleaning of root crops in particular of sugar beet	RU2009124469A	20071127	FRANTS KLJAJNE FERTRIBS UND INDZHINIRING GMBKH
25	Scalper, e. g. for beet lifter, has blade attached to arm by spring locking mechanism with toggle joint	FR0510376A	20051011	JEAN MOREAU SA ETS
26	Beet or other root crop harvester has effort sensor with piezoelectric detector to enable alignment of digging units to be corrected	FR0510375A	20051011	JEAN MOREAU SA ETS; ETABLISSEMENTS JEAN MOREAUSOCIETE ANONYME
27	Agricultural mechanical handling unit for beet products has lifting conveyer mounted upon arm which swivels as required about vertical axis and is also supported by wheel with its own drive unit	FR0115021A	20011116	PAINTNER HERMANN
28	Selfpropelled loading and cleaning device for root crops, especially for sugar beet	PCT/EP2007/010277	20071127	FRANZ KLEINE VERTRIEBS & ENGIN; BRETTMEISTER JOSEF; BRETTMEISTER, JOSEF; FRANZ KLEINE VERTRIEBS & ENGINEERING GMBH
29	Beet puller share	PCT/EP2014/56251	20140328	BETEK GMBH & CO KG; BETEK GMBH & CO. KG
30	Harvester for potatoes, beets and other root crops	US13716148	20121216	GRIMME LANDMASCHINENFABRIK GMBH & CO. KG (DAMME, DE)

	非外观专利 134 项			
序号	专利名称	申请号	申请日	专利权人
31	Harvester for potatoes, beets and other root crops	US13707619	20121207	GRIMME LANDMASCHINEN-FABRIK GMBH & CO. KG (DAMME, DE)
32	Beet harvester apparatus	US10677992	20030102	MARK HOLY (EAST GRAND FORKS, MN)
33	Beet puller share	US14881518	20151013	BETEK GMBH & CO. KG (AICHHALDEN DE)
34	Pickup device for picking harvested crops e. g. sugar beets, has two groups of rollers for conveying harvested crops in two different transport directions, where rollers are driven or controlled independently	DE102008063969A	20081219	HOLMER MASCHINENBAU GMBH; HOLMER MASCHB GMBH
35	Lifting assembly for use with harvesting vehicle for lifting e. g. sugar beets, has actuator designed as pneumatic cylinder and varying pressing force of wheel, and another actuator varying vertical distance of blade from support element	DE102011051672A	20110708	FRANZ KLEINE VERTRIEBS & ENGINEERING GMBH
36	Disk harrow, especially for use in weeding sugar beet, is made up of disks of flexible material which have radial ribs or grooves on one or both sides	DE10340162A	20030901	G & W GMBH
37	Device for defoliating plants, such as sugar beet plants	EP20020292556	20021016	MOREAU JEAN ETS

续表

非外观专利 134 项

序号	专利名称	申请号	申请日	专利权人
38	Beet harvester	EP20100003771	20100408	GRIMME LANDMASCHF FRANZ
39	Auxiliary device for sugar beet or any other root cro-pharvesting	EP20030292831	20031114	EXEL IND；EXEL INDUS-TRIES
40	Drive assembly for the stub-bing device of a beet harvest-er	EP20070014152	20070719	GRIMME LANDMASCHF FRANZ；GRIMME LANDM-ASCHINENFABRIK GMBH & CO. KG
41	Selfpropelled beet harvester	EP20030021598	20030925	GRIMME LANDMASCHF FRANZ；GRIMME LANDM-ASCHINENFABRIK GMBH & CO. KG
42	Selfpropelled loading and cleaning device for root crops，especially for sugar beet	EP20070846840	20071127	FRANZ KLEINE VERTRIEBS UND ENGINEERING GMBH；FRANZ KLEINE VERTRIEBS UND ENG
43	Beet crop heap divider appa-ratus	EP15305273. 3	20150223	EXEL INDUSTRIES
44	Beet foliage cutter	JP2001190519A	20010622	SANEI KOGYO KK
45	Attaching structure of cleaner unit group in foliage stripping apparatus of beet harvester	JP2004211216A	20040720	AKUTSU YOSHITO；AKUT-SU MASAYOSHI
46	Beet harvester	JP2002145930A	20020521	AKUTSU MASAYOSHI；AKUTSU YOSHITO
47	Convertible pepper harvesting apparatus	KR20120086513A	20120807	NAT UNIV HANBAT IN-DUSTRY
48	Portable red pepper collector	KR20110116556A	20111109	KIM SOO IL
49	Collector for hot pepper	KR20120008873U	20120928	

非外观专利 134 项			
序号	专利名称	申请号	申请日	专利权人
50	Pepper harvesting apparatus with falling preventing structrue	KR20120086512A	20120807	NAT UNIV HANBAT INDUSTRY
51	Pepper harvesting apparatus having cam wheel assembly for wheel lift	KR20120086511A	20120807	NAT UNIV HANBAT INDUSTRY
52	Collector for hot pepper	KR20090077744A	20090821	KANG SEONG HEE
53	Collector for hot pepper	KR20110010115U	20111114	
54	Pepper destemming	PCT/US2008/060533	20080416	KNORR ROBERT J; KNORR TECHNOLOGIES LLC; VICTOR JOHN; KNORR TECHNOLOGIES, LLC; KNORR, ROBERT, J.; VICTOR, JOHN
55	Pull type pepper harvester	US12477020	20090602	BOESE AARON M. (SAGINAW, MI)
56	Pepper harvester	US10806102	20040323	MASSEY RICKY (ANIMAS, NM); MASSEY BILLY (ANIMAS, NM)
57	Electric pepper mill	US10361765	20030211	DUO YEU METAL CO., LTD. (TAINAN HSIEN, TW)
58	Grinder for pepper grains, spices, coffee beans or the like	US10372258	20030225	HENGTE YANG (P. O. BOX 90, TAINAN CITY)
59	Pepper mill	US12651967	20100104	YIENN LIH ENTERPRISE CO., LTD. (TAINAN, TW)
60	Pull type pepper harvester	US12050792	20080318	BOESE AARON M. (2403 ADAMS BLVD., SAGINAW)

非外观专利 134 项

序号	专利名称	申请号	申请日	专利权人
61	Electric pepper mill	US11142284	20050602	DUO YEU METAL CO., LTD. （TAINAN HSIEN, TW）
62	Pepper grinder operable with one hand and by pressing and releasing a lever repeatedly	US10736517	20031217	WU MINGFENG （NO. 21, SHINSHIN ROAD, TAIN-AN）
63	Small scale tomato harvester	US12545530	20090821	WESTSIDE EQUIPMENT CO. （CROWS LANDING, CA）
64	Small scale tomato harvester	US10942078	20040914	MEESTER DAVID （FRES-NO, CA）
65	Small scale tomato harvester	US11514710	20060831	WESTSIDE EQUIPMENT
66	Small scale tomato harvester	US12546272	20090824	WESTSIDE EQUIPMENT CO. （CROWS LANDING, CA）
67	Tomato harvester	US10616312	20030708	GREG BRANNSTROM （BAKERSFIELD, CA）
68	Single row vertical spindle apparatus for collecting raw cotton	RU2011109448A	20110315	CHASTNAJA AKTSIONER-NAJA KOMPANIJA REJN-PORT JUNIVERSAL LTD
69	Small scale tomato harvester	EP20090252372	20091007	WESTSIDE EQUIPMENT CO; WESTSIDE EQUIPMENT CO.
70	Tomato harvester	JP20130053007	20130315	KAGOME KK; BUNMEI NOKI KK; KAGOME CO LTD; BUNMEI NOKI KK
71	Tomato harvester	JP20130054569	20130318	KAGOME KK; BUNMEI NO-KI KK; KAGOME CO LTD; BUNMEI NOKI KK

	非外观专利 134 项			
序号	专利名称	申请号	申请日	专利权人
72	Tractor mounted cotton harvester	PCT/US2011/030040	20110325	CNH AMERICA LLC；RICHARD KEVIN S；HADLEY BRUCE A；GAEDY STEVEN E
73	A cotton harvester	PCT/IB2006/053474	20060925	UZEL MAKINA SANAYI ANONUM SIRKETI；KARAYOL TEZER；KARAYOL, TEZER；UZEL MAKINA SANAYI ANONUM SIRK
74	Systems and methods for harvesting cotton	PCT/US2006/002201	20060123	THOMPSON RANDY；THOMPSON, RANDY
75	Agricultural mechanized system for pulling off and chopping stubs of cotton plants and similar agricultures	PCT/BR2006/000062	20060404	J. F. MAQUINAS AGRICOLAS LTDA. , ；JOIA, ANTONIO APARECIDO；J F MAQUINAS AGRICOLAS LTDA；JOIA ANTONIO APARECIDO
76	Cotton harvester chassis configuration	PCT/US2007/016670	20070725	DEERE & COMPANY；BARES, ROBERT, MATTHEW；FOX JEFFREY ROBERT；PEARSON MICHAEL LEE；BARES ROBERT MATTHEW；FOX, JEFFREY, ROBERT；DEERE & CO；PEARSON, MICHAEL, LEE

	非外观专利 134 项			
序号	专利名称	申请号	申请日	专利权人
77	Drawn cotton picker	PCT/US2007/022270	20071018	DEERE & COMPANY; FOX, JEFFREY, R.; MCKEE KENT CLEO; MCKEE, KENT, CLEO; JOHANNSEN DANIEL JOHN; DEERE & CO; JOHANNSEN, DANIEL, JOHN; PHILIPS, MARK, SAMUEL; PHILIPS MARK SAMUEL; FOX JEFFREY R
78	Cotton picker	PCT/CN2012/084769	20121116	YIYANG FUJIA TECHNOLOGY CO LTD; ZHOU HONGDENG; GONG MING
79	Apparatus for removing and scraping cotton plant stump	PCT/BR2002/000046	20020403	FREITAS NOGUEIRA DE JOAO; FREITAS NOGUEIRA DE, JOAO
80	Tractor on top cotton harvester with rear picker unit lift and tilt mechanism	PCT/US2013/64712	20131011	CNH AMERICA LLC; CNH AMERICA LLC
81	Tractor mounted cotton harvester	PCT/US2011/30040	20110325	CNH AMERICA LLC; RICHMAN KEVIN S; HADLEY BRUCE A; GAEDY STEVEN E; CNH AMERICA LLC; RICHMAN, KEVIN, S.; HADLEY, BRUCE, A.; GAEDY, STEVEN, E.
82	Tractor on top cotton harvester with sightline to picker unit below the tractor	PCT/US2013/64709	20131011	CNH AMERICA LLC
83	Doffer adjustment device for a cotton harvester unit	US13467581	20120509	SCHREINER JOEL M. (ANKENY, IA)

非外观专利 134 项			
序号	专利名称	申请号	申请日	专利权人
84	Tractor mounted cotton harvester	US13637117	20110325	CNH AMERICA LLC（NEW HOLLAND, PA）
85	Anodized aluminum cotton harvester spindle nut	US13192549	20110728	GOERING KEVIN J.（CAMBRIDGE, IA）; PHILIPS MARK S.（AKRON, IA）; FOX JEFFREY R.（MINBURN, IA）
86	Agricultural mechanized system for pulling off and chopping stubs of cotton plants and similar agricultures	US11573433	20060404	J. F. MÁQUINAS AGRICOLAS LTDA.（PRADOS, ITAPIRA, SP. CEP: 13. 970970, BR）
87	Cotton harvester spindle	US13285104	20111031	AUGUSTINE BRENT A.（EAST MOLINE, IL）
88	Cotton module spear implement	US13033601	20110223	R AND A BRANCH FARM（BAXLEY, GA）; SMALL INC.（SENATH, MO）
89	Cotton stalk removal apparatus	US12911721	20101025	DARDEN JOHN A.（LENOX, GA）
90	Low cost cotton harvester with unit speed synchronized to ground speed	US12715237	20100301	GOERING KEVIN JACOB（CAMBRIDGE, IA）; PUETZ CRAIG ALAN（WATERLOO, IA）; OSTERMEIER CHARLES（SLATER, IA）; JOHANNSEN DANIEL JOHN（DES MOINES, IA）
91	Tractor mounted cotton harvester	US12713998	20100226	JOHANNSEN DANIEL JOHN（DES MOINES, IA）

序号	专利名称	申请号	申请日	专利权人
				非外观专利 134 项
92	Drawn cotton picker	US11583452	20061019	PHILIPS MARK SAMUEL (GRIMES, IA); FOX JEFFREY ROBERT (MINBURN, IA); JOHANNSEN DANIEL JOHN (ANKENY, IA); MCKEE KENT CLEO (MINGO, IA)
93	Offset spindle cotton picker bar	US12241748	20080930	GOERING KEVIN JACOB (CAMBRIDGE, IA)
94	Cotton picker spindle with grease reservoir and a grease and dirt seal	US12190047	20080812	GOERING KEVIN JACOB (CAMBRIDGE, IA); STUECK SCOTT F. (ELKHART, IA)
95	Cotton harvester chassis configuration	US11493734	20060726	DEERE & COMPANY, A DELAWARE CORPORATION
96	Dragtype cotton harvester operated by an independent driving unit	US11731395	20070330	INSTITUTO NACIONAL DE TECHNOLOGIA AGROPECUARIA (BUENOS AIRES, AR)
97	Cotton picker moistener supply system	US09912037	20010724	DWIGHT D. LEMKE (GENESEO, IL); FRANK C. DUPIRE (SHERRARD, IL)
98	Doffer for a cotton cleaner	US10072208	20020208	KEVIN JACOB GOERING (CAMBRIDGE, IA); JEFFREY SCOTT WIGDAHL (AMES, IA)
99	Automatic onboard lubrication system for cotton harvesting machines	US09843328	20010426	MICHAEL J. HOREJSI (SHERRARD, IL); F. RANDALL HUGH (GENESEO, IL); JESSE H. ORSBORN (PORT BYRON, IL)

非外观专利 134 项

序号	专利名称	申请号	申请日	专利权人
100	High density cotton picker bar and spindle assembly therefor	US11058150	20050215	FOX JEFFREY (MINBURN, IA); PHILIPS MARK (GRIMES, IA)
101	Multirotor fan assembly for a cotton picker	US11435585	20060517	LUKAC J. (CHICAGO, IL); TENBRINK SCOTT (BETTENDORF, IA); SHILLINGTON STEVEN (ORION, IL)
102	High speed cotton picker drum	US11770108	20070628	JOHANNSEN DANIEL JOHN (DES MOINES, IA); FOX JEFFREY ROBERT (MINBURN, IA); PHILIPS MARK SAMUEL (AKRON, IA)
103	Cotton stripper row unit	US12175902	20080718	BENNETT LANNEY (PLAINVIEW, TX)
104	High density cotton picker bar and spindle assembly therefor	US12548910	20090827	FOX JEFFREY ROBERT (MINBURN, IA); PHILIPS MARK S. (GRIMES, IA)
105	Cotton harvester row unit air sweep	US10644317	20030820	HAVERDINK VIRGIL (ANKENY, IA)
106	Walkbehind cotton harvester row unit	US09901191	20010709	JESSE H. ORSBORN (PORT BYRON, IL); KEVIN S. RICHMAN (MUSCATINE, IA); MONROE C. BARRETT (GENESEO, IL); G. NEIL THEDFORD (NAPERVILLE, IL)

序号	专利名称	申请号	申请日	专利权人
	非外观专利 134 项			
107	Walkbehind cotton harvester	US10420297	20030422	JOSSE H. ORSBORN (PORT BRYON, IL); KEVIN S. RICHMAN (SHERRARD, IL); MONROE C. BARRETT (GENESEO, IL); SCOTT W. TENBRINK (BETTEN-DORF, IA)
108	Easily removable moistener stand support for a cotton har-vester drum	US09888676	20010625	EARL R. SNYDER (DAV-ENPORT, IA); FRANK C. DUPIRE (SHERRARD, IL); GUY N. THEDFORD (NAPERVILLE, IL); LYLE P. MANGEN (BET-TENDORF, IA)
109	Bellows structure for a cotton module builder or packager	US11093844	20050330	CNH AMERICA LLC
110	Walkbehind cotton harvester	US11158251	20050621	CNH AMERICA LLC
111	Cotton feeding roller structure	US10695096	20031028	BARES ROBERT (JOHNS-TON, IA); FOX JEFFREY (MINBURN, IA); PEAR-SON MICHAEL (ANKENY, IA)
112	Separation hood for a cotton harvester	US10695095	20031028	BARES ROBERT (JOHNS-TON, IA); FOX JEFFREY (MINBURN, IA); PEAR-SON MICHAEL (ANKENY, IA)
113	Enhanced operator presence system for a cotton harvester with an onboard module building capability	US11093770	20050330	CNH AMERICA LLC

非外观专利 134 项

序号	专利名称	申请号	申请日	专利权人
114	Cotton stripper with dual burr extractor	US13944874	20130717	RAMAEKERS BRIAN（NAZARETH, TX）
115	Moistener column door compression structure for cotton harvester row unit	US13600938	20120831	VOLLMERS MARK B.（W DES MOINES, IA）; SCHREINER JOEL M.（ANKENY, IA）; JACOBSON MARCUS A.（AMES, IA）
116	Cotton accumulator system	US13709645	20121210	DEERE & COMPANY（MOLINE, IL）
117	Cotton harvester	US14338911	20140723	CNH INDUSTRIAL AMERICA LLC（NEW HOLLAND PA US）
118	Cotton picker scrapping arrangement	US14539127	20141112	DEERE & COMPANY（MOLINE IL US）
119	Cotton handling system with mechanical sequencing	US14533503	20141105	DEERE & COMPANY（MOLINE IL US）
120	Multirotor fan assembly for a cotton picker	US10459294	20030611	CNH AMERICA LLC（NEW HOLLAND, PA）
121	Moistening pad holder and pad for moistening cotton picker spindles	US10052857	20011019	CASE CORPORATION（RACINE, WI）
122	Scrapping plate assembly for cotton harvester	US10389602	20030317	ALTON RAY KEETER（177 ARK LA., SCOTLAND NECK）
123	Cotton air harvester	US12786375	20100524	BELL JAMES A.（OCILLA, GA）
124	Collapsing onboard crop receiver and duct of a cotton harvester	US11880133	20070720	CNH AMERICA LLC（NEW HOLLAND, PA）

续表

非外观专利 134 项				
序号	专利名称	申请号	申请日	专利权人
125	Highthroughput vacuum cotton harvester	US13591984	20120822	MONSANTO TECHNOLOGY LLC (ST. LOUIS, MO)
126	Compactor structure for forming a crown on the top ofa compacted cotton module	US10877574	20040625	CNH AMERICA LLC (RACINE, WI)
127	Basket door extension for a cotton harvester	US10799544	20040311	CNH AMERICA LLC (RACINE, WI)
128	Cotton module program control using yield monitor signal	US11093856	20050330	CNH AMERICA LLC (NEW HOLLAND, PA)
129	Cotton picker unit drive with controllable spindle speed to drum speed ratio and belt drive	US12910246	20101022	DEERE & COMPANY (MOLINE, IL)
130	Scrapping plate for a cotton picker	US12395855	20090302	DEERE & COMPANY (MOLINE, IL)
131	Scrapping plate for a cotton harvester	US10179728	20020625	DEERE & COMPANY (MOLINE, IL)
132	Pulltype cotton harvester and baler	US13637205	20110325	BRUCE A. HADLEY; KEVIN S. RICHMAN; STEVEN E. GAEDY;
133	Self propelled agricultural harvester e. g. cotton picker, has rear axis body movably fixed to support in lateral direction, and gauge rods rotatably connected with support around pivotable axis running opposite to pivotable holder	DE102005059698A	20051214	DEERE & COMPANY; DEERE & CO
134	A cotton harvester	EP20060821143	20060925	UZEL MAKINA SANAYI ANONIM SIRK; UZEL MAKINA SANAYI ANONIM SIRKETI

附表 10　关于特色经济作物（特色林果、果蔬等）深加工技术装备国外专利

非外观专利 9 项

序号	专利名称	申请号	申请日	专利权人
1	Product e. g. rocha pear, weighing and sorting device, has cup with hollow part having circular shape extending indirection to house product, and slit cutting part up to its end for better adaptation of irregular product	FR0501299A	20050209	CALIBRAFRUTA SERRAL-HARIA MECANICA, LDA; CALIBRAFRUTA SERRAL-HARIA MECAN
2	Machine for the sorting by size of pearshaped objects	US09758217	20010112	XEDA INTERNATIONAL (SAINTANDIOL, FR)
3	Device for sorting pearshaped articles according to Size	EP20010400067	20010111	XEDA INTERNATIONAL
4	Continuously extraction and purification of phenolic compounds and pectin from asian pear peel	KR20050016457A	20050224	UNIV NAT CHONNAM IND FOUND
5	Grape berries and wastes sorting methodfor e. g. cleaning grape gathering, involves separating deviated waste paths into paths, adjacent to berry dropping paths, for waste berries and other waste paths, and recovering berries and wastes	FR0412293A	20041119	ETABLISSEMENTS VAUCHET BEGUET SOCIE-TE PAR ACTIONSSIMPLI-FIEE; VAUCHET BEGUET SOC PAR ACTIONS
6	Methods and apparatus for watermelon sizing, counting and sorting	US10162775	20020604	TIMCO DISTRIBUTORS, INC. (WOODLAND, CA)
7	Methods and apparatus for watermelon sizing, counting and sorting	US10929266	20040830	TIMCO DISTRIBUTORS, INC. (WOODLAND, CA)

非外观专利 9 项

序号	专利名称	申请号	申请日	专利权人
8	Harvested berry e. g. grape berry, sorting method for winemaking process, involves separating berries and constituents of crop from one another, and collecting and evacuating berries and constituents in receiving devices	FR0706240A	20070906	PELLENC SA；PELLENC SOCIETE ANONYME
9	Process for sorting grape berries	US12181509	20080729	BARR EDWIN L（C/O P & L SPECIALTIES, 1650 AL-MAR PKWY., SANTA RO-SA）

注：US 美国；CN 中国；EP 欧洲专利局；WO 世界知识产权组织；JP 日本；DE 德国；FR 法国；GB 英国；KR 韩国；RU 俄罗斯。